최신판 | Professional Engineer Cadastral Surveying

지적기술사

단답형

김성엽 · 조현산 · 조정관

PROFESSIONAL ENGINEER

예문사

PREFACE | 머리말 |

기술사 시험에 응시하는 사람들이 필자에게 가장 많이 묻는 질문 중 하나는 단기간에 합격할 수 있는 방법에 관해서였습니다. 즉, 어떻게 하면 주어진 시간에 가장 효율적으로 공부를 해서 성공적인 결과를 낼 수 있는지 궁금해 합니다. 이는 기술사를 준비하는 대부분의 수험생들이 직장인이어서 공부에 전념할 절대적인 시간이 부족하기 때문에 나오는 고민이라 생각됩니다.

필자가 생각하는 효율적인 기술사 공부법은 각자 주어진 시간 내에서 선택과 집중을 통해 자신만의 답안지를 만드는 것인데, 파레토 법칙이 좋은 예라고 할 수 있습니다. 파레토 법칙(Pareto principle, 80대 20의 법칙)이란 '전체 결과의 80%가 전체 원인의 20%에서 일어나는 현상'을 말합니다.

예를 들어, 20%의 고객이 회사 전체 매출의 80%를 차지합니다. 이를 기술사 공부에 적용하면, 지적기술사 시험 대비를 위해 공부해야 할 내용은 방대하지만 중요한 20%가 시험에 대부분 출제될 수 있다는 것입니다. 다시 말하자면, 시험에 자주 출제되는 문제를 선택해서 집중적으로 공부하고 나머지 시간에 그 외의 부분을 공부해야 합니다. 남들이 자신이 모르는 부분을 공부하고 알고 있다고 초조해하지 말고 스스로 중요하다고 생각하는 것의 우선순위를 정하고 공부하는 것이 단기간에 합격하는 요령입니다.

필자는 공간정보공학을 전공한 지적 분야의 비전공자였습니다. 하지만 주변의 권유로 기술사 스터디에 가입을 했고 바쁜 시간을 쪼개어 공부하는 동료들을 보면서 힘을 얻었습니다. 5개월 동안 매주 주말마다 스터디에 나가서 공부했고 시험 응시 2개월 전에는 혼자서 공부하는 시간을 가졌습니다. 그 결과 7개월이라는 짧은 준비 기간에도 불구하고 30세의 나이에 지적 직무 분야 기술계 최고 등급인 지적기술사를 취득할 수 있었습니다.

이 책은 수험자 입장에서 다음과 같은 사항에 역점을 두어 편찬하였습니다.

- 지적기술사 시험의 1교시 단답형 문제를 대비하는 기본서가 될 수 있도록 시험에 자주 출제되는 문제를 중심으로 만들었습니다. 자신만의 단답형 답안지를 만들 수 있다면 이를 바탕으로 2~4교시 논술형 답안지로 확장시킬 수 있을 것입니다.
- 각 문제마다 핵심 목차와 예시 답안을 정리하여 수험생의 이해를 돕고 자신만의 답안지를 작성하는 데 참고가 되도록 하였습니다.

지적기술사에 도전하시는 모든 분들에게 이 책이 조금이나마 도움이 되었으면 좋겠습니다. 지적에 관한 전문지식과 실무경험을 겸비한 전문가가 된다는 자부심을 가지고 지적기술사에 합격하는 그날까지 열심히 노력하시길 바랍니다. 독자 여러분의 합격을 기원합니다.

마지막으로, 과거와 달리 최근 몇 년간 지적기술사의 합격률이 2배가량 상승했습니다. 즉, 포기하지 않고 꾸준히 노력한다면 많은 분이 노력의 열매를 맺을 수 있을 것으로 생각합니다. 포기하지 말고 꾸준히 목표를 향해 나아가시길 응원합니다.

저자 **김성엽·조현산·조정관**

시험정보

01 지적기술사 기본정보

개요

지적에 관한 고도의 전문지식과 실무경험에 입각한 계획 · 연구 · 설계 · 분석 · 시험 · 운영 · 균형 있는 국토발전을 위하여 한 도시 또는 한 도시와 연결된 일정 범위 내지 권역을 대상으로 하여 하천이나 산악, 자원분배 정도에 따른 지역을 설정하여 자원의 효율적 이용을 극대화할 수 있는 전문인력의 필요성 대두

변천과정

'74.10.16. 대통령령 제7283호	'91.10.31. 대통령령 제13494호	현재
국토개발기술자(지적)	지적기술사	지적기술사

수행직무

- 도시계획, 도시재개발계획, 특정지역계획 등 국토의 효율적인 개발의 위한 계획 수립과 그 집행 과정에 참여
- 인구, 경제, 물리적 시설, 토지이용, 집행관리 등을 포함하여 각종 예측기법을 통해 미래의 인구규모, 경제적 여건 등을 예측하고 이를 토대로 원활한 기능수행이 가능한 각종시설의 배치 계획을 수립하고 이를 가시화하기 위하여 도면에 계획내용을 나타내는 업무 수행

진로 및 전망

지적, 행정, 도시계획 관련 공무원, 대한지적공사, 토지공사, 설계회사, 시스템통합(SI)회사 및 GIS 관련 업체, 연구소, 학계 등으로 진출할 수 있다. 지적기술사 자격취득자에 대한 이력수요는 증가할 것이다. 일반측량과 지적측량의 일원화 문제 등 감소요인이 있으나 토지조사 이후 토지이동에 따른 지적정리과정에서 측량 자체의 부정확한 성과와 제도방법에서 생기는 오차 등을 개선하기 위하여 전국 토지에 대한 수치지적에 의한 지적공부의 정비, 전국적인 규모의 지적재조사의 필요성 대두, 국가지리정보체계(NGIS) 구축에 따라 지적기술사 자격취득자에 대한 인력수요는 꾸준히 증가할 전망이다. 또한 지적업무 내용의 다양화 · 고도화에 따라 컴퓨터기술 등 첨단기술의 습득은 물론 각종 지리조사에 관한 지식과 법률 및 경제에 대한 지식 등을 필수적으로 구비해야 한다.

02 지적기술사 시험정보

시행처

한국산업인력공단

관련학과

대학 및 전문대학의 해당 관련학과

- 지적학
- 지적정보학
- 도시계획학
- 건축공학

시험과목

지적측량에 관한 계획, 관리, 실시와 평가, 기타 지적에 관한 사항

검정방법

- 필기 : 단답형 및 주관식 논술형(매 교시 100분, 총 400분)
- 면접 : 구술형 면접시험(30분)
- 합격기준 : 100점 만점에 60점 이상

자격검정 정보 안내

www.Q-net.or.kr

종목별 검정현황

과거 10% 미만이었던 지적기술사 필기시험 합격률은 2018년부터 응시자가 줄어들면서 상승했습니다. 최근 몇 년간 필기시험 합격률은 평균 20%대를 유지하고 있으며, 실기시험 합격률도 약 70%대를 유지하고 있습니다.

연도	필기			실기		
	응시	합격	합격률(%)	응시	합격	합격률(%)
2021	53	10	18.9%	12	7	58.3%
2020	41	10	24.4%	16	12	75%
2019	61	13	21.3%	16	13	81.3%
2018	57	10	17.5%	11	8	72.7%
2017	65	3	4.6%	7	6	85.7%
2016	84	7	8.3%	16	8	50%
2015	70	14	20%	23	12	52.2%
2014	83	7	8.4%	11	6	54.5%
2013	93	10	10.8%	14	11	78.6%
2012	104	12	11.5%	17	11	64.7%
2011	132	9	6.8%	21	14	66.7%
2010	94	15	16%	30	11	36.7%
2009	98	8	8.2%	23	9	39.1%
2008	87	9	10.3%	19	10	52.6%
2007	129	7	5.4%	14	7	50%
2006	130	10	7.7%	26	13	50%
2005	171	17	9.9%	31	15	48.4%
2004	126	10	7.9%	19	11	57.9%
2003	95	15	15.8%	24	12	50%
2002	63	8	12.7%	10	7	70%
2001	45	4	8.9%	7	4	57.1%
1977 ~ 2000	215	57	26.5%	69	56	81.2%
계	2,096	265	12.6%	436	263	60.3%

03 지적기술사 단답형 기출문제 목록

연도	문제	문제
2022년	1. 중첩(重疊, Overlay) 2. 불규칙삼각망(TIN) 3. 공간정보오픈플랫폼(Spatial Information Open Platform) 4. 지적측량의 실시대상 5. 양안(量案) 6. 사진판독(Photographic Interpretation) 요소 7. 토지이동 신청 8. 이중차분(Double Phase Difference) 9. 대위신청 10. 공간자료교환표준(SDTS) 11. 지적제도의 3대 구성요소 12. 세계측지계 변환의 평균편차조정방법 13. 시효취득	1. 필지식별인자(PID) 2. 양전척(量田尺) 3. 영상정합(Image Matching) 4. 평(坪)과 제곱미터(m^2) 5. 구장산술(九章算術) 6. 측량소도(測量素圖) 7. 과세지견취도(課稅地見取圖) 8. 전제상정소(田制詳定所) 9. 에피폴라 기하(Epipolar Geometry) 10. 사지수형(Quadtree) 11. 경계의 결정방법 12. 지역권(地役權) 13. 초장기선간섭계(VLBI : Very Long Baseline Interferometry)
2021년	1. 개재지(介在地) 2. 삼각쇄(三角鎖) 3. 드론 LiDAR 4. 평판측량의 후방교회법 5. 수치지면자료(Digital Terrain Data) 6. 지적재조사의 토지현황조사 7. 스마트시티(Smart City) 8. 경중률(Weight) 9. 증강현실(Augmented Reality) 10. 토지조사사업 당시의 조표(造標) 11. 면적보정계수 12. 지적현황측량 13. 디지털 트윈(Digital Twin)	1. 침수흔적도 2. 등록사항정정 대상 토지 3. 도로명주소 4. 벡터자료 파일 형식 5. 가상기준점(VRS) 6. 도해지적과 수치지적 7. 라플라스점 8. 지적위원회 9. 지적국정주의 10. 양차(Error Due To Both Curvature And Refraction) 11. SSR(State Space Representation, 상태공간보정) 12. SLAM(Simultaneous Localization and Mapping) 13. 신뢰구간(Confidence Interval)
2020년	1. 보간법 2. 특별소삼각원점 3. 커뮤니티 매핑 4. 통합기준점 5. 국가지오이드모델(KNGeoid18) 6. 7-Parameter(변환요소)방법 7. 정오차(定誤差)와 부정오차(不定誤差) 8. 둠즈데이북(Domesday Book) 9. 국가공간정보포털 10. 결수연명부 11. 지적정리 12. 전시과제도 13. 다각망도선법	1. 대위신청 2. 표준지 공시지가 3. 도로명 주소대장 4. 투화전(投化田) 5. 지목의 설정원칙 6. 지구계 측량 7. 교회법 8. 구면삼각형과 구과량 9. 부동산종합공부 10. 지적공부 등록사항 정정 11. 기지경계선(旣知境界線) 12. GPS 관측데이터 표준포맷(라이넥스, RINEX) 13. 텔루로이드(Telluroid)와 의사지오이드(Quasi Geoid)

2019년	1. 지적좌표계 2. 오차전파법칙(Propagation of Error) 3. 간주지적도(看做地籍圖) 4. 관성측량(Inertial Surveying) 5. 삼변측량(三邊測量) 6. 편심관측(Eccentric Observation) 7. 단방향 위치보정정보 송출시스템 (FKP : Flachen Korrektur Parameter) 8. MMS(Mobile Mapping System) 9. 연속지적도 10. 메타데이터(Metadata) 11. 고시(告示)와 행정처분(行政處分) 12. 의제(擬制, Legal fiction) 13. 유럽공간정보기반시설 (INSPIRE : Infrastructure for Spatial Information in Europe)	1. 지적복구측량 2. 유심다각망 3. GNSS(Global Navigation Satellite System) 4. 배각법 5. 디지털 트윈(Digital Twin) 6. 지중레이더(Ground Penetrating Radar) 탐사법 7. 자유도(Degree of Freedom) 8. 스파게티(Spaghetti) 모형 9. DSM(Digital Surface Model) 10. 정밀도로지도 11. 측량업의 등록취소 요건 12. 면적지정분할 13. 평면직각좌표
2018년	1. 깃기(衿記) 2. 측량 기하적(測量幾何跡) 작성방법 3. 케플러(Kepler) 위성 궤도의 요소 4. 공간 정보 구축 시 입력 오차 유형 5. 위성영상의 해상도 6. 자유 부번 제도 7. 판도사(版圖司) 8. 측량기준점 9. 미터법과 국제단위계(SI) 10. 판적국(版籍局) 11. 반송파(L_1파, L_2파) 12. 적극적 등록 제도(Positive System) 13. 블록체인(Block Chain)	1. 전자 평판 측량 2. 기선측량 3. 어린도 4. 사물인터넷(Internet of Things) 5. 지계아문 6. 초연결 사회 7. 확률오차 8. 가중치(Weight) 9. 구소 삼각 원점 10. 가상현실(Virtual Reality) 11. 사표(四標) 12. 지상 원호 교회법 13. 클라우드컴퓨팅(Cloud Computing)
2017년	1. 지거법(支距法) 2. 토지의 사정(査定) · 강계선(疆界線) · 지역선(地域線) 3. 특별소삼각점측량 4. 메타데이터(Metadata) 5. VRS(Virtual Reference Station) 6. 지적국정주의 7. 표정(Orientation) 8. 신라 장적문서(帳籍文書) 9. DOP(Dilution of Precision) 10. 삼사법(三斜法)에 의한 면적측정 11. 경계감정측량 12. 공유(共有) · 총유(總有) · 합유(合有) 13. 토렌스시스템(Torrens System)	1. 구분지상권 2. LOD(Level of Detail) 3. 네트워크 RTK(Real Time Kinematic) 4. 관성항법장치 5. DEM(Digital Elevation Model)과 DSM(Digital Surface Model) 6. 비콘(Beacon) 7. 간섭계 고도해상도 영상레이더(InSAR) 8. 일자오결제도(1字5結制度) 9. 사진측량에서 왜곡의 5가지 요소 10. 입체지적 11. 라이다(LiDAR) 12. 위성기준점(CORS) 13. 국가기본공간정보

2016년	1. 다각망도선법 2. GPS 재밍(Jamming) 3. 지압조사(地押調查) 4. UTC(Universal Time Coordianted) 5. 평판측량의 현형법 6. 최소제곱법 7. 지세명기장 8. 공간빅데이터 9. IDGPS(Inverse Differential GPS) 10. 지적복구측량 11. 기지점(旣知點)과 기지경계선(旣知境界線) 12. 가우스상사이중투영법 13. 민유임야약도(民有林野略圖)	1. 에피폴라 기하(Epipolar Geometry) 2. 투탁지(投托地) 3. 분쟁지 조사 4. 측량소도(測量素圖) 5. 강계선(疆界線) 6. 전제상정소(田制詳定所) 7. 공면조건(Coplanarity Condition) 8. 사지수형(Quadtree) 9. 경계의 종류와 결정방법 10. 지역권(地役權) 11. VLBI(Very Long Baseline Interferometry) 12. 자호(字號) 13. 과세지견취도(課稅地見取圖)
2015년	1. 권원등록제도(權原登錄制度) 2. 계층형(階層型)지번부여체계 3. 지상경계점등록부 4. 지적재조사에 따른 물상대위(物上代位) 5. 일괄등록제도 6. 지하공간통합지도 7. 상치(常置)측량사 8. 4차원(4D) 지적 9. 지오코딩(Geocoding) 10. POI(Point of Interesting) 11. 공간정보메시업(Mashup) 12. 정지궤도(Geostationary Orbit) 13. ITRF (International Terrestrial Reference Frame) 좌표계	1. OGC(Open Geospatial Consortium) 2. 경계불가분의 원칙 3. 사진의 특수 3점 4. GNSS(Global Navigation Satellite System) 5. UPS 좌표계 (Universal Polar Stereographic Coordinate System) 6. 결수연명부結數連名輪) 7. 대류권의 습윤지연 8. 티센폴리곤(Thiessen Polygon) 9. 양지아문(量地衙門) 10. 지계(地契) 11. 도시계획정보체계 (UPIS, Urban Planning Information System) 12. 확률분포곡선과 정규분포 (Probable Curve and Normal Distribution) 13. 2차원부등각사상변환(2D Affine Transformation)
2014년	1. 구분소유권(區分所有權) 2. 인지의(印地義) 3. 지적기반 공간정보(Cadastral NSDI) 4. 지적 2014 5. PPLIS(Public Participation Land Information System) 6. 토지조사사업의 재결(裁決) 7. Linked Open Data(LOD) 8. 우리나라의 평면직교 좌표원점 9. 평(坪)과 제곱미터(m^2)의 단위변환 10. 공간정보 특수산업분류체계 11. 토지검사(土地檢査) 12. Rendering 13. 수치표고모형(Digital Elevation Model)	1. 정전제(井田制) 2. 공간정보 오픈플랫폼(V－World) 3. 공액조건(Epipolar Condition) 4. 토지조사사업의 기선측량 5. 광무양전사업 6. UN－GGIM 7. 라플라스점(Laplace Station) 8. 델로니 삼각형(Delaunay Triangulation) 9. 대위신청 10. 고등토지조사위원회 11. DOP(Dilution of Precision) 12. LADM(Land Adminstration Domain Model) 13. 지적복구

2013년	1. 신청의 대위 2. 양전척(量田尺) 3. 카메론 효과(Cameron Effect) 4. 보험이론 5. 가상기준점(VRS) 6. 영상정합(Image Matching) 7. 등기촉탁(登記囑託) 8. 공선조건(Collinearity Condition) 9. 깃기(衿記) 10. 등포텐셜면 11. OTF(On The Fly) 12. 휴도(畦圖) 13. RINEX(Receiver Independent Exchange Format)	1. UTM-K 2. 증강현실(AR) 3. 스키마(Schema) 4. 공간정보참조체계(공간정보등록번호) 5. 부동산종합공부 6. 공간정보 오픈플랫폼 7. 중앙지적재조사위원회 8. 정밀궤도력(Precise Ephemeris) 9. Open-API 10. 토렌스시스템(Torrens System) 11. 일자오결제도 12. 양전개정론 13. 날인증서제도
2012년	1. 능동형 기준점 체계 2. GPS측량의 오차 3. KOMPSAT Ⅲ 4. 경계결정위원회 5. 간승(間繩) 6. LADGPS(Local Area DGPS) 7. 구장산술(九章算術) 8. 역둔토 9. 둠즈데이북(Domesday Book) 10. 전답관계(田畓官契) 11. 구과량(Spherical Excess) 12. 국제단위계(國際單位系) 13. 초장기선 간섭계(VLBI)	1. 포락지(浦落地) 2. 가로중심점측량 3. TM투영 4. 신호의 단절(Cycle Slip) 5. 위상관계(Topological Relationship) 6. 신라장적문서(新羅帳籍文書) 7. GPS/INS 8. 매개변수방정식 9. 텔레매틱스(Telematics) 10. 오가작통법(五家作統法) 11. 분묘기지권(墳墓基地權) 12. 시효취득(時效取得) 13. 사표(四標)
2011년	1. 층별권원(Strata Title) 2. 법수(法樹) 3. 경계감정측량 4. 모호정수(Integer Ambiguity Number) 5. 망척제(網尺制) 6. 종국등기(終局登記)와 예비등기(豫備登記) 7. 지구좌표계(Earth Coordinates) 8. GDOP(Geometric Dilution of Precision) 9. 대위신청(代位申請) 10. SDTS(Spatial Data Transfer Standard) 11. 축척계수(Scale Factor) 12. 승역지(承役地)와 요역지(要役地) 13. 고정경계(Fixed Boundary)	1. 지적삼각점측량의 정밀조정법 2. 험조장(검조장) 3. 지상경계점등록부 4. LBS(Location-Based Services) 5. 노드(Node)와 체인(Chain) 6. 양전(量田) 개정론 7. 역둔토(驛屯土) 실지조사(實地調査) 8. GRS80타원체 9. 경계설정기준 10. 국제측량사연맹(FIG) 11. 스마트워크(Smart Work) 12. 축척변경 13. LOD(Level Of Detail)

2010년	1. UTM(Universal Transverse Mercator Coordinate) 좌표 2. 정전제(井田制) 3. 교점다각망(交點多角網) 4. 양입지(量入地) 5. 북두항법시스템(Beidou Navigation System) 6. 북레스시스템(Bookless System) 7. Rubber Sheeting 8. RDBMS(Related Data Base Management System) 9. 경사변환점(Turning Point Slope) 10. 야초책(野草册) 11. 보증경계(Guaranteed Boundary) 12. RTLS(Real-time Locating System) 13. 수등이척제(隨等異尺制)	1. 연속형 지적도(Serial Map) 2. 일반경계(General Boundary) 3. 세션(Session) 4. 호도법(Radian) 5. 라이넥스(Rinex) 6. 지적기본이념 7. 증강현실(Augment Reality) 8. 항정선(航程線) 9. 아바타(Avatar) 10. 지적기준점 11. 공해전(公廨田) 12. 지상권 13. 토지공시제도
2009년	1. 연직선 편차 2. 사진의 특수3점 3. 정사투영 4. 카메론(Cameron) 효과 5. 우가(牛加) 6. 구정도(邱井圖) 7. 공법(貢法) 8. 혼일강리역대국도지도(混一疆理歷代國都之圖) 9. 토지소관법기초위원회(土地所關法基礎委員會) 10. 거렴(Roymond Edward Leo Krumm) 11. 축척종대의 원칙 12. 수치지형모델(Digital Terrain Model) 13. 도플러(Doppler) 변위	1. 자오선수차와 진북방향각 2. DGPS(Differential Global Positioning System) 3. 정밀도(Precision)와 정확도(Accuracy) 4. 수치지적(좌표표시 지적)의 의의 5. EDM(Electronic Distance Measurement)의 원리와 오차 6. GPS측량의 다중경로오차 7. 토지등록의 주체 8. 지적측량의 검사제도 9. 지도의 축척계수 10. 습산진벌(習算津筏) 11. 부동산공시제도 12. 원시취득(原始取得) 13. 경계의 기하학적 성질
2008년	1. 과세지 견취도 2. 재결(裁決) 3. 미정계수법 4. 궤도력(Ephemerides) 5. VRS(Virtual Reference Station) 6. 기복변위(Relief Displacement) 7. 메타데이터(Meta Data) 8. 지오이드(Geoid) 9. 초장기선간섭계(VLBI : Very Long Baseline Interferometer) 10. 가우스상사이중투영 11. 방위각과 방위 12. 사표(四標) 13. 관성항법체계(INS : Inertial Navigation System)	1. 고구려의 자 2. 로마의 촌락도 3. 우문충(宇文忠) 4. 둠스데이대장(Domesday Book) 5. 가우스크뤼거 도법(Gauss-krüger's Projection) 6. 구소삼각점 7. 지세명기장 8. 전제상정소 9. 도곽선 10. 세계측지계 11. 대안적 분쟁해결(ADR) 12. 광역보정 위성항법시스템(WADGPS) 13. Enterprise GIS

04 10개년 지적기술사 문제유형 분석(1교시)

지적사, 지적학 · 측량의 문제는 지속적으로 높은 비중을 차지했으며, 최근에는 공간정보의 비중이 높아지는 반면에, GNSS 관련 출제 비중은 낮아지는 것을 볼 수 있다. 수험생들은 지적사, 지적학 등 지적의 근본이 되는 과목을 중점적으로 공부하고, 나아가서 디지털 트윈 등 최신 공간정보를 공부하는 것이 필요하다.

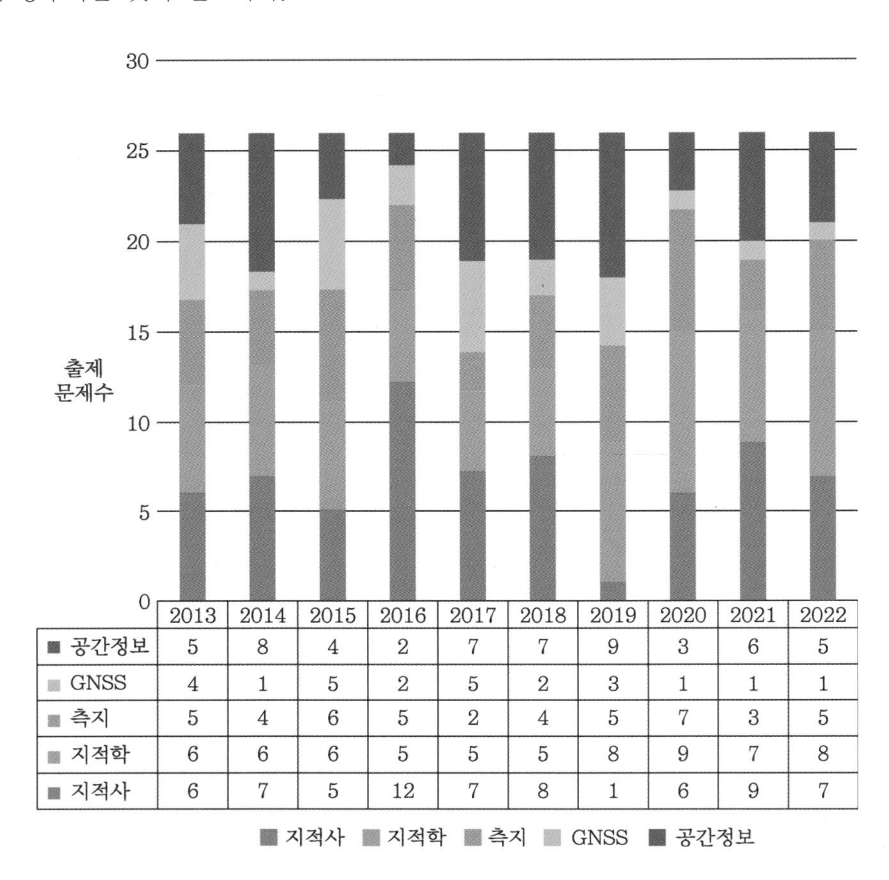

	2013	2014	2015	2016	2017	2018	2019	2020	2021	2022
■ 공간정보	5	8	4	2	7	7	9	3	6	5
■ GNSS	4	1	5	2	5	2	3	1	1	1
■ 측지	5	4	6	5	2	4	5	7	3	5
■ 지적학	6	6	6	5	5	5	8	9	7	8
■ 지적사	6	7	5	12	7	8	1	6	9	7

05 출제기준(필기)

직무 분야	건설	중직무 분야	토목	자격 종목	지적기술사	적용 기간	2023. 1. 1~2026. 12. 31
○ 직무내용 : 과학・기술 발전에 따른 규정된 측량기법으로 지상 및 지하 공간 등의 위치를 조사, 지적공부 등에 등록하여 국토의 효율적인 관리와 국민의 토지소유권 보호를 위해 지적에 관한 계획, 측량, 전산, 재조사, 분석, 운영, 평가, 공간정보 기술 등을 수행							
검정방법	단답형/주관식 논문형			시험시간	400분(1교시당 100분)		

시험과목	주요항목	세부항목
지적측량에 관한 계획, 관리, 실시와 평가, 그 밖의 지적에 관한 사항	1. 지적관련 총론	1. 지적전문 용어 2. 지적학술 이론 3. 지적기술 기법 4. 지적관련 법규 적용 5. 지적제도 이해
	2. 지적기술 및 지적측량	1. 지적기술의 기초 및 응용 2. 지적기술의 기법 평가 3. 지적측량의 계획 및 실시 4. 지적측량의 성과 분석 5. 지적측량의 기기 활용
	3. 지적전산의 기초 및 응용	1. 지적전산의 기초 및 응용 2. 지적전산의 시스템 구축 3. 토지정보의 처리 분석 및 관리 4. 토지정보의 응용 평가 5. 토지정보의 융・복합
	4. 지적행정 및 제도	1. 지적제도 및 정책의 기초이해 2. 지적행정체계 분석 3. 지적행정 및 법 제도 운영 4. 지적재조사 이론 및 실무 5. 지적행정 운영 및 관리 - 지번변경, 토지등록, 지적공부 관리, 토지이동정리
	5. 지적관련 법규	1. 지적관련 법규의 기초 이해 2. 지적관련 법규의 적용 기준 3. 지적관련 법규의 내용 변천 4. 지적관련 법규의 분석 평가 5. 지적관련 법규의 발전 과제
	6. 지적제도	1. 지적제도의 기초 이해 2. 지적제도의 도입 구축 3. 지적제도의 변천 평가 4. 지적제도의 개편 분석 5. 지적제도의 국제 사례

CONTENTS 목차

00 PART 최신 유형

01 PART 지적사

PART 02 지적학/법/제도/측량

03 PART 측지학

04 PART GNSS

PART 05 공간정보 및 최신유형

최신 유형

1. 디지털 트윈
2. 디지털 지구
3. UAM
4. 스마트 시티
5. 지하공간통합지도
6. SLAM
7. 사지수형
8. 공간보간법
9. 필지식별인자
10. SSR
11. 커뮤니티 매핑
12. 블록체인
13. 무인항공기
14. Big Data
15. 증강현실

(0.1) 디지털 트윈(Digital Twin)

답)

디지털 트윈(digital twin)은 미국 제너럴 일렉트릭(GE)이 주창한 개념으로, 컴퓨터에 현실 속 사물의 쌍둥이를 만들고, 현실에서 발생할 수 있는 상황을 컴퓨터로 시뮬레이션함으로써 결과를 미리 예측하는 기술이다. 디지털 트윈은 제조업뿐 아니라 국토관리 등 다양한 산업·사회 문제를 해결할 수 있는 기술로 주목받는다.

1. 디지털 트윈 도입 배경

1) 측정센서, 5G, 빅데이터 등 디지털 기술이 발달
2) 실시간으로 많은 양의 데이터를 전송, 분석할 수 있는 환경 구현
3) 디지털 지구, 메타버스 시대의 도입으로 디지털 트윈의 개념 확산

2. 디지털 트윈의 장점

1) 디지털 트윈은 가상에서 현실 공간에 쉽게 접근이 가능
2) 제품 개발 시 현장 비용과 물리 공간의 제한을 극복
3) 시제품 제작 실패에 따른 리스크도 줄여 검토의 '리드 타임 · 비용 최소화'
4) 사전 검증을 통한 '리스크 절감 · 품질 향상'
5) 빠른 변화에 대응할 수 있는 '유연한 오퍼레이션 실현'

3. 디지털 트윈의 구조

1) 현장에 설치된 IoT와 같은 센서를 통해 실시간으로 사람, 물건, 자동차 등의 데이터를 실시간 수집해서 가상세계에서 시뮬레이션을 통해 관리

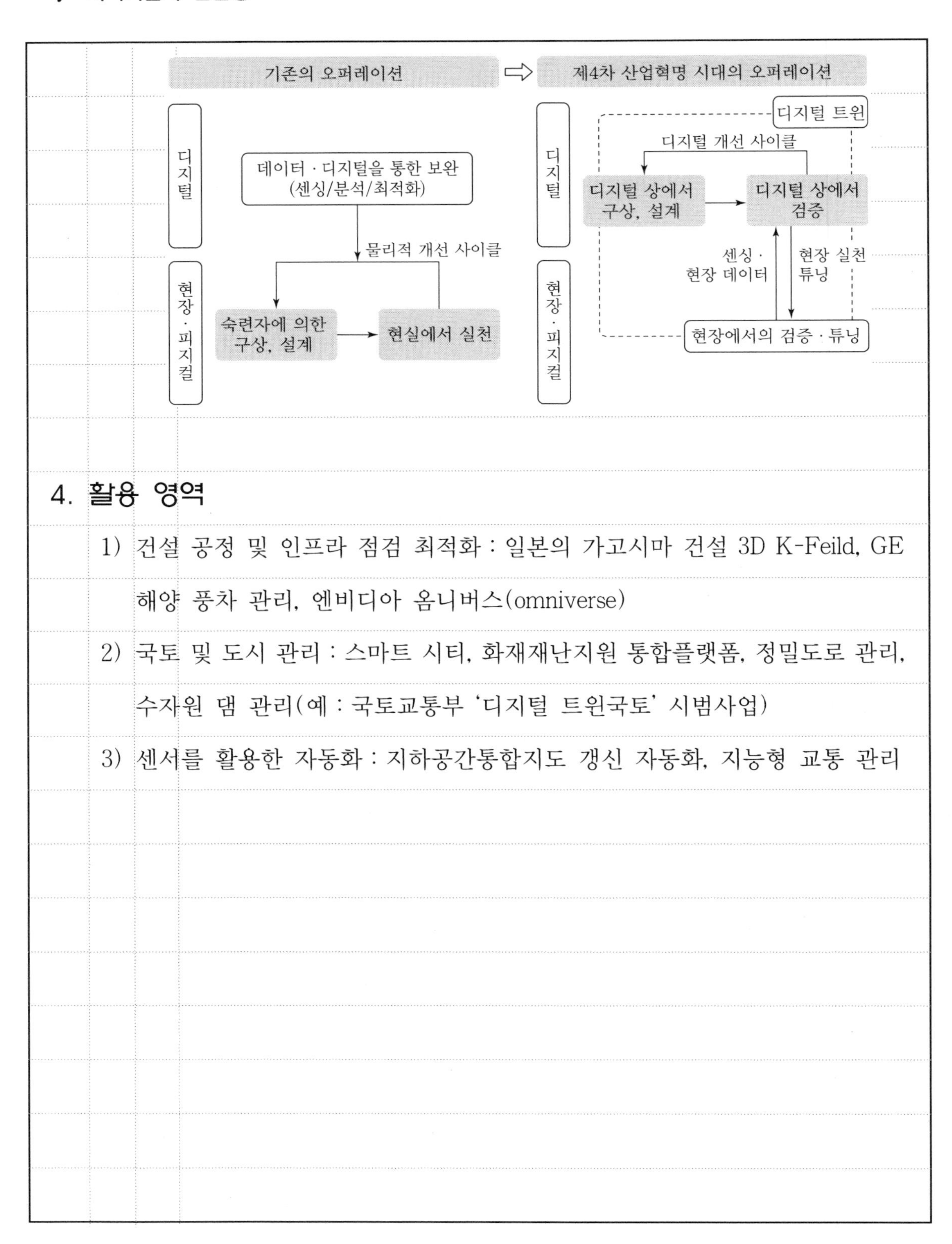

4. 활용 영역

1) 건설 공정 및 인프라 점검 최적화 : 일본의 가고시마 건설 3D K-Feild, GE 해양 풍차 관리, 엔비디아 옴니버스(omniverse)

2) 국토 및 도시 관리 : 스마트 시티, 화재재난지원 통합플랫폼, 정밀도로 관리, 수자원 댐 관리(예 : 국토교통부 '디지털 트윈국토' 시범사업)

3) 센서를 활용한 자동화 : 지하공간통합지도 갱신 자동화, 지능형 교통 관리

(0.2) 디지털 지구(Digital Earth)

답)

Digital Earth는 공간과 시간을 수단으로 내비게이션 가능하며 역사적 데이터는 물론 환경 모델을 바탕으로 미래를 예측할 수 있는 시스템으로서 과학자, 정책입안자는 물론이고 모든 사람들도 접근이 가능한 시스템이다.

1. 디지털 지구의 등장 및 개요

1) 1998년 미국의 부통령인 앨 고어(Al Gore)가 최초 주장
2) 다양한 해상도로 지표면을 볼 수 있으며, 3차원적 표현이 가능한 "Digital Earth"라는 비전을 제시함
3) 물리적, 사회적 환경에 대한 막대한 양의 지리참조 정보를 찾아낼 수 있음
4) 시각화하고 의미 있는 것으로 만들어 낼 수 있음

2. 디지털 지구의 트윈 기술

1) 물리적으로 존재하는 사물을 각종 변수와 내·외 조건까지 그대로 가상 세계에 복사해 시뮬레이션 하는 기술
2) 제조업, 도시 교통 시설, 건설·토목업 등에 도입돼 활용
3) 디지털 지구는 디지털 트윈(digital twin)이라는 기술로 아날로그 지구의 인구, 도로, 기상, 자원 등과 같은 정보들을 디지털화(化)한 세상

3. 디지털 지구의 활용

1) 유럽 데스티네이션 어스 : 지구 온난화 해결을 위해 강수량, 온도 예측뿐 아니

라 농업 활동, 물 가용성 등 인간 시스템까지 결합하는 플랫폼

2) 미국 엔비디아 : 어스2(Earth-2)라는 이름의 슈퍼컴퓨터를 개발해 메타버스 플랫폼 옴니버스에 디지털 트윈 지구를 구현하여 몇십 년 뒤 기후변화를 예측

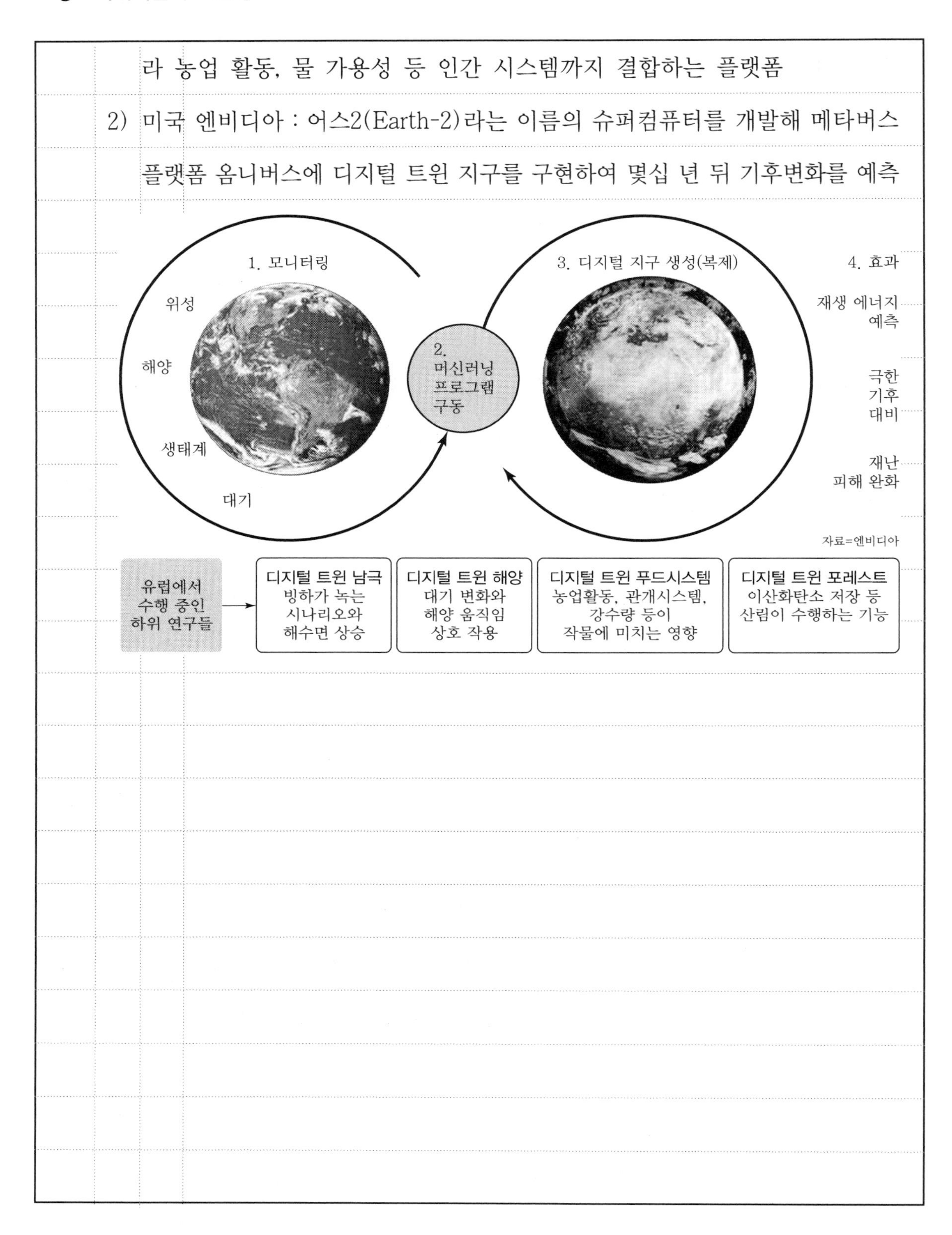

(0.3) UAM(Urban Air Mobility)

답)

도심 항공 모빌리티(UAM)는 수직이착륙(VTOL, Vertical Take Off and Landing)이 가능한 개인 항공기(PAV, Personal Air Vehicle) 가운데 하나로, 하늘을 새로운 이동 통로로 이용할 수 있어 도심에서의 이동효율성을 극대화한 차세대 모빌리티 솔루션이다.

1. 등장 배경

1) 전 세계는 메가시티화(Mega-Urbanization)로 인해 도시 거주자들의 이동 효율성은 급격히 저하

2) 물류 운송비용 등 사회적 비용은 급증

3) 도시화로 인한 장기간 이동이 늘고 교통 체증 문제 해결 필요

4) 친환경 모빌리티의 패러다임을 전환할 미래 산업 필요

2. UAM 시장전망

1) 모건스탠리는 2040년 전 세계 UAM 시장 규모가 1.5조 달러로, 2021~2040년 중 연평균 30%씩 성장할 것으로 전망

2) 포르쉐 컨설팅은 2035년에는 드론 운송의 절반을 승객 수송이 차지할 전망이며, 승객 수송 비행체도 2025년 500대에서 10년 사이 30배 증가한 1만 5천대로 예상

3. 전기동력 수직이착륙 항공(eVTOL) 추진기술

추진기술	개념
멀티로터 (Multi Rotor)	다수 로터를 가진 형태. 로터의 수직-수평 회전이 가능하지 않음, 리프트 전용
리프트 & 크루즈 (Lift+Curise)	• 로터와 날개를 함께 가진 형태 • 이착륙 시 수직 방향 로터가 회전익 형태로 작동하고, 비행 시 수평 방향의 로터가 고정익형태로 작동
틸트엑스 (Tilt X)	틸트로터(로터), 틸트덕트(덕트), 틸트윙(날개)을 총칭하고, 회전(이착륙 시 수직 방향, 비행시 수평 회전)하는 것이 무엇이냐에 따라 구분

구분	멀티로터	리프트 & 크루즈	틸트엑스
형태			
운항속도	70~120km/h	150~200km/h	150~300km/h
기술수준	상대적으로 낮음	-	가장 높음
운항거리	50km 내 운항 적합	인접 도시 운항 가능	인접 도시 운항 가능
탑재중량	1~2인승 적합	멀티로터와 비슷	탑재중량 가장 높음
기종(기업)	EHang 216(이항), Volocity(볼로콥터)	Cora(위스크)	S4(조비에비에이션) Lillium Jet(릴리움)

출처 : 한국무역협회 국제무역통상연구원 UAM 글로벌 산업 동향과 미래과제

4. K-UAM 로드맵

1) 민간의 UAM 기술 투자에 맞춰 국토부를 중심으로 상용화 및 기술특화 등을 지원하는 단계별 추진전략 마련

2) UAM 5대 기술 분야를 지정하여 기체 개발에 우선 집중하고, 운송 · 운용 및 공역설계 · 통제 등 분야는 중장기 관점에서 기술개발 추진

※ UAM 5대 기술 분야 : ①기체 개발 · 생산(제작자), ②운송 · 운용(운송사업자), ③공역설계 · 통제(국가), ④운항관리 · 지원(교통관리사업자), ⑤사회적 기반(지역사회)

준비기 (2020~2024)	⇨	초기 (2025~2029)	⇨	성장기 (2030~2035)	⇨	성숙기 (2035~)
· 이슈 · 과제 발굴 · 법 · 제도 정비 · 시험 · 실증(민간)		· 일부노선 상용화 · 도심 내/외 거점 · 연계교통체계 구축		· 비행노선 확대 · 도심 중심 거점 · 사업자 흑자 전환		· 이용 보편화 · 도시 간 이동 확대 · 자율비행 실현

〈K-UAM 로드맵상 주요 마일스톤〉

(0.4) 스마트시티(Smart City)

답)

4차 산업혁명 시대의 혁신기술을 활용하여, 시민들의 삶의 질을 높이고, 도시의 지속 가능성을 제고하며, 새로운 산업을 육성하기 위한 플랫폼으로 정의할 수 있다. 유럽연합은 주민과 사업의 이익을 위해 디지털과 통신 기술을 활용하여 전통적인 네트워크와 서비스를 보다 효율적으로 만드는 장소로 정의한다.

1. 스마트시티의 발전

1) 국내 스마트도시는 U-CITY(유비쿼터스 도시)라는 이름으로 시작
2) 2000년대 초반 화성 동탄, 파주 운정, 대전 도안, 인천 송도 등 신도시를 중심으로 공공주도로 시작
3) 오늘날 스마트도시의 개념은 더 이상 공공주도 신도시개발 사업이 아님
4) 신도시뿐만 아니라 기존 도시도 효율적으로 관리하고 개선하기 위한 핵심수단이자 모든 도시가 지향하는 공통 목표가 됨

2. 스마트도시 정보시스템

1) 스마트도시 정책 추진과정에서 생산된 다양한 정보를 한곳에 모아 서비스하는 온라인 플랫폼
2) 스마트도시 관련 계획에서부터 스마트도시 사업, R&D, 거버넌스 등 공공에서 추진하는 다양한 정책을 공유하고 지식을 교환하는 소통창구

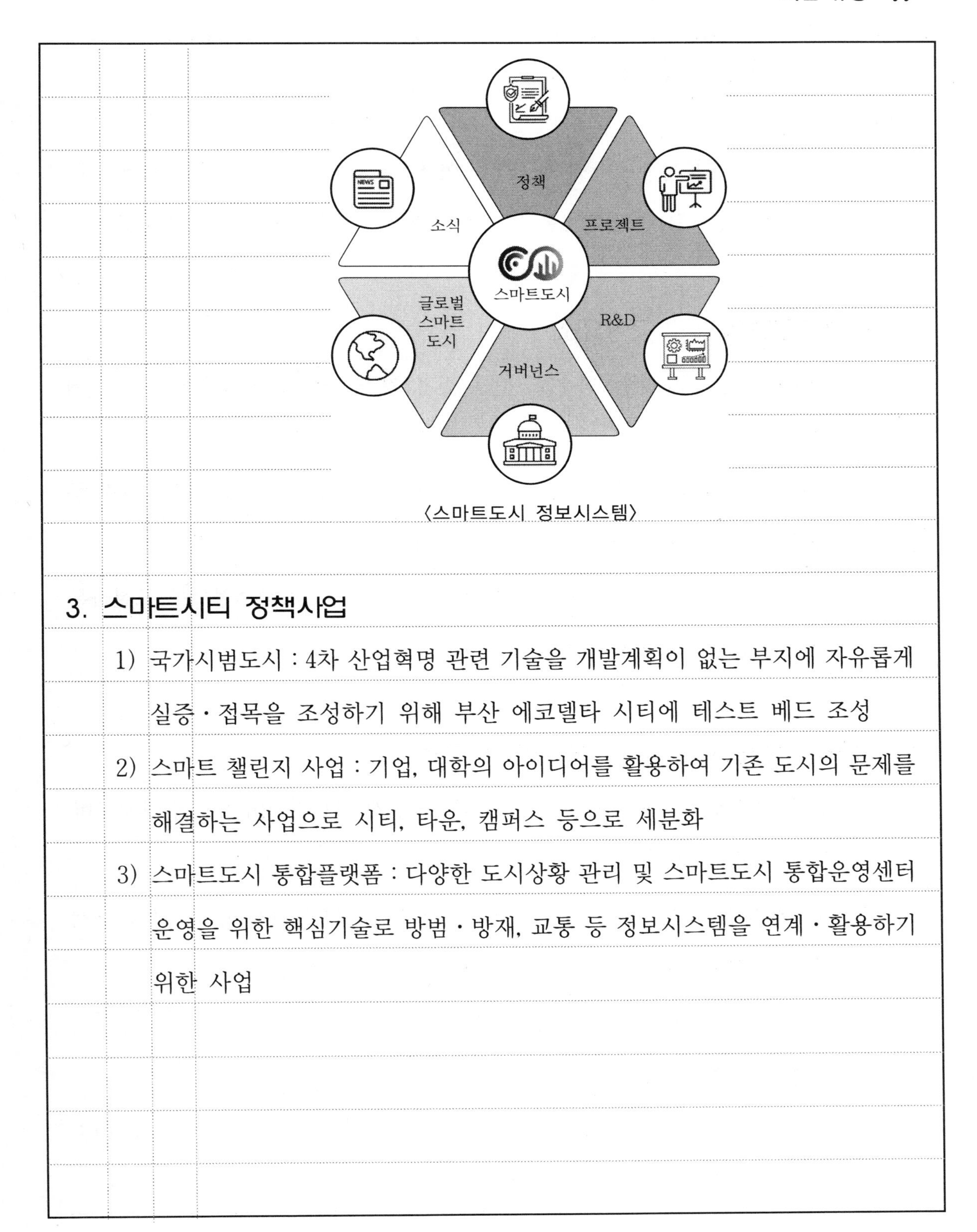

〈스마트도시 정보시스템〉

3. 스마트시티 정책사업

1) 국가시범도시 : 4차 산업혁명 관련 기술을 개발계획이 없는 부지에 자유롭게 실증·접목을 조성하기 위해 부산 에코델타 시티에 테스트 베드 조성

2) 스마트 챌린지 사업 : 기업, 대학의 아이디어를 활용하여 기존 도시의 문제를 해결하는 사업으로 시티, 타운, 캠퍼스 등으로 세분화

3) 스마트도시 통합플랫폼 : 다양한 도시상황 관리 및 스마트도시 통합운영센터 운영을 위한 핵심기술로 방범·방재, 교통 등 정보시스템을 연계·활용하기 위한 사업

(0.5) 지하공간통합지도

답)

지하공간통합지도는 지하공간을 개발・이용・관리함에 있어 기본이 되는 지하시설물, 지하구조물, 지반정보를 3D기반으로 통합·연계한 지도를 말한다.

1. 지하공간통합지도 구성요소

1) 지하시설물(6종) : 상・하수도, 통신, 전기, 가스, 난방 등 관로형태로 땅 속에 매설된 시설물

2) 지하구조물(5종) : 지하철, 공동구, 지하차도・보도, 지하상가, 지하주차장 등 콘크리트 구조물 형태의 시설물

3) 지반(3종) : 지하 지층구조를 확인할 수 있는 시추, 지하수정보를 표현하는 관정과 암층정보를 나타내는 지질 등

2. 지하공간통합지도 구축 배경 및 필요성

1) 전국 각지에서 지반침하(싱크홀)가 발생하면서 사회적인 이슈로 급부상하며, 국민 불안 증대

2) 지하공간에서 발생할 수 있는 재난・안전사고 요인을 선제적으로 탐지, 분석

3) 관리기관별로 구축・관리되는 지하정보를 체계적으로 관리

3. 구축 절차

1) 지하시설물(관로형) : 자료수집, 작업 준비, 3차원 관로 모델 제작, 3차원 맨홀 및 밸브 제작, 구조화 편집

2) 지하시설물(구조물형) : 자료 수집 및 전산화 , 현장조사, 기준점 측량, 지하현장측량 및 보조측량, 정위치 편집, 구조화 편집, 3차원 모델링

3) 지반정보 제작 : 자료수집, 지반데이터 추출, 지반정보 생성, 구조화 편집

4. 시스템 구축 및 활용

1) 시스템 구축

① 지하정보 활용시스템 : 지하공간통합지도 조회 · 분석(지자체용)

② 지하정보 통합관리시스템 : 지하공간통합지도 가공 · 탑재(중앙용)

2) 활용

① 지하시설물 공사 시, 컨설팅 기초자료 등으로 활용

② 기존 지반과 시설물 안전관리로 재난 사고 예방

③ 지하공간통합체계 구축으로 국가 마스터 플랜 수립 시 사용

(0.6) SLAM(Simultaneous Localization And Mapping)

답)

SLAM(Simultaneous Localization And Mapping)은 라이더 센서와 카메라를 결합, 현실과 동일한 정밀 지도를 생성해 자율주행차의 위치를 추정하는 데 사용하는 기술이다. 즉, 낯선 공간을 맵으로 만들고 내 위치를 파악하는 기술이다.

1. SLAM의 특징

1) SLAM 기술은 실시간으로 자신의 위치 추정(Localization)과 주변 지도 작성(Mapping)을 할 수 있다.
2) SLAM 프로그램은 시작한 시점에서부터 지속적으로 자신의 위치 추정을 할 수 있다.
3) 최신 SLAM 기술들에 적용되는 Loop closure이라는 기술을 통해 이전에 와본적이 있는 장소라는 것을 인지하고 오차를 수정할 수 있다.
4) SLAM 프로그램이 종료되는 시점에서는 잘 그려진 지도와 자신의 지난 위치들을 얻어낼 수 있다.

2. 등장 배경

1) 1980년 Moravec의 연구를 통해 카메라를 사용해서 6자유도 위치를 추정하는 기술을 발견
2) 알고리즘은 바퀴를 전혀 사용하지 않았기 때문에 더 높은 정확도 산출
3) 동시에 카메라를 이용해서 실시간으로 자신의 위치추정을 할 수 있는 새로운 기술 분야를 제시

4) 현재는 카메라, depth 카메라, 레이더, 라이다 등 다양한 종류의 센서를 통해 3D 세상의 정보를 받을 수 있음

3. 활용 분야

1) 탐사선, 무인 로봇 등 다양한 현장 로봇에 적용
2) 센서만으로 환경에 대한 정확한 지도를 작성하는 자율주행 기술의 핵심
3) 무인항공기, VR/AR, 로봇청소기 등에 활용

(0.7) 사지수형(Quad Tree)

답)

공간을 표현하는 자료구조는 벡터와 래스터가 있으며, 래스터 자료구조는 격자로 이루어져 있어서 구조가 간단하나, 해상도를 높이면 자료의 크기가 방대해지므로 압축이 필요하다. 사지수형은 공간을 반복하여 셀을 구분한 압축방법으로 북동, 북서, 남서, 남동으로 저장한다.

1. 지리정보 자료구조

구분	벡터	래스터
구조	공간객체의 위상구조를 표현할 수 있으나 구조가 복잡	구조가 단순하여 자료 연산처리 용이
구성	점, 선, 면으로 구성	격자로 구성
중첩	지도 중첩 어려움	지도 중첩 용이함
압축	축약된 자료구조	자료의 양이 많으므로 큰 저장용량 필요

2. 사지수형의 특징

1) 래스터 자료구조의 변형이다.

2) 래스터 영역을 단계적으로 4분원으로 분할한다.

3) 4분원으로 분할하는 단계를 거칠 때마다 트리구조로 정보를 표현한다.

4) 분할하는 셀의 값을 가지면 인(in), 값이 없으면 아웃(out)으로 표현한다.

5) 종류로는 면 사지수형과 점 사지수형이 있다.

3. 래스터 자료구조의 압축방법

1) 런 랭스코드(Run-length code) : 각 행마다 왼쪽에서 오른쪽으로 진행하면서 동일한 수치를 갖는 행들을 묶어 압축하는 방법이다.

2) 체인코드(Chain code) : 자료의 시작점에서 동, 서, 남, 북 방향으로 이동하는 단위거리를 통해서 표현하는 방법으로서, 자료의 압축에 매우 효과적이다.

3) 블록코드(Block code) : 2차원 정방형 블록으로 분할하여 압축하는 방법이다.

4. 사지수형 활용

1) 라이다(LiDAR) 등 공간정보 자료 압축

2) 국가지점번호체계로 이용하고 있음

(0.8) 공간보간법(GIS Interpolation)

답)

공간보간법은 한정된 지점에서 관측된 점 관측 자료를 이용하여 연속적인 특성을 갖는 대상지역 전체의 공간분포를 측정하는 것을 말한다. 충분한 기초자료와 공간 밀도 등이 대상지역의 특성을 반영하고 있다면 결과의 신뢰성 확보가 가능하다.

1. 공간보간법의 필요성

1) 공간에 대한 통계자료가 필요할 때 가장 좋은 방법은 모든 지점에서 자료를 직접 획득하는 것일 수 있지만, 이는 시간, 비용의 제약으로 현실적으로 불가능하다.

2) 따라서 특정지점을 선정하여 관측값을 얻은 후, 미지점의 값을 예측하는 방법으로 공간보간법이 필요하다.

2. 공간보간법의 종류

1) 선형보간법 : 지형이 직선으로 변화하는 것으로 간주하여 미지점을 측정하는 방식으로 쉽고 빠르지만 정확한 방법은 아니다.

2) 곡선보간법 : 단면별로 수정된 점으로부터 지형변화를 측정하는 것으로 IDW, Kriging 방법이 가장 많이 사용된다.

① IDW(역거리 가중법)

ㄱ. 주변의 가까운 점으로부터 선형으로 결합된 가중치를 사용하여 새로운 셀의 값을 결정하는 방법

ㄴ. 가까이 있는 실측값에 더 큰 가중치를 주어 보간하는 방법

② Kriging(크리깅)

ㄱ. 이미 알고 있는 데이터들의 선형 조합으로 관심이 있는 지점에서의 속성값을 예측하는 지구통계학적 방법

ㄴ. 값을 추정할 때 실측값과의 거리뿐만 아니라 주변에 이웃한 값의 상관강도를 반영

ㄷ. 매우 정확한 방법이나 많은 양의 계산이 필요

3. 공간보간법의 활용

1) 군사목적의 3차원 공간정보 표현

2) 조경설계 및 계획

3) 절토량, 성토량 산정

(0.9) 필지식별인자(Unique Parcel Identification)

답)

필지별 등록사항의 저장과 수정 등을 용이하게 처리할 가능성이 있는 고유번호를 말하는데 지적도에 등록된 모든 필지에 고유번호를 부여하여 개별화함으로써 필지별 대장의 등록사항과 도면의 등록사항을 연결시키며 기타 토지자료 파일과 연계하거나 검색하는 등 필지에 관련된 모든 자료의 공통적 색인번호의 역할을 한다.

1. 필지식별번호의 조건

1) 토지소유자가 기억하기 쉬워야 한다.

2) 토지거래에 있어서 변화가 없고 영구적이어야 한다.

3) 전산처리가 쉬워야 하며, 정확해야 한다.

2. 필지식별번호의 구성 및 역할

1) 구성

행정구역 10자리와 지번 9자리, 총 19자리로 구성

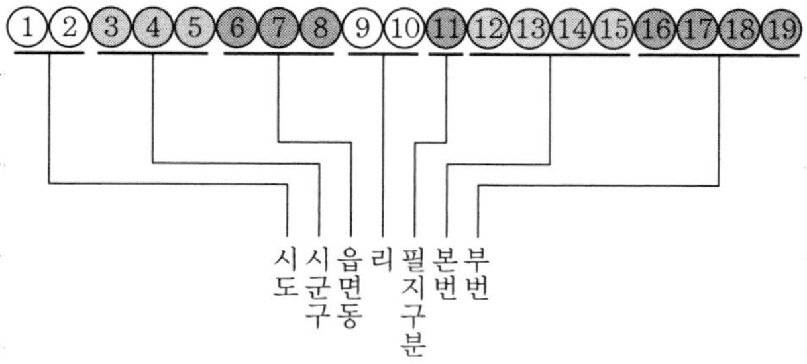

①②③④⑤⑥⑦⑧⑨⑩⑪⑫⑬⑭⑮⑯⑰⑱⑲

시도 (①②) / 시군구 (③④⑤) / 읍면동 (⑥⑦⑧) / 리 (⑨⑩) / 필지구분 (⑪) / 본번 (⑫⑬⑭⑮) / 부번 (⑯⑰⑱⑲)

2) 역할

① 속성정보와 도형정보의 연계

② 토지정보자료의 매개체 역할

③ 도형정보의 수정, 검색, 조회 등의 중요한 역할

④ 동일 식별자로 이용한 DB와의 연계 기능

사용자 관리자
수정, 획득
검색, 조회 등
필지 식별 인자 (PID)
연동
지적정보 등기정보 지가정보 도시계획 …

(0.10) SSR(State Space Representation, 상태공간보정)

답)

SSR이란 새로운 방식의 GNSS 보정정보(SSR)를 스마트폰에서 활용 가능하도록 개발한 위치보정정보 적용 기술로 국토지리정보원에서 2020년 10월부터 서비스하고 있다.

1. 개발 배경

1) 텔레매틱스, 위치기반서비스 등 다양한 분야에서 위치결정 기술 수요 증대
2) 특히, 스마트폰, 웨어러블 기기, 드론, 자율주행차 등 새로운 산업의 급속한 발전
3) 기존 고가의 GNSS 장비에 대한 일반인의 사용 제약

2. 기존 방식과의 차이

네트워크 RTK는 실시간 측위기술로, 보정정보의 생성 · 제공 방식에 따라 OSR(관측공간보정)과 SSR(상태공간보정)로 구분

1) OSR 방식 : 각 오차요인을 모두 더하여 제공하는 방식
2) SSR 방식 : 각 오차요인별 보정정보를 생성하여 제공하는 방식

구분	기존 방식(OSR)	새로운 방식(SSR)
보정정보	모든 보정정보 활용	필요한 보정정보만 활용
원리	• 중앙 서버가 사용자 위치에 적합한 보정정보 생성 • 인터넷 등 통신매체를 이용해 사용자에게 전달하여 측위정확도 향상	• 중앙 서버가 위성항법측위에 발생하는 오차를 모델링하여 사용자에게 제공 • 사용자는 모델링된 보정정보로 오차보정값을 계산하여 측위정확도 향상
데이터 양	많음	상대적으로 적음
서비스 방식	• 인터넷 통신 방식의 서비스 제공 • 중앙서버와 양방향통신	• 양방향(인터넷 통신 방식) • 단방향(DMB, 위성통신 등 방송형태) (오차 모델링정보를 발송하여, 사용자 개별 활용)
활용	GNSS 측량기기	보급형 GNSS기기인 스마트폰 및 드론, 자율차 등
정확도	정밀측량기기 / 2~3cm	기계에 따라 수 cm~수 m

(0.11) 커뮤니티 매핑

답)

사람들이 특정 주제와 관련한 지도를 만들기 위해 온라인 지도서비스를 이용하여 직접 정보를 수집하고 지도에 표시하여 완성함으로써 정보를 공유하고 활용하는 참여형 지도 제작 활동을 말한다.

1. 커뮤니티 매핑의 특징

1) 일종의 집단지성을 활용하는 방식
2) 주제와 관련하여 개인이 알고 있는 정보를 지도에 표시
3) 여러 사람의 정보와 지식이 하나로 모였을 때 전체적인 지도가 완성
4) 더 많은 정보를 다수가 공유
5) 이와 관련한 문제의 해결에 효과적으로 활용할 수 있음

2. 국내·외 활용 사례

1) 2010년 아이티(Haiti)에 큰 지진 때, 오픈스트리트맵(Open Street Map)을 활용한 구조작업
2) 2012년 미국 허리케인 샌디 발생 시, 주유소 정보 제공
3) 국내 장애인 접근시설, 청소년 유해장소, 대동붕어빵여지도 등 맛집 지도 매핑

3. 기대효과

1) 사람과 사람, 지역사회와 지역사회의 소통을 강화
2) 지역사회 문제해결 과정에 기여하여 진정한 의미의 시민참여를 실천

3) 데이터를 시각적으로 보여줌으로써 지역사회의 문제와 이슈를 효과적으로 인식

4) 지역자원의 데이터가 생성되고 축적

(0.12) 블록체인(Block Chain)

답)

블록체인이란 사전적 의미로는 '블록(Block)'을 잇따라 '연결(Chain)'한 모음을 말하며 거래 이력을 여러 시스템에서 분산 관리하는 기술을 의미한다. 이 기술이 적용된 가장 유명한 사례는 가상화폐인 비트코인(Bitcoin)이다.

1. 기존 거래방식과 블록체인방식의 차이

블록체인은 전자화폐가 순수하게 개인과 개인 간 지불수단이 된다는 것을 가정하여 그 거래 내용을 서로 연결한 사슬(chain)로 만드는 기술이다.

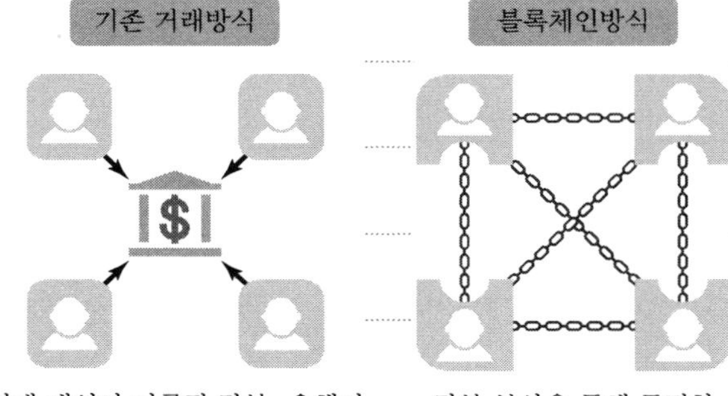

2. 블록체인의 특징

1) 암호화 기술과 P2P 네트워크 기술이 사용되기 때문에 특정 관리자나 주인이 없다.

2) 제3자 기관에 의한 증명 없이 거래의 정당성을 증명할 수 있고 데이터 변조를 어렵게 만들 수 있다.

3) 정보를 여러 컴퓨터에 분산 저장해서 관리할 수 있다.

4) '공공 거래장부' 또는 '분산 거래장부'로도 불린다.

3. 기대효과

1) 정보를 소수가 독점하면서 생기는 정보 편중 현상, 화폐 왜곡 현상 등을 해결할 수 있다.

2) 은행의 과도한 수수료 문제, 개인 간의 거래임에도 꼭 은행을 통해야 하는 불편함을 해소할 수 있다.

3) 중앙집중형 서버를 사용하지 않아도 된다.

(0.13) 무인항공기(UAV)

답)

무인항공기(Unmanned Aerial Vehicle, UAV) 또는 드론(drone)은 조종사가 탑승하지 않고 전파의 유도에 의해 조정할 수 있는 항공기를 말한다.

1. 특징

1) 항공사진에 비해 비용이 저렴하며 필요 시 자료획득이 용이하다.
2) 소규모 지역을 주기적으로 관측 시 용이하다.
3) 저고도 비행을 통해 고해상도 영상 취득이 가능하다.
4) 고정익(fixed wing) 드론과 회전익(rotary wing) 드론으로 분류한다.

2. 고정익과 회전익 드론 비교

1) 고정익 드론은 비행속도가 빠르고 촬영고도가 높은 장점이 있으나, 기상에 취약하고 다양한 촬영이 어렵고 회전익 드론에 비해 상대적으로 고가인 단점이 있다.
2) 회전익 드론은 촬영계획 및 데이터 처리가 쉬우며 다양한 output 생성이 가능하다.
3) 회전익 드론은 자동 호버링, 충격방지센서 등의 장착으로 조정성이 좋아 수직촬영 및 다양한 수평촬영(way point 방식, POI 방식, follow me 방식 등)이 가능하다.

3. 영상취득 및 처리과정

1) 작업계획의 수립(대상지역 및 고도 선정)

2) 자료수집 및 현지조사(수치영상자료, 기준점성과, 수치지도)

3) 지상기준점(GCP)의 선점 및 외부표정요소 : 대공표지나 지형지물을 이용하여 항공사진의 지상좌표를 산출하기 위한 기준점 측량

4) 항공사진 촬영 : 사진의 공간해상도 및 중복도를 고려하여 고도나 촬영 간격을 설정하고 대상지역 촬영

5) 촬영사진 확인 : 촬영된 사진에 노이즈, 블러, 왜곡 등이 있는지 확인하는 작업이다.

6) 수치표고자료의 제작

7) 정사영상 제작

8) 영상지도의 편집

9) 정리 점검(정확도 성과 검증, 오류 수정)

10) 결과 도출(각종 관측자료 정리 : 촬영기록부, GCP 관측값 기록부)

4. 활용

1) 무허가 점유지, 하천 유역조사 등 국토조사에 활용

2) 구호물품 운송, 산사태, 홍수 파악 등 재난재해 분야에 활용

3) 농작물 수확량, 병충해 관측 등 농업분야에 활용

4) 시간에 따른 변화 모니터링에 활용 가능 : 공간정보 오픈 플랫폼

① 환경 및 생태 모니터링

② 노천광산 모니터링

③ 주요 대상물의 변형 모니터링(3D)

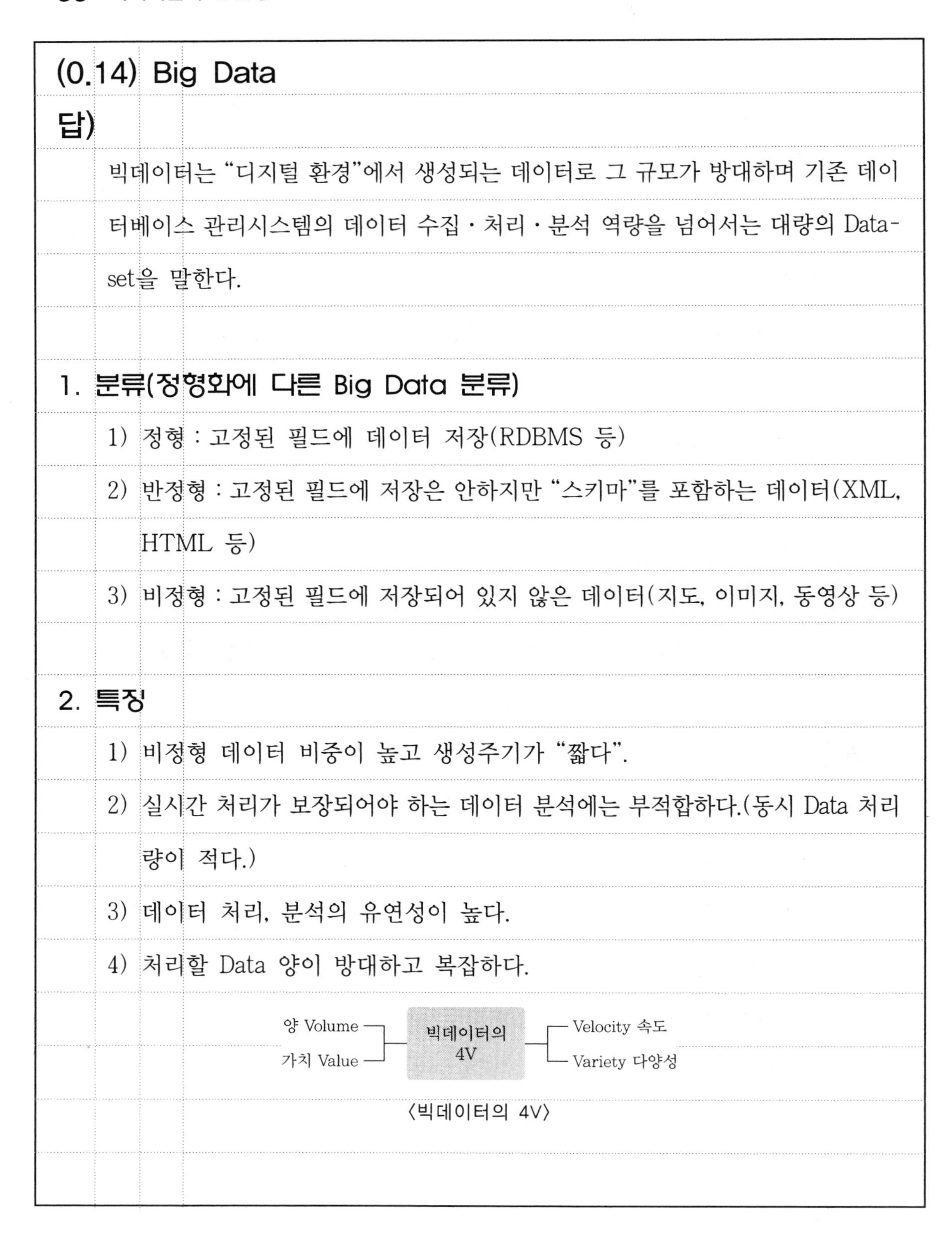

(0.14) Big Data

답)

빅데이터는 "디지털 환경"에서 생성되는 데이터로 그 규모가 방대하며 기존 데이터베이스 관리시스템의 데이터 수집 · 처리 · 분석 역량을 넘어서는 대량의 Dataset을 말한다.

1. 분류(정형화에 다른 Big Data 분류)

1) 정형 : 고정된 필드에 데이터 저장(RDBMS 등)

2) 반정형 : 고정된 필드에 저장은 안하지만 "스키마"를 포함하는 데이터(XML, HTML 등)

3) 비정형 : 고정된 필드에 저장되어 있지 않은 데이터(지도, 이미지, 동영상 등)

2. 특징

1) 비정형 데이터 비중이 높고 생성주기가 "짧다".

2) 실시간 처리가 보장되어야 하는 데이터 분석에는 부적합하다.(동시 Data 처리량이 적다.)

3) 데이터 처리, 분석의 유연성이 높다.

4) 처리할 Data 양이 방대하고 복잡하다.

〈빅데이터의 4V〉

3. 분석기법

1) 공간 데이터 마이닝(Mining) : 기존 공간 데이터들의 "상관관계", 다양한 공간적 "패턴"을 분석하여 새로운 정보를 생성하는 기법이다.

2) 데이터 클러스터링(Clustering) : 서로 유사성을 가지는 데이터들을 같은 그룹으로 구분하여 여러 개의 클러스터로 분할하는 기법이다.

3) 공간 R : 공간 빅데이터 분석을 지원하는 패키지

4) 공간 의사결정시스템

5) 소셜 네트워크 분석

4. 기대효과(부동산 행정정보에 활용)

1) 위치정보와 행정정보를 융합하여 국민 행복 맞춤형 공간정보 제공

2) '일사편리' 서비스 구축을 통한 부처 간 협업 시너지를 극대화하고 대국민 서비스 향상

3) 국공유지 재산관리 효율화

4) 자연재해에 대한 시계열 분석 예측

5) 탈루 세원 발굴 지원

6) 부동산 임차시장 수요 패턴 분석

7) "IT 인프라"와 "유비쿼터스 도시정보 서비스"를 융합한 V-City 사업

(0.15) 증강현실(AR)

답)

증강현실이란 현실세계에 컴퓨터 기술로 만든 정보를 융합, 보안해 주는 기술로서 현실세계에 실시간으로 부가정보를 갖는 가상세계를 더해 하나의 영상으로 디스플레이 해주는 새로운 기술을 말한다.

1. 증강현실의 특징

1) 현실의 이미지나 배경에 3차원 이미지를 겹쳐 하나의 영상으로 보여준다.
2) 참여자와 실제 가상작업 공간이 하드웨어로 상호 연결되어 있다.
3) 어느 곳에서나 원하는 정보를 신속하게 얻을 수 있다.
4) 가상현실에 비해 현실감이 뛰어나고 현실 환경에 응용이 가능하다.
5) 인터넷 접속이 가능해야 한다.(3G, 4G, wifi 등)

2. 증강현실의 구성 및 원리

1) 증강현실의 구성

① GNSS/INS 장비

ㄱ. GNSS : 지리, 위치정보를 송・수신

ㄴ. INS(관성항법장치) : 기울기

② 위치정보시스템 : 인터넷 연결이 필요하다.

③ 증강현실 애플리케이션 : 상세정보 수신 및 현실 배경 표시

④ IT 기기(스마트폰, 태플릿 PC 등) : 디스플레이 출력

2) 증강현실의 원리

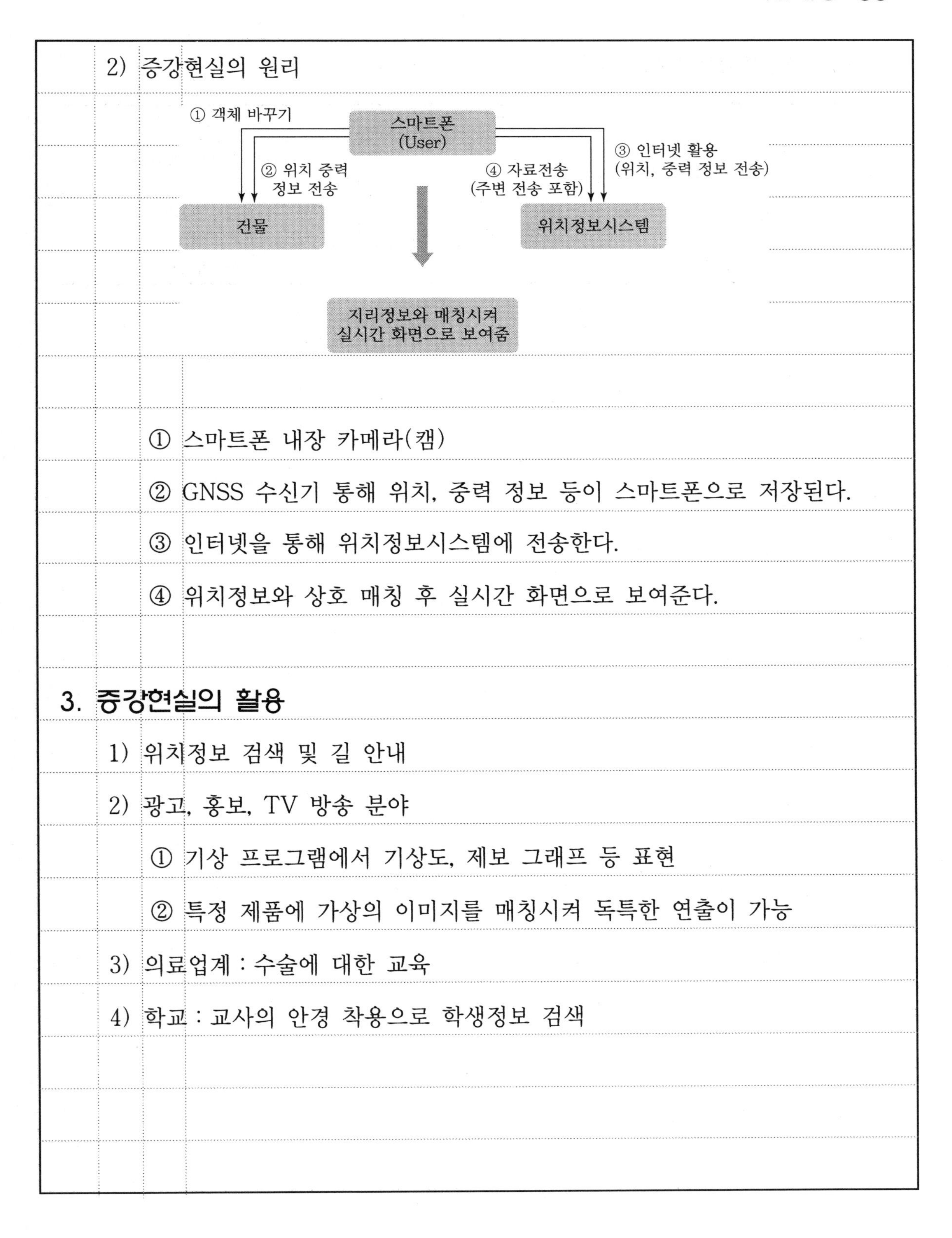

① 스마트폰 내장 카메라(캠)

② GNSS 수신기 통해 위치, 중력 정보 등이 스마트폰으로 저장된다.

③ 인터넷을 통해 위치정보시스템에 전송한다.

④ 위치정보와 상호 매칭 후 실시간 화면으로 보여준다.

3. 증강현실의 활용

1) 위치정보 검색 및 길 안내

2) 광고, 홍보, TV 방송 분야

① 기상 프로그램에서 기상도, 제보 그래프 등 표현

② 특정 제품에 가상의 이미지를 매칭시켜 독특한 연출이 가능

3) 의료업계 : 수술에 대한 교육

4) 학교 : 교사의 안경 착용으로 학생정보 검색

4. 증강현실/가상현실 비교

구분	증강	가상
주체	현실의 나	나를 대신한 캐릭터
이미지	하나의 영상 (가상+현실)	가상 이미지
현실감	뛰어나다.	부족하다.

I. 지적사

1. 지적부
2. 지적도/지도
3. 지적행정부서
4. 지적/토지제도
5. 토지조사사업
6. 지적사 일반
7. 토지조사/측량기구/측량

Professional Engineer Cadastral Surveying

1. 지적부

(1.1) 둠즈데이북

답)

둠즈데이북은 1086년 영국의 왕 윌리엄 1세(재위 1066~1087년)가 작성한 토지조사부(土地調査簿)로 현존하는 세계에서 가장 오래된 과세대장이다. 둠즈데이북의 가장 큰 특징은 도면 없이 지세를 조사하여 작성한 대장이라는 점이다.

1. 둠즈데이북의 작성배경

1) 윌리엄 1세가 1066년에 잉글랜드를 정복하여 왕이 되었는데, 정복지의 통치상, 특히 조세징수의 목적으로 이를 조사하여 작성하였다.

2) 왕실의 재정을 강화하고 세금의 투명화와 중앙집권화를 이루고자 작성하였다.

2. 둠즈데이북의 구성요소

1) 각 주별(州別)로 정복 전과 조사 당시의 영주명(領主名) 및 직할지 면적

2) 비(非)자유민 노동자의 수, 자유농민의 수, 산림・목초지・방목지 등의 공유지 면적

3) 각 토지의 평가액, 자유농민의 보유지 면적, 토지의 잠재적인 경제가치 등

3. 둠즈데이북의 특징

1) 현존하는 세계 최초의 과세대장이다.

2) 부동산, 주민등록, 재산명시, 역사 등을 종합적으로 기록한 장부이다.

3) 귀족, 자유민, 농민 등을 대상으로 작성하였다.

4) 지적제도의 기원으로 매우 가치 있는 장부이며, 우리나라에서는 신라시대에 작성된 신라장적문서가 가장 오래되었다.

5) 영국의 모든 토지를 대상으로 실제 자료조사를 실시하였다.

(1.2) 신라장적문서

답)

신라장적문서는 통일신라시대의 토지문서로 신라민정문서라고 불리며, 서원경 지방의 4개 촌락에 있던 토지 재산목록으로 3년마다 일정한 방식으로 기록하였는데 과세와 부역징발의 기초문서이다.

1. 지적의 발생설

1) 지적의 발생 근원이 과세에서 비롯되었다는 과세설의 근원이다.

2) 영국의 둠즈데이북과 함께 과세설을 증명하는 문서이다.

2. 신라장적문서의 특징

1) 장적문서는 1933년 일본 정창원에서 처음 발견되었다.

2) 명칭은 장적문서, 민정문서, 촌락문서 등 다양하다.

3) 촌민지배 및 과세를 위하여 촌내의 사정을 자세히 파악하여 문서로 작성하였다.

4) 작성은 3년마다 일정한 방식에 따라 기록하였다.

5) 현존하는 가장 오래된 지적장부이다.

3. 신라장적문서의 기재사항

1) 촌락 및 촌락영역

2) 호구 및 우마(牛馬)의 수, 수목의 감소

3) 토지 종목 및 면적

4) 뽕나무, 잣나무, 호두나무 등의 수량

4. 신라장적문서의 의미

1) 오늘날의 지적공부가 필지 단위의 토지관리 체계로 되었다면 신라장적문서는 촌락단위의 토지 관리를 위한 장부로 조세의 징수와 요역 징발을 위한 기초자료로 활용되기 위한 문서이다.

2) 국가의 과세를 목적으로 토지에 대한 각종 현상을 기록 관리하는 수단으로서 지적이 발생되었다는 과세설의 근거자료이다.

5. 영국의 둠즈데이북(Domesday Book)

1) Geld Book이라고 하며 과세용의 지세장부이다.

2) 영국의 국토 자원목록을 조직적으로 작성한 토지기록이며 토지대장이다.

주요용어

1) 관모답전 : 신라시대 각 촌락에 분산된 국가소유의 전답이다.

2) 촌주위답 : 촌주가 국가의 역을 수행하면서 지급받은 직전이다.

3) 연수유전답 : 장적문서에서 전체 토지의 90% 이상이 해당되며, 일반백성이 보유하여 경작한 토지를 말한다.

(1.3) 문기

답)

문기란 토지 및 가옥을 매수 또는 매도할 때에 작성하는 매매계약서를 말하며, 명문(明文), 문권(文券)이라고도 하였다. 문기는 상속, 소송, 증여 등의 문서로서 권리변동의 효력을 발생하며 확정적 효력을 가지고 있는 권원증서이다.

1. 문기의 작성

1) 매수인, 매도인 쌍방의 합의 외의 대가의 수수 목적물의 인도 시 서면으로 계약서를 작성한다.
2) 매매당사자, 증인, 집필인이 작성 후 서명하였다.
3) 구두계약일 경우 차후에 문서를 작성한다.
4) 구문기를 분실하였을 경우에는 관의 입안을 받아 구문기를 대신하였다.

2. 문기의 종류

1) 신문기, 구문기, 명문문권, 불황기, 패지 등
2) 백문매매란 입안을 받지 않는 계약서를 말한다.

3. 문기의 기재사항

1) 토지소재지, 매도연원일, 매수인
2) 매매의 이유, 매매대금과 수취여부, 증인, 입회인, 사표 등

4. 문기의 특징

1) 매매 계약의 성립요건이다.
2) 매매 사실의 사적 공지수단과 증명수단이다.
3) 매수자, 매도인, 증인이 모두 화압을 함으로써 입안청구 및 소송의 유일한 증거가 된다.
4) 구문기를 통해 토지의 매매 내역을 파악하였다.
5) 관의 공증을 거치는 것은 관서문기라 하며 입안을 받지 않는 매매계약서는 백문매매라 한다.

5. 문기의 효력

1) 상속, 증여, 소송 등의 문서로서 권리변동의 효력을 발생한다.
2) 권리자임을 증명하는 권원증서로서 확정적 효력을 갖는다.

(1.4) 입안

답)

입안은 오늘날의 등기권리증과 같은 것으로 토지매매를 증명하는 제도이며 소유자를 확인할 수 있는 명의 변경절차이다. 본질적으로 입안이 발달되어 근대화된 것이 지계와 가계이다.

1. 조선시대 토지 거래증서의 종류

1) 문기 : 토지 가옥을 매수 또는 매도 시에 작성하는 매매계약서이다.

2) 입안 : 등기권리증, 토지매매를 증명하는 제도이다.

3) 양안 : 양전에 의해 작성된 토지대장이다.

2. 입안의 근거(규정)

1) 속전등록 : 입안 기한의 규정은 없으나 "입안을 받지 않은 토지는 몰관"한다고 규정하고 있다.

2) 경국대전 : 토지, 가옥의 매매는 100일 이내, 상속은 1년 이내에 입안을 해야 한다고 규정하고 있다.

3. 입안의 절차

1) 매매당사자 간의 대금의 지불 및 목적물의 인수 후 100일 이내 입안을 신청한다.

2) 매수인은 구문기와 매매문기를 첨부하여 매도인의 소재관에게 제출한다.

3) 관은 진위를 조사하고 매매당사자, 증인, 집필 등의 합법성을 확인하여 입안을 발급한다.

4) 한성부는 당상관이 화압하여 결정하고, 지방관인 경우는 수령이 단독으로 화압한다.

4. 입안의 내용

1) 입안일자, 입안 관청명

2) 입안사유, 당해관의 서명

5. 입안의 폐지

1) 강행적, 필요적 제도였으나, 초기부터 잘 지켜지지 않았다.

2) 입안은 양안에 등재된 최초의 소유자 이후, 소유자의 변동사항을 정리하지 않았다.

3) 절차의 비현실성의 문제

4) 과중한 작지부담의 문제

5) 매매당사자, 증인, 집필인 등이 관으로의 출두를 기피하였다.

6) 백문매매의 성행 : 입안을 받지 않은 매매계약서인 백문매매가 관습상 성행하였으며 후에 관에서도 합법화되었다.

(1.5) 백문매매

답)

문기는 토지 및 가옥을 매수 또는 매도할 때에 작성하는 매매계약서를 말하며, 백문매매는 문기의 일종으로 관의 입안을 받지 않은 매매계약서를 말한다.

1. 문기의 작성

1) 매수인, 매도인 쌍방의 합의 외에 대가 수수 목적물의 인도 시에 서면으로 작성하였다.
2) 매도 당사자, 증인, 집필인이 작성하였다.
3) 구두계약일 경우에는 차후에 문기를 작성하였다.

2. 문기의 종류

1) 신문기, 구문기, 패지, 불망기 등
2) 관의 공증
   ① 절차를 행한 경우 : 관서문기
   ② 절차를 행하지 않은 경우 : 백문매매

3. 백문매매

1) 관의 입안을 받지 않은 매매계약서를 말한다.
2) 토지 매매 당사자 간에 임의로 작성하였으며, 별도 서식의 제한이 없다.
3) 매매 계약의 성립요건이며, 매매 사실의 사적 공지 및 증명 수단이었다.

4) 조선시대 문기는 규정에 공문기를 목적으로 실시하였으나 점차 사문기로 바뀌었다.

5) 숙종 16년에는 사문기의 경우는 효력이 인정되지 않았다.

4. 조선시대와 현대의 토지대장

1) 문기 : 토지 및 가옥을 매수・매도 시에 작성한 매매계약서이다.

2) 입안 : 등기권리증의 일환으로 토지매매를 증명하는 제도이다.

3) 양안 : 토지대장으로 위치・등급・형상・사표 등을 기록하였다.

4) 토지대장

① 토지표시사항 : 토지의 소재, 지번, 지목, 면적, 좌표 등

② 토지소유에 관한 사항 : 성명, 주민등록번호, 주소 등

③ 기타사항 : 토지의 등급, 개별공시지가 등

5. 문기와 매매계약서의 기재사항 비교

문기	부동산 매매계약서
토지소재지, 매도 연월일	소재지, 지목, 면적
매수인, 매매의 이유	건물 구조, 용도
매매대금과 수취여부	매매대금, 계약금, 중도금
증인, 입회인, 사표	매도인, 매수인, 대리인, 중개업자, 특약사항

(1.6) 양안(전적, 공통등록부)

답)

양안은 고려시대 양전에 의해 작성된 토지장부로서 전적 또는 도행장이라 하였으며, 오늘날 지적공부인 토지대장과 지적도의 내용을 수록하고 있는 "공통등록부"라고 할 수 있다.

1. 양안의 작성근거 및 목적

1) 작성근거

① 고려시대부터 사용되었던 토지장부에서 유래되었다.

② 고려 말기 양안은 과전법에 적합한 양식으로 변경되었으며, 자호제도를 창설하였다.

③ 경국대전에 20년마다 양전을 실시하여 새로이 양안을 3부 작성하고 호조, 본조, 본읍에 보관하도록 규정하였으나 제대로 시행되지 않았다.

2) 양안 작성의 목적

① 토지에 대한 세금징수를 위해 작성하였다.

② 은결을 발견하여 탈세 방지 및 소유자를 확정하기 위함이다.

2. 양안의 작성절차(방법) 및 기재사항

1) 작성절차

① 야초책 양안

ㄱ. 각 면 단위로 실제로 측량해서 작성하는 기초 장부이다.

ㄴ. 측량에 초점을 두어 다른 조사사항은 미비하였다.

② 중초책 양안

ㄱ. 야초책 양안을 모아 편집하여 작성하였다.

ㄴ. 사표와 시주를 중점적으로 확인하였다.

③ 정서책 양안

광무양안 때 야초책과 중초책을 만들었고 이를 기초로 만든 양안의 최종성과이다.

2) 기재사항

① 토지소재지, 토지소유자

② 천자문의 자호, 지목, 사표

③ 면적, 등급, 토지형태, 양전방향 등

3. 양안의 특징

1) 조선시대 모든 전지는 6등급으로 구분하고 20년마다 작성하였다.

2) 사회적, 경제적 문란으로 인한 토지문제를 해결하고자 하였다.

3) 토지거래 및 과세의 기초자료로 활용되었다.

4) 토지소유자 확정의 기능이 있었다.

5) 오늘날 지적공부인 지적도와 토지대장의 내용을 수록하고 있는 공통등록부이다.

6) 가장 체계적이며 근원적인 전근대사회의 토지대장으로서 전세 행정과 토지소유권 확정을 위한 원천적 근거로 기능하였다.

(1.7) 광무양안

답)

1898년부터 1904년까지 양지아문과 지계아문에서 실시한 양전에 의하여 작성된 양안으로 근대적 토지제도와 지세제도를 확립하기 위해 전국의 토지를 대상으로 하였다.

1. 양지아문 양안

1) 양지아문에서 124개 군의 양전을 실시하였다.
2) 토지의 형태와 면적을 보다 정확하게 파악하였다.
3) 양전 사업으로 두락과 일경이 기재되었다.
4) 시주와 소작인을 동시에 기재하여 납세자 및 지주전호 주종관계를 파악할 수 있었다.
5) 지형도를 기재하여 토지의 위치와 실태를 파악하였다.

2. 지계아문 양안

1) 지계아문에서 94개 군의 양전을 실시하였다.
2) 토지등급에 관계없이 일정한 면적 척수를 나타내는 절대면적 단위로 개편하여 소유면적을 측정하였다.
3) 소유권과 관계없는 시작명은 제외하였다.
4) 경지의 형상은 기재되지 않았다.

3. 광무양안의 특징

1) 종전의 모든 매매문기를 강제로 거두고 새로운 관계를 발급함으로써 국가가 토지소유권을 공인하였다.

2) 완전히 새롭게 토지를 측량하여 지번을 부여했기 때문에 경자양안의 지번과 달랐다.

3) 국가가 자기 영토 안의 부동산에 대해 통제, 장악할 강제규정을 마련하였다.

4) 외국인의 토지 침탈을 사전에 방지하였다.

(1.8) 깃기

답)

"깃기"란 조선시대 징세대장으로서 징세업무를 담당한 서원들이 어느 한 사람별로 그가 소유한 토지를 모두 취합하여 납부한 세금을 계산한 장부이며 "면 단위의 징수대장"을 말한다.

1. 토지공부 연혁

1) 신라장적문서 : 서원경 부근 촌락의 세금징수를 목적으로 작성한 문서이다.

2) 구양안 : 조선시대 장부(광무양전 이전)이다.

① 행심책(行審册) : 각 군현은 전세를 수취하기 위해 매년 양안을 베껴서 기재 사항의 변화를 조사하였다.

② 깃기 : 행심책에 등록된 전체 필지는 다시 양안상의 소유주인 기주(起主)별로 종합되어 조세대장으로 사용하였는데 이를 깃기라 하였다.

3) 신양안 : 광무양안을 통하여 작성된 양안이다.

① 야초책 : 토지측량의 최초 기록이다.

② 중초책 : 야초책을 기초로 한 양안의 초안이다.

③ 정서책 : 최종 완성된 양안이다.

2. 깃기의 특징

1) 지방마다 이름이 일정치 않아 주필, 유초, 명자책이라 불렀다.

2) 16세기부터 조선시대까지 호명(노비 이름)으로 기록하였다.

3) 납세자 이름 다음에 그가 납부할 토지의 필지단위로 자호와 토지번호를 기록

하고 그 아래 결부가 적혀 있다.

4) 결수연명부 작성방법의 기준이 되었다.

5) 전세를 부과하기 위한 기초자료로서 납세자의 농사의 잘됨과 못됨을 파악한 문서이다.

6) 한 사람의 토지를 모두 취합하여 납세자가 납부해야 할 세액을 계산하고 알려주는 목적으로 작성하였다.

(1.9) 결수연명부(1909년)

답)

결수연명부는 일제통감부가 토지조사사업에 앞서 식민지 재정리 사업의 일환으로 개별납세와 납세액을 직접 파악하기 위해 만든 통일된 양식의 징세대장이다. (부 · 군 · 면에 비치)

1. 결수연명부 작성근거

1) 종래 사용 중인 "깃기"라는 징세대장을 폐지하고 1909년부터 통일된 양식의 결수연명부를 사용하였다.

2) 조선총독부가 1911년 결수연명부 규칙을 제정하였다.

① 과세지(전, 답, 대, 잡종지)를 구분하였다.

② 부 · 군 · 면에 작성하여 비치하였다.

2. 결수연명부 작성방법

1) 깃기와 동일한 형식으로 작성하여 부 · 군 · 면에 비치하였다.

2) 과세지를 대상으로 작성하고 비과세지는 제외하였다.

3) 기재사항 : 토지의 소재, 자번호, 지목, 지적(면적), 결수, 소유자명, 지세액 등

4) 면적은 결부, 두락에 따라 파악하여 부정확하였다.

3. 결수연명부 특징

1) 기존의 소작인 납세제를 폐지하고 지주납세제를 확립하였다.

2) 지주가 (납세액 산정을 위해 결수를) 동장에게 신고(지주신고제 도입)하였다.

3) 소유자별로 납세액을 기록(인적편성주의)하였다.

4) 조선시대 양안이나 양전으로부터 전승되었다.

5) 토지에 관한 변동사항을 기록(분할, 합병 등)하였다.

6) 토지대장 성격의 지적공부이며 등재된 토지면적은 결(結)·속(束)·부(負)를 사용하였다.

7) 정확도를 높이기 위해 과세지견취도를 작성하였다.

8) 토지대장이 있는 군에는 지세명기장을 사용하고 없는 군에는 결수연명부를 사용하였다.

4. 결수연명부의 활용

1) 과세의 기초자료

2) 토지행정의 기초자료

3) 토지조사사업 당시 소유권 사정의 기초자료

4) 일부 분쟁지를 제외하고 소유권을 인정하는 데 활용

5. 문제점

1) 실지조사와 측량을 통해 작성된 것이 아니라 관청의 자료 위주로 하였기 때문에 은결, 토지누락 등의 문제를 해결하지는 못하였다.

2) 지적도와 같은 부속도서를 구비하지 못해 은결, 토지누락 등 참고문서 자체의 문제점이 해결되지 못하였다.

※ 공적장부의 계승관계

깃기 → 결수연명부 → 토지대장 → 지세명기장

(1.10) 지세명기장

답)

지세명기장은 지적장부의 일종으로 지세징수를 위해 이동 정리가 완료된 토지대장 중에서 민유과세지만 선별하여 각 면마다 소유자별로 기록하였으며, 인적편성주의 원칙에 따라 작성된 납세자의 성명별 목록부이다.

1. 지적장부의 종류

1) 토지조사부 : 토지소유권의 사정원부이다.

2) 토지대장 : 1필 1매의 원칙에 따라 대장에 등록하였다.

3) 토지대장 집계부 : 면마다 국유지, 민유지과세지, 민유과세지로 구분하였다.

4) 지세명기장 : 인적편성주의 원칙에 따라 작성한 성명별 목록부이다.

2. 지세명기장의 작성방법

1) 지세령 시행규칙 제1조에 의해 작성하였다.

2) 토지대장을 기초로 작성하였다.

3) 약 200매를 1책으로 작성하여 책머리에는 소유자 색인을 붙이고, 책 끝에는 면계를 붙인다.

4) 인적편성주의 원칙에 의해 납세자의 성명별로 작성하였다.

3. 지세명기장의 내용

1) 납부할 토지의 동·리명

2) 납세자의 주소와 성명

3) 지가세액, 자료, 지목, 지적(면적), 지번 등

4. 지세명기장의 특징

1) 결가제에 의한 지세부과 방식을 폐지하고 토지의 지가에 따라 지세를 부과하였다.

2) 과세지에 대하여 인적편성주의로 작성(납세자별로)하였다.

3) 토지대장이 있는 면은 지세명기장을 사용하고 없는 면은 결수연명부를 사용하였다.

4) 지세명기장의 조제는 4가지로 구분 : 인별 구분, 등사, 집계, 색인조제

5) 동명이인인 경우, 동・리명을 부기하여 식별하였다.

6) 결수연명부와 달리 토지의 지가가 기록되었다.

7) 면별로 합계세액을 기록하였다.

8) 소유권의 증빙자료로서 권리추정력은 없다.

※ 현재의 지적장부(대장)

토지(임야)대장, 공유지연명부, 대지권등록부, 지적전산파일

(1.11) 도부

답)

토지조사사업 당시 일필지 조사를 함에 있어 지적장부 조제의 참고자료 또는 토지의 사정·공시를 위한 자료로 사용하기 위하여 도부를 조제하였다.

1. 도부의 종류

1) 개황도

2) 실질조사부

3) 조서

4) 토지신고서

2. 도부의 내용

1) 개황도

① 토지조사사업 당시 일필지 조사 후 그 강계 및 지역을 보측하여 개황과 각종 조사사항을 기재하였다.

② 장부조제의 참고자료, 세부측량의 안내도로 사용하였다.

③ 축척 : 1/600, 1/1,200, 1/2,400

④ 1개 동·리마다 별도 조제하였다.

⑤ 기재사항 : 가지번 및 지번, 지목, 지주의 성명, 이해관계인의 성명, 행정구역 강계, 삼각점, 도근점, 지위등급 등

⑥ 1911년 11월부터 토지조사와 측량을 동시에 실시함으로써 안내도 활용도가 낮아 폐지하였다.

2) 실지조사부

① "사정"공시를 할 경우에 필요한 토지조사부 및 토지대장 작성의 기초자료이다.

② 측량원도, 토지신고서에 기초하여 동·리마다 가지번 순으로 작성하였다.

③ 초기에 개황도를 작성하여 편의를 도모하였다.

④ 1911년 11월 활용도가 낮아 개황도 작성을 폐지하였다.

3) 조서

① 소유권의 관계가 복잡하여 현지에서 지주를 결정할 수 없을 경우, 심사를 위해 작성하였다.

② 일정한 양식을 규정하여 조사의 누락을 방지하였다.

③ 필요한 경우 사실조사서를 별도 첨부하였다.

4) 토지 신고서

준비조사에서 접수하여 검사를 완료하였으나, 일필지 조사에 있어 새롭게 첨부할 경우나 수정할 필요가 있는 경우 지주가 작성, 구비하였다.

(1.12) 지적장부

답)

토지조사사업을 통하여 토지의 사정이나 확정의 재결에 의하여 확정된 토지에 대하여 지적장부를 조제하였다. 또한, 민유지와 국유지를 파악하여 세금을 징수하였다.

1. 지적장부의 종류

1) 토지조사부 : 토지소유권의 사정원부
2) 토지대장 : 1필 1매의 대장에 등록하였다.
3) 토지대장 집계부 : 면마다 국유지, 민유과세지, 민유불과세지로 구분하였다.
4) 지세명기장 : 과세지에 대한 인적편성주의에 의해 작성하였다.

2. 토지조사부

1) 토지소유권의 사정원부로 사용하였다.
2) 토지대장 작성으로 그 기능을 상실하였다.
3) 토지조사부에 소유자로 등재되는 것을 사정이라 하며 사정부라고도 한다.
4) 1동리마다 지번 순으로 지번, 지목, 지적, 소유자 주소 및 성명 등을 기재하였다.
5) 분쟁과 특수한 사고가 있는 경우 "적요"란에 기재하였다.
6) 책의 말미에 지목별로 지적 및 필수를 합계하고 국유지와 민유지로 구분하였다.

3. 토지대장

1) 1필을 1매의 대장에 등록하고 동·리마다 별책하였다.

2) 지번지역 내 지번 순으로 편집하였다.

3) 약 200매를 1책으로 편철하였다.

4) 토지조사부를 기초로 하여 작성하였다.

5) 등록사항 : 토지의 소재, 사정 연월일, 토지등급 및 임대가격, 기준 수확량 등급 등

4. 토지대장 집계부

1) 면마다 국유지, 민유과세지, 민유불과세지로 구분하였다.

2) 지목별 면적, 필수, 지가를 기재하고 다시 부·군·도를 합계한 것이다.

3) 토지조사부와 대조하여 기재하였다.

5. 지세명기장

1) 이동 정리를 끝낸 토지대장 중에서 민유과세지만을 선별하여 소유자별로 합산한 장부이다.

2) 토지조사부가 작성되고 나서 이에 근거하여 토지대장이 작성되면, 토지대장 집계부와 지세명기장을 조제하였다.

(1.13) 별책토지대장(別冊土地臺帳), 을호토지대장(乙號土地臺帳), 산토지대장(山土地臺帳)

답)

임야도에 등록한 상태로 지목만 수정하여 등록하며, 이에 대한 대장을 토지대장과 별도로 산토지대장, 을호(토지)대장, 별책토지대장이라 하였다.

1. 토지조사사업 당시 지적공부

1) 대장 : 토지대장, 임야대장

2) 도면 : 지적도, 임야도

3) 지적공부 이외의 도서 : 간주지적도, 간주임야도

4) 부속장부 : 토지조사부, 지세명기장, 토지(임야)대장 집계부 등

2. 산토지대장의 지적도

1) 조선총독부령, 조선지세령에 근거하였다.

2) 작성은 임야도의 작성방법에 준한다.

3) 지적도로 간주하는 임야도를 말한다.

4) 증보도를 별도로 작성하는 것은 비용과 시간이 많이 소요되어 지목만 수정하여 임야도에 등록하였다.

3. 산토지대장

1) 작성 대상

① 토지조사사업 시행지역에서 200리 간(間) 이상 떨어진 지역

② 산림지역 안의 전, 답, 대 등의 과세지

③ 간주지적도 작성 지역

2) 특징

① 간주지적도에 등록된 토지에 대하여 별도로 작성한 토지대장이다.

② 산토지대장, 별책토지대장, 을호토지대장이라고 하였다.

③ 면적등록 단위는 30평 단위이다.

④ 1975년 토지대장 카드화 작업으로 면적을 제곱미터(m^2) 단위로 환산하여 등록하였다.

⑤ 등록할 당시, 정확한 면적산정이 이루어지지 않아 정확도가 낮다.

2. 지적도/지도

(2.1) 메나(Menna)무덤의 벽화

답)

메나무덤의 벽화는 이집트의 주인인 파라오, 투트모시스 4세의 토지를 관리하는 서기의 무덤을 말하며 지적의 발생설 중 치수설과 과세설의 근거라 볼 수 있다.

1. 지적의 발생설

1) 과세설 : 국가의 과세를 목적으로 토지에 대한 현상을 기록, 관리하는 수단에서 출발했다고 주장하는 설

2) 치수설 : "토지측량설"이라고도 하며 강의 범람으로 인한 제방축조 등을 위해 토목측량이 이루어지는 과정에서 발생했다고 주장하는 설

3) 지배설 : 자기의 영토에서 생활하는 주민의 안전을 위해 통치수단으로 이용하는 데 중요한 역할을 하였다.

2. 메나무덤 벽화의 특징

1) 기록부를 가진 관리들이 있는 것으로 과세지적의 근거라 할 수 있다.

2) 끈을 이용해 토지의 면적을 계산하는 노동자들의 모습이 치수설의 근거가 된다.

3. 지적과 관련된 유적

1) 수메르의 테라코타 서판

① 수메르인들의 최초 문자 발명 및 점토판에 새겨진 지적도 제작

② 토지분쟁 방지를 위해 측량 후 "미쇼의 돌" 경계 비석을 세웠다.

2) 로마의 촌락도

① 기원전 1400년경 고대 로마지역에 동으로 만든 도구를 사용하여 평평한 바위 위에 4m 길이로 새겨 놓은 석각 촌락도이다.

② 촌락 경지도이면서 고대의 원시적인 지적도라 평가받고 있다.

(2.2) 로마의 촌락도

답)

로마의 촌락도는 기원전 1400년경 고대 로마지역에 동으로 만든 도구를 사용하여 평평한 바위 위에 4m 길이로 새겨 놓은 석각 촌락도를 말하며, 과세설을 입증하는 자료이다.

1. 도면의 특징

1) 사람과 사슴의 모양이 그려져 있다.
2) 관개수로와 도로가 선으로 표시되었다.
3) 소형의 원 안에 점 있는 부분은 우물을 나타낸다.
4) 사각형이나 큰 원은 경작지를 나타낸다.
5) 사각형이나 큰 원 안의 점은 올리브 과수나무를 나타낸다.

2. 의의

1) 로마의 촌락도는 촌락 경지도이면서 고대의 원시적인 지적도라 평가받고 있다.
2) 과세설을 입증하는 자료이다.

3. 과세설에 의한 지적도 및 대장

1) 과세설에 의한 지적도
   ① 로마 촌락도
   ② 바빌로니아 지적도 : 세계에서 가장 오래된 지형도로 경계, 가축, 농작물 등을 표시하였다.

③ 메나무덤의 벽화 : 테베의 측량 모습과 기록부를 가진 관리인의 모습을 그린 벽화이다.

2) 과세설에 의한 대장

① 둠즈데이북 : 영국의 국토자원 목록을 조직적으로 작성한 과세용 지세 장부이다.

② 신라장적문서 : 서원경 지방의 4개 촌락에 있던 토지대장 목록으로 과세를 위한 기초 장부이다.

(2.3) 구정도

답)

지도란 우리가 사는 주변 지역을 축소시켜 여러 가지 기호와 문자를 사용해 표현한 것으로, 동물 가죽 위에 주변 지역과 사냥 경로 등을 기록한 고대 그림지도에서부터 오늘날 최첨단 우주지도에 이르기까지 그 형태와 목적이 매우 다양하다. 구정도란 고조선 시대에 만들어진 최초의 지적도라 할 수 있으며, 옛날의 밭을 구획한 도면을 말한다.

1. 구정도

1) 고조선 시대에 만들어진 지도 작성에 관한 최초의 기록이다.
2) 밭을 구획한 도면이다.

2. 시대별 도면의 분류

1) 고구려 : 도부, 봉역도, 요동성총도
2) 백제 : 도적, 능역도
3) 신라 : 숭복사비, 양전 장적, 신라장적문서
4) 고려 : 고려지리도, 전적
5) 조선 : 삼국도, 혼일강리역대국도지도, 천하도, 팔도도, 어린도

3. 외국의 도면

1) 최고(最古)의 지도는 기원전 1300년경에 만들어진 파피루스 식물에 그린 누비아 지방(현재의 이집트 남부, 나일강 중간지역)의 금광지도

2) 고대 바빌로니아 점토판 지도 : 기원전 700년경에 점토판에 그린 고대 바빌로니아 지방(현재의 이라크 남부지역)의 세계지도

3) 이집트 메나무덤의 벽화

(2.4) 혼일강리역대국도지도

답)

혼일강리역대국도지도란 1402년 이회, 김사형(金士衡), 이무(李茂) 등이 함께 작성한 세계지도이다. 세계 속의 우리나라 위치가 표현된 점에서 우리의 발전된 측량술 및 인쇄기술을 알 수 있는 중요한 자료이다. 이는 동양 최고(最古)의 세계지도로 평가받고 있다.

1. 조선시대 지도의 분류

1) 혼일강리역대국도지도 : 한국과 중국을 중심으로 구대륙 전체를 그린 사실적이고 정확한 지도이다.
2) 삼국도 : 1396년(태조 5년)에 이첨이 작성하였다.
3) 천하도 : 원형으로 중앙에 중국과 조선이 있다.
4) 팔도도 : 혼일강리역대국도지도에서 누락된 한반도 부분과 똑같은 지도로(전국도) 작성되었다.
5) 대동여지도 : 조선시대 최대, 최고의 과학적 지도로 평가받고 있다.
   ① 1834년 청구도, 1857년 동여도 제작 후 대동여지도를 완성하였다.
   ② 조선시대 최대, 최고의 과학적 지도로 평가되었다.
   ③ 한반도를 북에서 남까지 나누어 22폭 70여 장 목판을 새겨 22개 첩으로 만든 목판지도이다.

2. 혼일강리역대국도지도의 특징

1) 1402년(태종 2년)에 제작된 지도이다.

2) 세로 158.5cm, 가로 168.0cm로 비단에 그린 채색필사본이다.

3) 중국을 중심으로 조선과 일본 이외에도 당시 알려진 구대륙인 아라비아, 유럽, 그리고 아프리카까지 그린 세계지도이다.

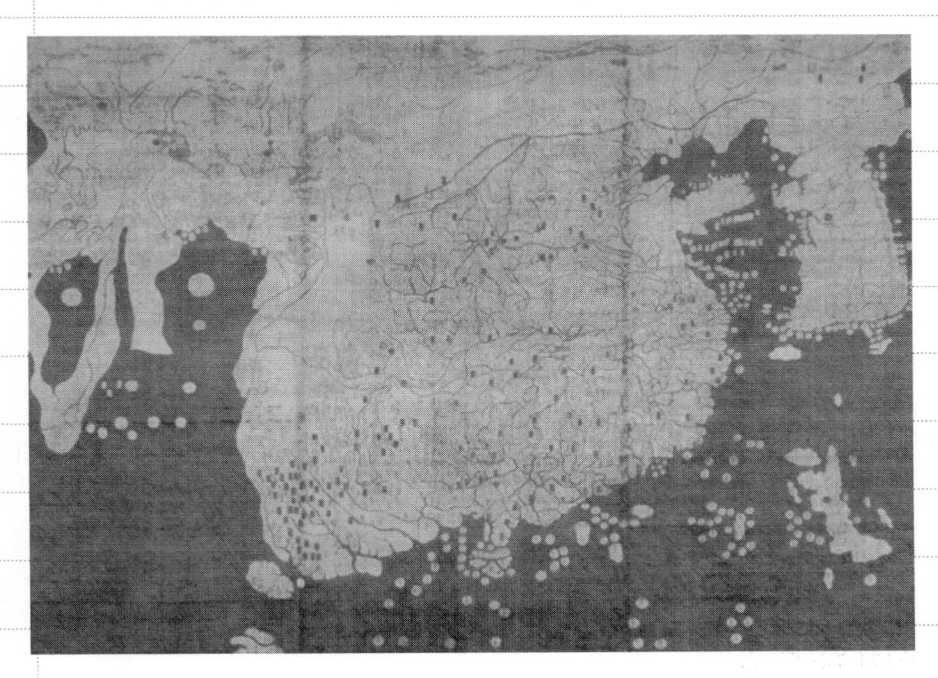

(2.5) 사표(전답도형도)

답)

사표는 토지에 관한 경계를 명확히 하고 토지의 위치를 기준으로 동·서·남·북 인접지에 대한 지목, 자호, 토지소유자를 표시하였으며, 양안에 의한 사표와 전답도형도인 사표도가 함께 기술되었다. 현재 사용되고 있는 지적도의 모체이다.

1. 사표의 연혁(역사적 배경)

1) 통일신라시대 : 전남 담양군 개선사 석등, 보물 111호

2) 고려시대 : 정두사 석탑조성형지기 및 삼일포 매향비

3) 조선시대

① 1720년 경자양안에는 사표가 문자로 표현되었다.

② 1899년 광무양안에는 최초의 전답도형도인 사표도가 발행되었는데, 이는 원시적인 지적도의 효시이다.

2. 사표의 특징

1) 토지 주위의 정황을 문자와 도형으로 표현하였다.

2) 하나의 도면으로 4필지 이상의 토지에 관한 사항을 파악하였다.

3) 자호가 지번이면 사표는 지적도이다.

4) 도로, 구거, 하천 등의 소유자 성명은 기재하지 않았다.

5) 사표 → 과세지 견취도 → 지적도로 발전하였다.

6) 남쪽이 도면의 위쪽을 나타내는 남상방위를 사용하였다.

3. 사표도

1) 역학에 기초하여 현재의 동서남북과 반대로 방위표시를 하였다.

2) 도형 안에 각 변의 척수를 기록하였다.

4. 사표의 문제점

1) 분필, 합필, 소유권 변동, 지목변동이 수시로 일어나는 상황에는 사표의 표시방법이 부정확하였다.

2) 매매와 변동사항이 최신성을 유지하지 못해서 토지분쟁의 원인을 제공하였다.

3) 필지의 정확한 크기 및 면적 파악이 어려웠다.

4) 정약용은 「경세유표」에서 사표의 부정확성을 시정하기 위해 어린도 작성 및 어린도 책을 주장하였다.

5. 사표의 역사적 의미

1) 원시적인 우리나라 지적도의 시초이다.

2) 사표를 통해 토지의 기준이 수확량에서 면적 중심으로 변화됨을 파악할 수 있다.

※ 전답도형도

양안에 나오는 사표가 초기에는 도면을 수반하지 않았지만 점차 전답도형도를 도입하여 양안에 토지형태의 개략적인 그림으로 그려 넣었다.

(2.6) 어린도와 휴도

답)

"어린도"란 일정한 구역의 전체 토지를 세분한 모양이 물고기 비늘과 같이 연결되었다고 붙여진 명칭으로 정확하게는 어린도 책 앞에 있는 지도이다. 휴도는 어린도의 가장 최소단위로 작성되는 도면으로 "일휴지도"라고도 하였다.

1. 어린도의 기원

1) 중국 토지대장의 하나로 송나라 주자가 만들었다.

2) 명나라, 청나라 시대에 광범위하게 작성되었다.

2. 어린도의 작성목적

1) 토지제도와 세제개혁을 위한 전국의 농지파악 및 공평한 과세를 실현하기 위함이었다.

2) 사표와 일자오결제의 시정을 위해 작성하였다.

3. 어린도와 휴도의 작성방법

1) 휴는 묵필로 자오선을 기준으로 그어지는 경위선으로 그 경계를 구획한다.

2) 빙량으로 확정된 휴도를 지도로 작성하였다.

3) 휴 내의 25개 묘(描)도 각각 1구(區)로서 경위선을 구획하고 휴도에서 촌도, 촌도에서 향도, 향도에서 현도를 만들도록 한다.

4) 묘 내의 각 필지는 주필점선으로 구획한다.

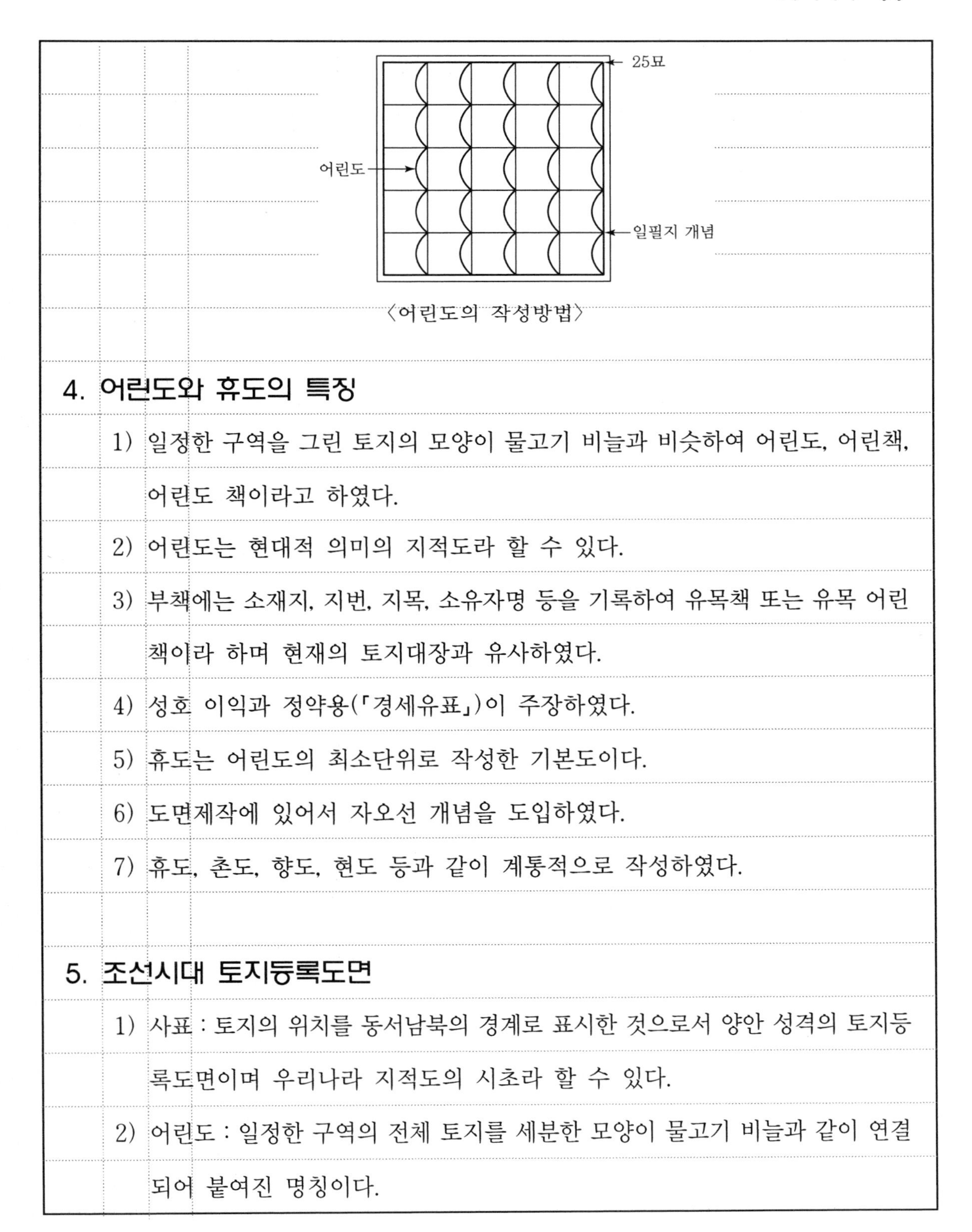

〈어린도의 작성방법〉

4. 어린도와 휴도의 특징

1) 일정한 구역을 그린 토지의 모양이 물고기 비늘과 비슷하여 어린도, 어린책, 어린도 책이라고 하였다.
2) 어린도는 현대적 의미의 지적도라 할 수 있다.
3) 부책에는 소재지, 지번, 지목, 소유자명 등을 기록하여 유목책 또는 유목 어린책이라 하며 현재의 토지대장과 유사하였다.
4) 성호 이익과 정약용(「경세유표」)이 주장하였다.
5) 휴도는 어린도의 최소단위로 작성한 기본도이다.
6) 도면제작에 있어서 자오선 개념을 도입하였다.
7) 휴도, 촌도, 향도, 현도 등과 같이 계통적으로 작성하였다.

5. 조선시대 토지등록도면

1) 사표 : 토지의 위치를 동서남북의 경계로 표시한 것으로서 양안 성격의 토지등록도면이며 우리나라 지적도의 시초라 할 수 있다.
2) 어린도 : 일정한 구역의 전체 토지를 세분한 모양이 물고기 비늘과 같이 연결되어 붙여진 명칭이다.

3) 전통도 : 각 리를 양전하여 작성한 리 단위의 지적도를 말한다.

4) 휴도 : 어린도의 가장 최소단위로 작성한 도면으로 전, 답, 도랑, 가옥 등의 경계를 표시한 도면이다.

(2.7) 전통도(유길준)

답)

유길준은 구한말의 실학자로서 저서 「지제의」에서 토지정책의 개선 방안으로 현재의 지적도와 유사한 리 단위의 지적도인 전통도 제작을 주장하였고, 지권을 발행하여 근대적인 토지소유 관계를 정립하고 저율의 지세부과를 주장하였다.

1. 전통도의 특징

1) 유길준이 저서 「지제의」에서 양전을 실시하여 전통도 작성을 주장하였다.
2) 전통도는 리 단위의 지적도이다.
3) 토지의 비옥도와 관계없이 주척 1척을 기준으로 양전을 하도록 주장하였다.
4) 전국의 토지를 정확하게 파악하여 과세지 면적의 확보가 가능할 것으로 판단하였다.

2. 전통도 작성방안

1) 전 통에 각각 자호를 부여하였다.
2) 경마다 제1호에서 제9호까지 제호를 부여하였다.
3) 촌락은 곡선 위에 큰 점으로 표시하였다.
4) 3선이 함께 그어진 것은 큰길, 2선은 작은 길, 1선은 하천을 나타내었다.
5) 직선 위에 굴곡이 그어진 것은 제방이다.

3. 전통도의 작성 흐름도

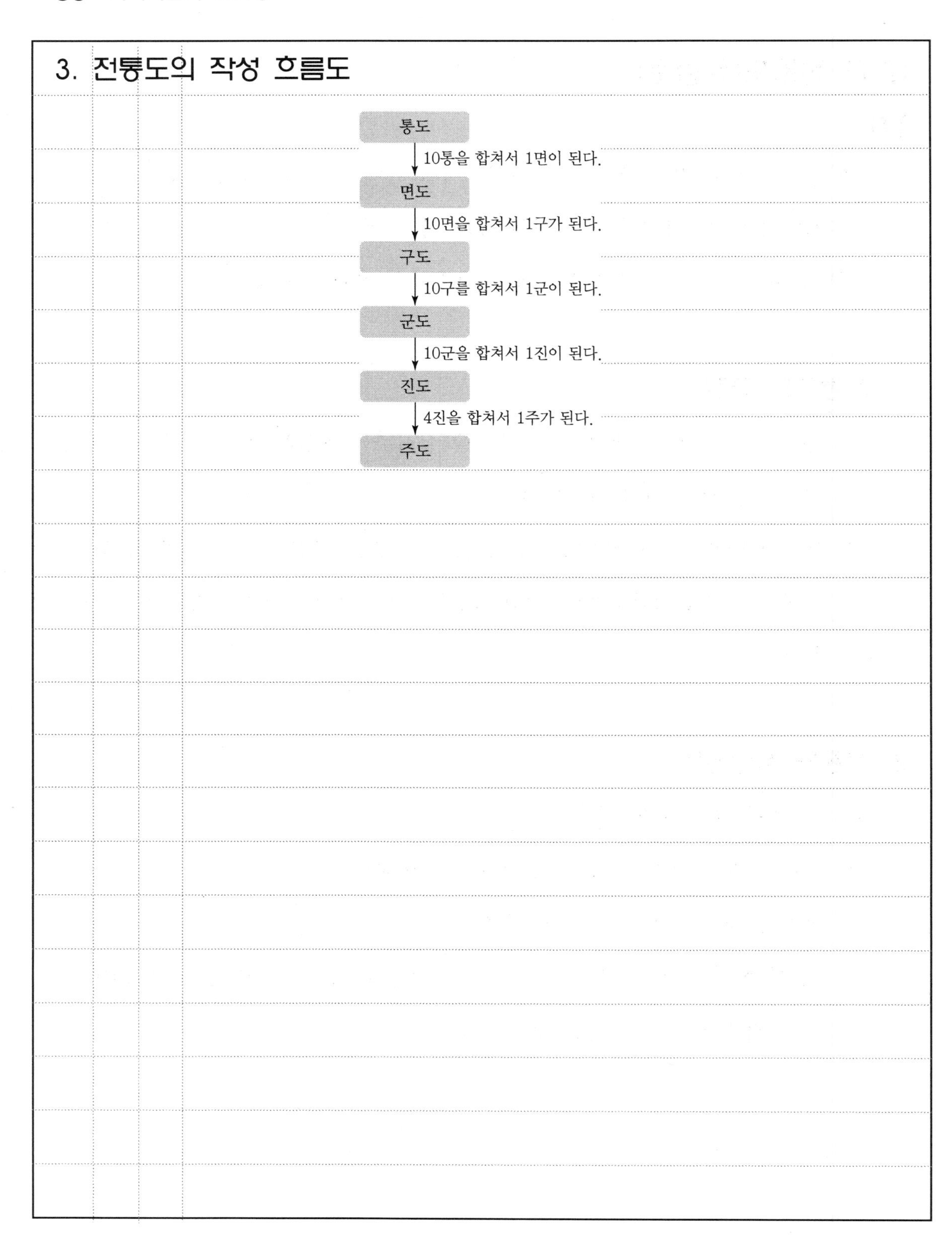
통도
10통을 합쳐서 1면이 된다.
면도
10면을 합쳐서 1구가 된다.
구도
10구를 합쳐서 1군이 된다.
군도
10군을 합쳐서 1진이 된다.
진도
4진을 합쳐서 1주가 된다.
주도

(2.8) 역둔토도

답)

역둔토도는 역둔토의 분필조사를 시행하기 위해 별도로 작성한 도면으로서 지번, 지목, 지적, 조서 등에 의해 측량원도에 있는 해당 지목의 일필지를 미농지에 투사하여 그린 도면으로 한지에 첨부하여 작성하였다.

1. 역둔토도의 작성방법

1) 새로 등록하는 역둔토의 경계선은 흑색으로 정리하였다.
2) 지번, 지목의 주기 중에서 보존가치가 없는 것은 양홍의 평행선으로 말소하였다.
3) 소도에 기재된 일필지의 토지로서 역둔토가 아닐 경우에는 그 지번, 지목을 ×표로 말소하였다.
4) 분할한 지역의 경계선은 양홍(적색)선으로 정리하였다.
5) 잡종지 중 염전, 광천지, 황무지로 된 토지는 지목 아래에 괄호를 하고 염·광·황이라 기재하였다.
6) 신규로 등록된 역둔토지로서 토지대장과 기 등록지와의 관계 위치를 새로 측량한 것은 방위 및 거리를 도면의 여백에 기재하였다.

2. 역둔토도의 등록내용

1) 해당 원도의 도곽
2) 각 필지의 경계선과 인접지와의 관계
3) 지번, 지목 및 인접지의 지목, 지명, 지물 등
4) 측량기준점 : 삼각점과 도근점

3. 역둔토도의 특징

1) 국유지에 인접한 사유지의 현상을 기재하여 역둔토의 분포상태를 명확히 하였다.
2) 한지를 배접하여 작성하였다.
3) 동·리와 지번의 순서에 따라 면별로 작성하였다.
4) 100필지 미만에서는 별도로 작성하였다.
5) 토지대장과 역둔토대장, 지적도와 역둔토도는 밀접한 관계가 있었다.
6) 일필지 전부가 역둔토에 해당되는 것은 토지대장의 지번을 역둔토 지번으로 부여하였다.
7) 일필지의 토지를 분할한 것은 토지대장의 지번에 의1, 의2 등을 붙여 역둔토 지번을 부여하였다.

4. 역둔토 대장

1) 역둔토 대장에 등록하는 토지는 전, 답, 대, 잡종지의 4가지 지목을 등록하였다.
2) 책 중에서 동·리가 다를 경우 간지를 삽입하고 일필지마다 역둔토 신고서에 따라 작성하였다.
3) 토지 소재, 지번, 지목, 등급, 지적(地積), 소작인의 주소·성명, 소작 연월일 등을 등록하였다.
4) 면별로 약 200매를 1책으로 하며, 1필지에 1매를 원칙으로 지번순서로 편철하였다.

(2.9) 국유지실측도

답)

국유지실측도는 역둔토 조사 시 역둔토 중심의 국유지 측량을 구한말과 토지조사 사업 당시 실시하여 측량 도부를 만들어 놓은 것이다.

1. 역둔토 중심의 국유지 측량 조사

1) 역둔토 실지조사

① 1907년~1908년 : 제실의 재산정리 사업으로 역둔토·궁장토·묘위토·미간지 등을 역둔토에 포함시켜 국유지 면적을 산출하였다.

② 1909년 6월~1910년 9월 : "토지를 개척한다"는 목적 하에 한국의 식민지화를 위해 실시하였다.

2) 역둔토 분필조사

① 구 역둔토 대상이 토지조사사업 이전에 작성되어 토지대장, 지적도와 관계가 없었다.

② 1918년 역둔토 분필조사를 시작하여 모든 국유지에 관한 지도, 대장, 집계부를 작성하도록 규정하였다.

2. 국유지실측도의 작성

1) 작성근거

1909년 탁지부 훈령에 의하여 모든 국유지에 소재지, 지번, 지목, 지적(면적), 소작인 성명 및 명칭, 주소, 등급 등을 조사하여 작성하였다.

2) 작성방법

① 매 필지마다 평판측량을 하였다.

② 축척은 1/1,200의 도해법으로 시행하고 토지 면적이 넓은 경우 교차법, 도선법, 지거법 등을 사용하였다.

③ 국유지에 인접한 토지 형상은 견취(見取)하여 지도상에 기재하였다.

④ 면적은 평수로 하되, 아라비아 숫자로 기재하였다.

3. 국유지실측도의 특징

1) 국유지만을 측량했기 때문에 지적도가 연접되지 않고 국유지 필지별로 그려져 있다.

2) 각 국유지 필지 안에 상, 중, 하가 표시되어 전답의 등급을 나타내었다.

3) 국유지실측도란 중앙부처인 임시재산정리국이 주관하여 전국에 산재된 국유지를 조사하는 과정에서 작성한 것이며, 반면 한성국지적도는 탁지부 측량과에서 실지조사와 측량실습을 겸하여 작성된 지도이다.

4) 방위는 사표와 반대로 북방(북상 방위로 작성)을 사용하였다.

(2.10) 과세지견취도

답)

과세지견취도는 결수연명부의 정확도를 향상시키기 위하여 과세지에 대한 실지조사를 실시한 후 작성한 것으로 토지조사사업의 기초자료가 되었으며, 결수연명부와 함께 작성하여 지적도와 지적부라는 도부를 갖추게 되어 세지적의 기능을 수행하였다.

1. 과세지견취도 작성근거 및 제정

1) 1911년 결수연명부 규칙 제정

① 지세를 부과하는 토지(전, 답, 대, 잡종지)로 구분하였다.

② 부, 군, 면에 비치하고 지세징수에 활용하였다.

2) 1911년 충청북도와 충청남도 시범사업

① 충청북도 : 유조지 약도를 작성하였다.

② 충청남도 : 유조지 견취도를 작성하였다.

3) 1912년 "과세지견취도 작성의 건"을 공표

① 면은 부윤, 군수의 지휘에 따라 견취도를 작성하였다.

② 토지소유자는 말목(경계점표지)을 세우고 현지에 입회하였다.

2. 과세지견취도 작성 목적

1) 결수연명부(結數連名簿)로는 토지의 위치 파악 및 상태를 파악할 수 없는 문제를 극복하기 위함

2) 토지에 대한 실지조사의 필요성 증대

3) 과세 대상 토지를 한눈에 파악하기 위함

4) 지적도가 작성되기 전 지세부과 목적 : 선 과세 후 급속하게 사업을 추진하기 위함

3. 과세지견취도 작성방법

1) 각 필지의 개형을 간승 및 보측으로 측정하고 지형을 견취하는 방법으로 작성하였다.

2) 축척은 1/1,200으로 작성하였으며, 방위는 북방 표시하였다.

3) 필지별로 자호, 지목, 면적, 소유자명, 결부수 등을 기록하고 도로, 구거, 하천 등의 형태를 조사하였다.

4) 굴곡점이 없는 곡선으로 제도하였다.

5) 작성 시기는 부윤(현 시장), 군수가 정하였다.

6) 리·동마다 2부 작성하였다.

4. 사업성과

1) 1911년 충청남·북도에서 시행되다가 전국으로 확대되어 1913년 강원도, 함경북도, 평안북도 지역을 완료하였다.

2) 국유지와 민유지의 구분이 명확해졌다.

3) 토지의 소재 파악이 용이하여 토지 증명에 편리성을 제공하였다.

4) 유조지의 면적을 파악하였다.

(2.11) 간주지적도

답)

산림지역에 포함되어 있는 토지에 대하여는 별도로 지적도를 작성하기가 어려워 임야대장규칙에 따라 임야도에 등록한 상태로 지목만 수정하여 등록하고 지적도로 간주하는 것을 간주지적도라 한다.

1. 간주지적도 작성배경 및 근거

1) 작성배경

① 산림지역의 과세지는 신규측량을 한 후 지적도에 등록해야 하나 시행하기 어려웠다.

② 토지조사사업 시행지역에서 200리 간(間) 이상 떨어진 지역은 기존 지적도에 등록할 수 없었다.

③ 임야지역 필지를 등록하기 위해 증보도를 작성하는 것은 비용과 시간이 많이 소요되었다.

④ 도면의 매수가 증가되어 관리의 불편함을 해소하고자 작성하였다.

2) 작성근거

① 조선총독부령, 조선지세령에 근거

② 조선총독부가 1924년 4월 1일 임야도로서 지적도에 간주한 지역을 고시한 후 15차에 걸쳐 추가 고시

2. 간주지적도의 작성방법

1) 토지조사사업을 한 최종 지역선에서 약 200리 간(間)을 넘는 지역을 대상으로

작성하였다.

2) 증보도 없이 지목만을 수정하여 임야도에 존치하였다.

3) 과세지인 전, 답, 대 등을 등록하였다.

4) 작성은 임야도의 작성방법에 준한다.

5) 동, 리 정리는 임야도와 동일 정도의 측량에 의한다.

6) 분수령, 산호, 행정구역 경계 등을 결정한 후, 임야도상에 지역선을 그려서 표시하였다.

7) 임야도 축척인 1/3,000, 1/6,000을 사용하였다.

3. 간주지적도의 토지대장

1) 대장은 별도로 작성하여 산토지대장, 별책토지대장, 을호토지대장으로 불렸다.

2) 면적 단위는 30평 단위로 등록하였으나, 1975년 토지대장 카드화 작업으로 제곱미터 단위로 환산하여 등록하였다.

4. 간주지적도의 특징

1) 등록 당시 정확한 면적 산정이 이루어지지 않아 정확도가 낮다.

2) 토지의 누락과 중복이 발생하였다.

3) 토지와 임야의 접합 관계 등에 의한 불부합의 원인이 되었다.

4) 대부분 산간벽지와 도서지방이 간주지적도 지역에 속한다.

5) 현재 지적도와 임야도는 폐쇄되었으며, KRAS(부동산종합공부시스템)에 전산화되어 사용 중이다.

(2.12) 간주임야도

답)

임야조사사업 당시 고산지대로 측량이 곤란하거나 대단위인 국유 임야지역은 임야도를 작성하지 않고 1/25,000, 1/50,000 지형도를 임야도로 간주하여 사용하였다.

1. 간주임야도의 작성근거

1) 임야조사기간 중에, 1918년 5월 1일 "조선임야조사령"에 공식화하였다.

2) 국유지 임야를 간주임야도에 등록하기 위함이다.

2. 간주임야도 시행지역

1) 전라북도 덕유산 일대

2) 경상북도 일월산 일대

3) 경상남도 지리산 일대

4) 북한지역 산악지대

3. 간주임야도의 특징

1) 지번 부여지역의 단위가 없었다.

2) 행정구역과 일필지 경계가 불확실하였다.

3) 지형도식 등고선을 기재하였으나, 정확도가 낮았다.

4) 간주임야도의 지역은 측량이 곤란한 고산지대나 대단위의 국유 임야지역이다.

5) 1/25,000, 1/50,000 지형도에 등록하여 작성하였다.

4. 간주임야도의 정리

1) 현재 축척변경 사업의 성격을 지니고 있다.
2) 복구조사위원회를 구성하여 행정구역 경계를 결정하였다.
3) 임야도와 차이가 발생할 경우, 기존 임야도의 경계선을 기준으로 하였다.
4) 1987년 이후, 도상 또는 GNSS 위성측량 등의 방법으로 소관청이 직권으로 등록하였다.
5) 면적 측정은 임야도에 등록하기 위해서 1/6,000으로 새로이 측정하였다.

(2.13) 민유산야약도

답)

산림법에 의해서 민유산야 측량기간(1908~1911년)에 토지소유자가 필요한 경비를 부담해서 측량한 후 작성된 도면으로 최초의 임야측량이 실시되었다는 점에서 중요한 의미가 있다.

1. 민유산야약도의 배경

1) 1908년 "산림법"을 공표하였다.
2) 산림산야 소유자는 3년 이내에 지적과 약도를 첨부하여 농공상부 대신에게 접수한다.
3) 기간 내에 제출하지 않으면 국유지로 처리함을 명시하고 있다.

2. 민유산야약도의 특징

1) 민유산야 측량기간에 소유자 자비로 측량하여 작성하였으며 범례와 등고선이 그려져 있다.
2) 지번이 없는 것이 가장 큰 특징이다.
3) 일종의 측량 성과도, 결과도 개념이었다.
4) 면적단위 : 정, 반, 보를 사용
5) 축척 : 1/200, 1/300, 1/600, 1/1,000, 1/1,200, 1/2,400, 1/3,000, 1/6,000 → 8종
6) 일정한 기준 없이 측량자가 임야의 크기에 따라 축척을 표시하였다.
7) 해당 토지 : 소유자, 경계만 표시하였다.
8) 인접 토지 : 소유자만 표시하였다.

3. 민유산야약도의 의의

1) 과세지 중심의 지적측량이었다.
2) 최초로 임야측량이 실시되었다는 점은 중요한 의미가 있다.
3) 조직과 계획 없이 개인별로 시행되었고 일정한 수수료 규정은 없었다.
4) 조선총독부 임야조사령(1918년) 시행 전의 도면으로 임야조사사업에 영향을 미쳤다.

(2.14) 증보도

답)

증보도는 신규등록, 등록전환 등의 사유로 새로이 토지대장에 등록할 토지가 기존 지적도의 지역 밖에 있는 경우에 새로이 작성한 지적도로서 증보도는 지적도의 부속, 보조도면이 아닌 지적도와 대등한 지적공부의 일종이다.

1. 증보도의 특징

1) 증보도는 지적도이지 부속도면 또는 보조도면이 아니다.

2) 지적도는 토지조사사업 당시 작성된 지적도와 그 이후에 작성된 증보도를 합한 개념이다.

3) 소관청에 따라 당해지역 지적도의 최종 도면번호 다음의 번호를 부여하기도 한다.

2. 증보도의 작성대상 및 방법

1) 증보도의 작성대상

① 신규등록, 등록전환 등의 사유로 기존 지적도의 지역 밖에 새로이 등록할 토지가 생긴 경우에 작성하였다.

② 기존 지적도의 도곽과 연결하여 새로운 도곽을 구획하여 작성하는 경우에 작성하였다.

③ 간주지적도에서 과세지를 증보도로 작성할 경우 많은 노력과 경비가 소요되므로 임야도를 지적도로 간주하여 새로이 등록하였다.

2) 증보도의 작성방법

① 도면 위에 “증보”라고 기재한다.

② 색인표에도 “증1, 증2” 등으로 작성한다.

③ 측량원도에 지상 약 3촌 이상의 신축이 있을 때에는 이를 교정한다.

3. 현행 증보도의 관리

1) 도면 전산화 사업 이후 해당지역 도면의 최종번호 다음 번호로 정리하여 관리한다.

2) KRAS(부동산종합공부시스템)에서 전산도면으로 관리하여 사용 중이다.

Professional Engineer Cadastral Surveying

3. 지적행정부서

(3.1) 산학박사

답)

산학박사는 삼국시대 지적을 담당하는 기관에서 국가재정을 맡았던 관리로서 고도의 수학지식을 지녔으며, 토지에 대한 총량 및 면적측정 사무에 종사하였다.

1. 삼국시대 지적사무 담당기관

1) 고구려 : 주부를 두어 경무법, 구장산술을 사용하였다.

2) 백제 : 내두좌평, 산사, 화사, 산학박사

3) 신라 : 조부, 산학박사

2. 산학박사

1) 백제시대

① 산학박사는 지적과 측량을 관리하는 전문기술 사무에 종사하였다.

② 산사는 지형여건으로 인하여 측량하기 쉬운 여러 형태를 구장산술에 의해 구별하는 측량법을 시행하였다.

③ 화사는 회화적으로 지도나 측량법을 수행하였다.

④ 면적측정은 두락제와 결부제를 사용하였다.

⑤ 지적도면은 도적을 제작하였다.

2) 신라시대

① 조부에서 토지의 세수를 파악하였다.

② 조부의 산하인 국학에서 산학박사를 두어 측량과 면적측정에 관련된 사무에 종사하게 하였다.

③ 면적측정은 결부제를 사용하고 필지별로 척 단위까지 측정하였다.

④ 토지제도로는 관료전, 정전, 녹전, 구분전 등의 제도가 있었다.

⑤ 국학에 산학박사와 조수 1명을 두어 측량술을 교수하며 관사를 양성하였다.

⑥ 관사는 실제 토지측량을 담당하였다.

3. 고구려, 백제, 신라의 지적제도 비교

구분	고구려	백제	신라
길이 단위	척(尺)	척(尺)	척(尺)
면적 단위	경무법	두락제, 결부제	결부제
토지 도면	봉역도(군사목적) 요동성총도(행정상)	토지측량 후 소유자 및 경지위치 표시(도적)	장적
측량 방식	구장산술(면적)	구장산술	구장산술

(3.2) 전제상정소

답)

조선시대 양전기관으로는 임시기구인 전제상정소(田制詳定所)와 상설기구인 양전청이 있었으며, 전제상정소는 세종 25년(1443년)에 전세개혁을 위한 공법 제정을 목적으로 설치하였으며, 측량을 담당하는 최초의 독립관청이다.

1. 전제상정소 설치배경

1) 과전법에서 규정한 삼등전품제와 답험손실법의 폐단을 시정하기 위해 설치하였다.

2) 공법상정소의 결함을 개선하기 위해 설치하였다.

3) 전세개혁을 위한 공법 제정을 목적으로 설치하였다.

2. 전제상정소의 특징

1) 조선시대 양전을 담당한 최초의 독립관청이다.

2) 토지 조세제도의 연구와 토지등급을 책정하였다.

3) 전분6등법과 연분9등제를 사용하였으며, 결부제를 채택하였다.

4) 이때 제정한 공법이 조선시대의 기본세법이 되었다.

5) 전제상정소 준수조화를 제작하여 양안에 대한 기준을 확립하였다.(양전의 원칙 정리)

3. 전제상정소 준수조화

1) 전제상정소에서 제작한 최초의 양전법규이다.

2) 호조에서 양전의 원칙을 정리하고 토지질서 문란을 방지하기 위해 제작하였다.

3) 수등이척제를 폐지하고 1등급의 양전척으로 척도의 기준을 통일하였다.

4) 현대의 「공간정보의 구축 및 관리 등에 관한 법률」과 유사하다.

5) 토지모양에 따른 측량방법, 등급에 따른 면적 산출방법, 토지등급 구분법, 토지대장의 개정방식을 규정하였다.

4. 양전청

1) 1717년 숙종이 설립한 상설 지적중앙관서이다.

2) 당시 양전의 책임자는 균전사이다.

3) 양전청이 설립된 후 균전사는 양전사로 되었다.

4) 양전사를 파견하지 않을 때에는 수령으로 하여금 종사하게 하였다.

(3.3) 판적국(1895년)

답)

판적국은 양전 사무를 담당하던 기관으로, 1895년 칙령 53호로 내부관제가 공표되면서 내부에 토목국, 주현국 등과 같이 설치되었다. 판적국에는 지적과와 호적과를 두었으며, 우리나라 최초로 '지적'이란 용어가 사용되었다.

1. 구한말 지적관리 관청의 변천

1) 내부 판적국(1895년) : 내부의 5개국 중 하나
2) 양지아문(1898년) : 양전사업 수행
3) 지계아문(1901년) 양전사업과 지계발급 업무를 수행
4) 탁지부 양지국(1905년) : 양전 업무수행
5) 탁지부 양지과(1905년) : 대구, 평양 등 출장소에서 측량업무 수행

2. 판적국의 사무내용

1) 호적과 : 호・구적에 관한 사항 관장
2) 지적과 : 지적에 관한 사항 관장

3. 판적국의 특징

1) 판적국에서 호구, 조세, 토지, 부역 등을 관장하였다.
2) 우리나라에서 최초로 '지적'이란 용어를 사용하였다.
3) 1/2,000,000 우리나라 전도를 측량하였다.
4) 1/50,000 지도를 평판측량으로 제작하였다.

5) 오늘날 지적행정 기구와 조직의 기틀을 마련하였다.

6) 내무아문 내에 판적국이 설치되었다.

4. 내부관제

1) 주현국 : 지방의 모든 사무관장

2) 토목국 : 토지측량, 토지수행

3) 판적국 : 지적, 호·구적

4) 위생국 : 전염병 예방, 소독·검역

5) 회계국

(3.4) 양지아문

답)

양지아문은 1898년에 설치된 지적행정부서로서 양전 조례 등 각종 법령을 정비하고 외국인 측량기사 거렴을 초빙하여 측량 교육 및 전 국토의 양전 사업을 실시한 기관이다.

1. 양지아문 특징

1) 양안에 기록된 전답도형의 표기법으로 토지의 위치와 형상을 효과적으로 파악하였다.
2) 각 도에 양무감리, 각 군에는 양무위원을 파견하여 양전을 실시하였다.
3) 매 필지마다 토지면적을 확정하고 절대면적을 표시하였다.
4) 지번제도는 일자오결제도를 채택하였다.
5) 토지제도는 결부제를 채택(조세징수 목적)하였다.
6) 1898년 설치 → 1901년 폐지 이후에 지계아문을 설치(양지아문의 토지측량 승계)하였다.

2. 양지아문 토지측량

1) 토지의 형상과 경계를 정확히 파악하여 장부에 등재하였다.
2) 궁장토, 역둔토가 많은 국유지 위주로 측량을 했으며 근대적 측량제도 도입에 도움을 주었다.
3) 양안의 기본도형 5가지, 경자양안의 10가지 전답도형을 사용하였다.
4) 미국인 측량기사 거렴을 초빙하여 견습생을 교육하고 측량을 실시하였다.

5) 흥화학교, 수진학교 등 100여 개의 지적측량 교육기관에서 지적측량 교육을 실시하였다.

3. 양지아문 운영의 문제점

1) 일부 지역만 시행하였다.

2) 실무진과 양무위원 매관매직이 성행하였다.

3) 단기간 교육으로 인한 지적측량 정확도가 저하되었다.

4) 인사행정 부실 및 빈곤한 재정의 한계점이 있었다.

5) 전국 토지의 약 1/3가량을 양전했으나 국내의 사정으로 중지되었다.

(3.5) 지계아문

답)

지계아문은 1901년 설치된 지적중앙관서로서 각 도에 지계감리를 두어 지계를 발급했으며 국가의 부동산 권리에 대한 관리체계의 확립을 실현하였다.

1. 지계아문의 설립

1) 1901년 지계아문을 설치하여 각 도에 지계감리를 두어 '대한제국전답관계'라는 지계를 발급하였다.
2) 1902년 양지아문의 기능을 통합하여 사무를 개시하였다.
3) 1904년 탁지부 양지국으로 흡수, 축소되고, 지계아문은 폐지되었다.

2. 지계아문의 업무

1) 지권(=대한제국전답관계)의 발행과 양지 사무를 담당하는 지적중앙관서 역할을 하였다.
2) 관찰사가 지계 감독사를 겸임하였다.
3) 각 도에 지계감리를 1명씩 파견하여 지계발행의 모든 사무를 관장하였다.
4) 양안을 기본대장으로 사정을 거쳐 관계(官契)를 발급하였다.
5) 논밭의 거래, 측량, 이용 등의 전권을 담당하였다.

3. 지계아문의 토지측량

1) 지계아문의 사업은 강원도, 충청도, 경기도 지역에서 시행하였다.
2) 양전과 관계 사업은 대개 지계위원 혹은 사무원을 동원하여 실시하였다.

3) 토지형상은 실제 농지형태와 부합되게 다양한 형태로 양안에 등록하였다.

4) 종전 양안의 자호순서, 필지수, 양전방향 등을 그대로 준수하였다.

4. 지계아문의 특징

1) 충남, 강원도 일부에서 시행하다 토지조사의 미비, 인식 부족 등으로 중지되었다.

2) 토지, 가옥의 매매, 교환, 증여 시에 토지가옥증명대장에 기재·공시하는 실질적심사주의를 채택하였다.

3) 대표적 사무 활동 및 사업성과로 지계 발행 사업과 구 소삼각원점 설치 등이 있다.

5. 지계아문의 관계(官契) 발급

1) 각 도에 지계감리를 두고 '대한제국전답관계'라는 지계를 발급하였다.

2) 전, 답, 산림, 천택, 가사의 소유권자는 의무적으로 관계를 발급하였다.

3) 전답의 소유자가 매매, 양여한 경우 관계(官契)를 발급하였다.

4) 구권인 매매문기를 강제적으로 회수하고 국가가 공인하는 계권을 발급하였다.

5) 관계의 발행은 매매 혹은 양여 시에 해당하며, 전질의 경우에도 관의 허가를 받도록 하였다.

※ 구한말의 토지제도 관리관청의 변천

<table>
<tr><th>구분</th><th>조직</th><th>기간</th><th>담당업무</th><th>비고</th></tr>
<tr><td rowspan="2">내부</td><td>토목국</td><td rowspan="2">1895.03.26.</td><td>토지측량, 토지수량에 관한 사항</td><td rowspan="2">1893~1905년에 지계제도와 가계제도가 시행된 시기</td></tr>
<tr><td>판적국</td><td>지적 및 관유지 처분에 관한 업무</td></tr>
<tr><td rowspan="3">양지아문</td><td>본부</td><td rowspan="3">1898.07.06.~
1901.09.09.</td><td>제반 사무 총괄 및 정리</td><td rowspan="3">• 양지아문은 독립기구이나 관련 부처인 내부, 탁지부, 농공상부, 공상부 등과 협조체계 유지
• 미국인 기사 거렴을 초빙하여 측량 실시 및 지적측량교육 실시</td></tr>
<tr><td>실무진</td><td>각 지방의 양전사무 주관업무수행 및 양전에 대한 조사</td></tr>
<tr><td>기술진</td><td>양전 실무 수행</td></tr>
<tr><td>지계아문</td><td></td><td>1901.10~
1904.04.</td><td>'대한제국전답관계'라고 하는 지계 발급</td><td>• 일본인 기사 채용
• 토지가옥증명규칙 시행</td></tr>
<tr><td rowspan="2">탁지부</td><td>양지국</td><td>1904.04.</td><td>양전 업무 수행</td><td>지계아문 폐지</td></tr>
<tr><td>양지과</td><td>1905.02.</td><td>전세, 유세지 조사, 지세의 부과 징수</td><td>• 양지과로 기구 축소
• 대구, 평양, 전주, 함흥에 양지과 출장소 설치</td></tr>
</table>

Professional Engineer Cadastral Surveying

4. 지적/토지제도

(4.1) 조방제

답)

조방제는 정전법에서 발전한 고대구획정리로 토지를 격자형으로 구획한 것이다.

북한에서는 리방제, 중국에서는 방리제, 일본에서는 조방제라 하였다.

1. 시대별 토지면적 측정단위

1) 고조선 시대 : 정전제

2) 삼국시대

① 고구려 : 경묘(무)법

② 백제 : 결부제, 두락제

③ 신라 : 관료전, 정전제, 결부제

3) 고려시대

① 초기 : 경묘법

② 말기 : 결부제, 두락제, 수등이척제

③ 조선시대 : 경묘법, 결부법, 수등이척제, 망척제

2. 조방제

1) 조방제의 시행

① 고구려의 평양에서 시작하여 부여, 경주, 공주, 상주 등에서 시행하였다.

② 구획은 남북을 결정하는 자침을 사용하였다.

③ 긴 노끈에 일정한 간격마다 눈금을 재고 구획을 정하였다.

2) 조방제의 특징

① 정전법에서 발전한 고대 구획정리이다.

② 동서를 조, 남북을 방이라 하였다.(토지를 종횡으로 나누어 북쪽에서 남쪽으로 1조, 2조 등의 수를 부여함)

③ 한반도 최초의 도시계획이며 경지정리와 유사한 개념이다.

3. 정전제

1) 정전제란 고조선 시대의 토지구획 방법이다.

2) 균형 있는 촌락의 설치와 토지의 분급 및 수확량을 파악하기 위하여 시행되었던 지적제도이다.

3) 국가가 일반 백성에게 정전을 나누어 주고 그들로 하여금 모든 부역과 전조를 국가에 바치게 하는 제도이다.(소득의 1/9를 조공으로 바치게 함)

100무 사전	100무 사전	100무 사전
100무 사전	100무 공전	100무 사전
100무 사전	100무 사전	100무 사전

〈정전제의 모형도〉

(4.2) 묘위토(묘위전)

답)

묘위토란 분묘에 대한 제사를 지내거나 그를 유지·관리하는 데 필요한 재원을 조달하기 위해 부속시킨 토지를 말하며 묘위전이라고도 한다.

1. 능, 원, 묘

1) 능 : 왕과 왕비들의 분묘
   ① 1918년까지 50개소가 존재하였다.
   ② 능의 구역 안에는 다른 사람의 임장, 경작 등을 금지하였다.
   ③ 대부분 경기도에 위치하였다.
2) 원 : 왕자와 왕자비의 분묘, 왕의 생모 등의 분묘로, 1918년까지 12개소가 존재하였다.
3) 묘 : 폐왕인 연산군, 광해군의 분묘와 그들 사친의 분묘, 출가하지 않은 공주와 후궁의 분묘 등으로 1918년까지 42개소였다.

2. 묘위토의 설정

1) 사망자들의 유산으로 마련한 경우
2) 자손들이 각출하는 경우
3) 각각의 설정 형태는 일정하지 않았다.

3. 묘위토의 특징

1) 분묘에 대한 제사를 지내거나 그를 유지·관리하는 데 필요한 재원을 조달하였다.

2) 능, 원, 묘에 부속된 토지로 묘위전이라고 하였다.

3) 분묘의 수호를 담당하는 자를 "묘직"이라 하였다.

4) 대전회통에 위전은 80절로 규정하였으나 일정하게 지켜지지 않았다.

4. 묘위토의 경계

1) 내해자와 외해자로 구분하여 능, 원, 묘의 경계를 확실히 하였다.

2) 묘계는 지류계라고도 하며, 능·원·묘 등의 실지경계를 말한다.

3) 해자는 금표라고도 하며, 능·원·묘의 경계구역에 도랑을 판 것이다.

4) 내해자 : 금양구역으로 경작, 목축을 금지하였다.

5) 외해자 : 금양구역 외곽에서 내해자를 포위한다.

(4.3) 궁장토

답)

궁장토는 임진왜란 이후에 설치되었는데, 왕실의 일부인 궁실과 왕실에서 분가하여 독립한 궁가에 급여한 전토를 말하며 유토면세와 무토면세로 구분한다.

1. 궁장토의 연혁

1) 고려 : 공해전

2) 조선전기 : 사전, 직전(궁장토의 시초)

① 사전 : 왕의 특명에 의해 따로 전토를 지급하는 것

② 직전 : 품계에 따라 전토의 수조권만 지급하는 것

③ 직전과 사전은 본인이 사망하게 되면 반환이 원칙이나 잘 지켜지지 않아 폐지되었다.

3) 임진왜란 이후 : 궁방전(궁장토)

4) 대한제국 : 국유지로 편입되었다.

2. 궁장토의 종류

1) 내수사 : 1사

2) 7궁 : 수진궁, 어의궁, 선희궁, 명례궁, 경운궁 등

3. 궁장토의 구분

1) 궁방에 소속된 토지는 면세혜택을 주었다.

2) 유토면세 : 일정한 토지의 보유권과 수조권을 소유한 공전이다.

3) 무토면세 : 수조권만 가진 것으로 사전이다.

4. 궁장토의 획득(설정)

1) 궁방이 국비를 지출하여 구입하였다.

2) 국유지 또는 관청 · 궁방 등에서 이속되었다.

3) 미개간지를 개간하여 획득하였다.

4) 후손이 없는 노비의 토지, 범죄자에게 몰수한 토지를 궁장토로 설정하였다.

5) 투탁한 토지, 궁방의 권세로 빼앗은 토지를 궁장토로 설정하였다.

5. 궁장토의 국유화 과정

1) 토지의 투탁

① 궁장토는 국세면세, 부역면제 등의 혜택이 있었다.

② 토지의 투탁이란 농민들 스스로 궁방에 청탁하여 가장한 것을 말한다.

2) 도장의 폐단

① 도장은 궁장토의 관리자로서, 그 토지의 수익권을 가지며 일반도장과 투탁도장이 있다.

② 도장의 직무는 안전하고 연속성이 있어 직의 세습매매가 성행하였다.

③ 아래로는 농민을 핍박, 위로는 국가 전정의 문란을 초래하였다.

3) 도장의 폐지

① 1907년 1사7궁 도장을 폐지하였다.

② 1908년 궁장토를 국유화하였다.

③ 토지조사사업 때, 토지소유권 문제로 인하여 분쟁이 발생되었다.

(4.4) 역둔토(역토와 둔토의 총칭)

답)

역둔토는 역의 경비를 충당하는 역토와 변방에 주둔하는 지방관청의 자급자족을 위한 둔전을 의미하며 역토와 둔토에 대하여 관리들이 그 수익을 대부분 착복하는 등 폐단이 발생하여 군부 소관에서 탁지부, 궁내부로 그 사무를 이관하였다.

1. 역둔토 관리연혁

1) 1906년 : 제실재산과 국유재산을 정리하여 모든 국유지를 총칭하였다.

2) 1909년 : 동양척식주식회사에서 인수(창설)하였다.

① 1909년 6월~1910년 9월 : 탁지부 소관의 다른 국유지와 함께 전국의 역둔토 실지조사 실시

② "토지를 개척한다"는 목적 하에 한국을 식민지화하였다.

3) 1910년 : 총독부 재무부에서 관장하였다.

4) 1931년 : 역둔토 협회를 설립하고 관리하였다.

5) 1938년 : 재단법인 조선지적협회 창설 후 관리하였다.

2. 역둔토 실지조사

1) 조사목적

① 토지조사사업 이전에 국유지 토지대장을 작성하였다.

② 국유지의 소작인을 명확히 하여 소작인 명기장을 작성하였다.

③ 국유지에 성립된 농민의 권리를 부인하였다.

④ 은결 토지에 대한 신규등록 측량, 소작인 정리를 하였다.

2) 조사방법

① 면적 조사 : 은결을 발견하여 역둔토의 면적을 증가시켰다.

② 소작인 조사 : 종래의 인, 허 여부에 관계없이 새로이 조사하였다.

③ 강계 및 지목 조사 : 전, 답, 대, 잡종지의 소작인이 2인 이상인 경우와 일필지 지목이 2개 이상인 경우

3) 측량방법

① 신규등록, 분할의 경우에 시행하였다.

② 강계와 지목 조사를 동시에 실시하였다.

③ 도근점, 기지경계점에 의하여 실시하였다.

④ 토지대장 기 등록지와의 경계위치를 약측하였다.

3. 역둔토의 공부작성

1) 대장작성

① 전, 답, 대, 잡종지의 4종목을 등록하였다.

② 역둔토 신고서에 의해 1필 1매의 원칙으로 작성하였다.

③ 등록사항 : 토지의 소재, 지번, 지목, 등급, 소작인 등

2) 도면작성

① 측량원도상 일필지마다 등사도 용지에 제도하여 한지에 이첩 후 제작하였다.

② 분할선은 양홍선, 경계선은 흑색으로 정리하였다.

(4.5) 정전제

답)

정전제는 토지를 정(井)자 모형으로 구획하고 동일하게 구획된 토지에서 수확량에 따라 1/9씩 세금을 거두고자 한 제도이며 현재의 “경지정리”와 유사한 방법이다.

1. 정전제 주장 학자

1) 이익 : 정(井)자형이 아닌 사경이 한 구획으로 四와 같다고 주장하였다.
2) 한백겸 : 정(井)이 아닌 전(田)자형으로 표현하였다.
3) 정약용 : 조선은 산악지형이 많아서 이익의 정전제는 시행할 수 없고 인간사상에 기반한 정전제(丁田制)를 주장하였다.

2. 정전제의 방법

1) 1방리의 토지를 井자형으로 구획하고 1정을 900묘로 구획하였다.
2) 중앙의 100묘를 공전으로 하고 주위의 800묘는 사전으로 8가구에 분급하였다.

100묘 사전	100묘 사전	100묘 사전
100묘 사전	100묘 공전	100묘 사전
100묘 사전	100묘 사전	100묘 사전

〈정전제의 모형도〉

3) 공전은 공동으로 경작하여 조세로 납부하였다.

3. 정전제의 특징

1) 토지의 누락이 없이 완전하게 이용하였다.
2) 한 집도 놀지 않고 농사를 지어 편하게 생활할 수 있었다.
3) 농사의 기술을 다 같이 훈련하여 기술을 향상하였다.
4) 국가에서 정년(丁年)에 달한 자에게 일정량의 토지를 지급한 제도이다.
5) 농사의 전제를 순조롭게 유통시킬 수 있었다.
6) 정전제에서 발전한 고대의 도시계획 방법으로 조방제가 있었다.
7) 통일신라의 정전제와 당 균전제의 동일설에 따르면 정남은 21세부터 59세까지의 남자를 말한다.

4. 정전제의 의의

1) 정전으로 구획하는 것은 측량이 필수적으로 수반되었다.
2) 공동체 형성 및 왕토사상에 기반을 둔 제도이다.
3) 국가의 안정적 세수확보에 목적이 있다.
4) 현재의 경지정리와 유사하다.

(4.6) 두락제(斗落制)

답)

두락제는 토지의 전답에 뿌리는 씨앗의 수량으로 면적을 표시하는 것으로 백제, 고려(말)시대 토지면적 산정을 위한 제도이며, 결과는 도적에 기록하였다.

1. 두락제의 기준 및 특징

1) 두락제의 기준

① 1석(石=20두)의 씨앗을 뿌리는 면적을 1석락(石落)이라 하였다.

② 하두락, 하승락, 하합락으로 구분하였다.

③ 대체로 1두락의 면적은 120평 또는 180평이었다.

2) 두락제의 특징

① 전답에 뿌리는 씨앗의 수량으로 면적을 표시하였다.

② 백제, 고려시대에 사용한 제도이며, 그 결과는 도적에 기록하였다.

③ 구한말 두락은 각 도, 군, 면마다 일정하지 않았다.

2. 일경제(日耕制)

1) 하루갈이란 뜻으로 소 한 마리가 하루의 낮 동안 갈 수 있는 논·밭의 넓이를 의미한다.

2) 하루 일할 때 휴식을 4번 하고, 그 한 번에 가는 면적을 1식령으로 한다면, 4식령이 1일경이다.

3) 1일경의 반(半)의 면적을 반(半)일령이라 하며, 지방마다 차이가 심하다.

(4.7) 경무법과 결부법

답)

과세지의 토지면적을 표시하는 방법에는 중국에서 사용한 경무법과 신라시대에서 사용한 결부법이 있었다. 경무법은 전지의 면적을 경, 무 단위로 측량하여 면적을 정확히 파악할 수 있는 객관적인 방법이었으며, 결부법은 농지의 비옥도에 따라 수확량으로 세액을 파악하는 주관적인 방법이었다.

1. 경무(경묘)법

1) 경무법의 목적

토지의 정확한 현황을 파악한다.

2) 경무법의 특징

① 농지의 광협에 따라 그 면적을 파악한다.

② 매경의 세는 해마다 일정하지 않았다.

③ 객관적이고 공평한 방법이다.

④ 세금의 총액은 해마다 일정하지 않지만, 국가는 농지를 정확히 파악할 수 있었다.

2. 결부법

1) 결의 의미의 변천

① 당초에는 일정한 토지에서 생산되는 수확량을 표시하였다.

② 일정한 수확량을 올리는 토지면적으로 변화하였다.

③ 결부에 따라 세율을 표시하였다.

2) 결부법의 목적

토지에 지세를 부과한다.

3) 결부법의 특징

① 토지의 면적과 수확량을 이중으로 표시하였다.

② 농지의 비옥도에 따라 세액을 파악하는 주관적인 방법이었다.

③ 해마다 매 결의 세가 동일하게 부과되고 과세의 원리상 불합리한 방법이었다.

④ 세액의 총액이 일정하므로 관리들의 횡포와 착취가 심하여 농민에게 불리하였다.

⑤ 전국의 토지가 정확히 측정되지 않아 토지파악이 어려웠다.

4) 결부법 전의 형태

방전, 직전, 구고전, 규전, 제전

3. 현재의 면적표시 방법

1) 토지조사사업 이후부터 1975년까지 구 지적법에서는 척관법에 따라 평과 보 단위로 표시하였다.

2) 제2차 지적법 전문개정 시, 지적에서 면적으로 변경되어 현재까지 사용하고 있다.

4. 시대별 면적측정 단위

1) 삼국시대

① 고구려 : 경무법

② 백제 : 결부제, 두락제

③ 신라 : 결부제(법)

2) 고려시대

초기에는 경무법, 말기에는 결부제, 두락제, 수등이척제를 사용하였다.

3) 조선시대

경무법, 결부법, 수등이척제, 망척제

4) 토지의 조세제도(고대사회)

정전제, 경무법, 결부법, 두락제, 수등이척제, 과전법

5. 경무법과 결부법의 비교

구분	경무법	결부법
면적기준	사방 6척 → 1보 100보 → 1무 100무 → 1경	1척 → 1파 10파 → 1속 10속 → 1부 100부 → 1결
부과기준	농지의 광협	농지의 비옥도
성격	객관적	주관적
농지파악	정확한 파악	부정확함
세금총액	경중에 따라 다름	해마다 일정
부과원칙	경중에 따라 부과	세가 동일하게 부과
주장	정약용, 서유구	삼국시대

(4.8) 과전법(科田法)

답)

토지 국유제를 위하여 기초를 확고히 하고 안정시키기 위하여 전제 개혁을 시도한 것이며 고려시대의 토지제도이다.

1. 과전법의 내용

1) 전·현직 관리에게 분배함으로써 왕조 개창에 반대를 하지 않는 자에게 토지 분배의 혜택을 주었다.
2) 사망한 관료의 처자에게도 토지를 지급(세습은 1세대에 한정, 경우에 따라 세습)하였다.
3) 혁명에 반대했던 사대부를 새 왕조의 구조 속으로 포용하고자 하였다.
4) 수조율을 1/10로 하였으며, 병작 반수제를 금지하여 농민 확보책을 강구하였다.
5) 과전을 경기도 지방으로 한정하여 토지문란을 방지하고자 하였다.

2. 과전법의 특징

1) 국유 원칙(토지겸병, 사유화 방지)
2) 과전은 관료들의 계급적 신분과 관위의 고하에 따라 차등 지급
3) 과전의 세습은 1대에 한하였으나 경우에 따라서 세습적인 것도 있음
4) 과전을 경기에 한정한 것은 지방호족의 토지겸병, 기타 토지문란의 폐해를 방지하는 것이 목적
5) 문무관료, 한량품관, 유역인 등에 수조권을 양여한 제도로 토지의 사유화를 방지하는 것이 목적

6) 고려 말에 성립되어 조선시대에 승계

3. 과전법의 결과

1) 국가재정 확보

2) 구 귀족의 몰락

3) 공전 체제 확립

4) 지주적 성격의 강화

5) 직전법의 실시

6) 녹봉제의 실시

4. 과전법의 문제점

1) 토지의 편재와 과전의 부족현상이 발생하였다.

2) 공신전의 증가로 과전을 확장하여 지급하였다.

3) 과전의 보충을 위해 사전을 삭감하였다.

4) 토지의 사유화를 확대하였다.

5) 50% 수조율의 병작반수가 성행하였다.

6) 성종 때에 이르러 토지사유가 공인되어 공 · 사전의 구별이 무의미해졌다.

(4.9) 수등이척제

답)

고려 말기에서 조선시대의 측량제도인 양전법에 의해 토지를 상・중・하의 3등급 또는 1등급에서 6등급까지의 등급으로 구분하여, 척수를 다르게 계산(양전)하는 제도이다.

1. 수등이척제의 연혁

1) 고려 말

① 전품을 상・중・하의 3등급으로 구분하고 계지척을 사용하여 각각 다르게 계산하였다.

② 상전지 2지의 10배, 중전지 2지의 5배・3지의 5배, 하전지 3지의 10배

2) 조선 세종(26년) : 전제상정소를 설치하고 전을 6등급으로 구분하여 양전하였다.

3) 조선 효종(4년) : 수등이척제를 폐지하고 1등급의 양전척 길이로 통일하여 양전하였다.

2. 수등이척제의 특징

1) 양전법의 전품을 상・중・하 3등급으로 나누어 척수를 다르게 타량(계산)하였다.

① 상등전 : 농부 수 20지(指)

② 중등전 : 농부 수 25지(指)

③ 하등전 : 농부 수 30지(指)

2) 수등이척제는 현재의 지적측량인 양전을 실시하는 기준인 측량척을 전품에 따라 각각 다른 측량척을 사용한 것을 의미한다.

3) 고려시대에는 전품을 3등급으로 구분한 수등이척제를 실시하였고 조선에 승계된 후 세종 때에는 전품을 6등급으로 구분한 수등이척제를 실시하였다.

4) 효종 때는 수등이척제를 폐지하고 1등급의 양전척 길이로 통일하여 양전하였다.

5) 면적계산은 결부제를 사용하였으며 계지척이라고도 하였다.

6) 방전, 직전, 구고전, 제전, 규전의 5가지 전형으로만 계산을 하였다.

3. 수등이척제의 전의 형태

1) 방전 : 정사각형 모양의 전답

2) 직전 : 긴 네모꼴(직사각형) 모양의 전답

3) 구고전 : 직각 삼각형 모양의 전답

4) 규전 : 삼각형의 전답, 밑변×높이×1/2

5) 제전 : 사다리꼴 모양의 전답

(4.10) 망척제

답)

망척제는 수등이척제에 대한 개선으로 전지를 측량할 때에 정방형의 눈들을 가진 그물을 사용하여, 그물 속에 들어온 그물 눈을 계산하여 토지의 면적을 산출하는 방법이다.

1. 망척제의 특징

1) 이기가 ≪해학유서≫에서 망척제를 주장하였다.
2) 망척제는 전지의 형태와 관계없이 면적을 산출하였다.
3) 망척의 눈금이 일정하므로 객관적인 방법이며 관원의 탈세 방지 등이 가능하였다.
4) 성종 때 서해지방에서 시험하여 효과가 있었다.
5) 그물 재료는 익힌 마를 사용하였고 기름을 먹여 손상을 막았다.
6) 그물 눈의 수는 가로와 세로 모두 100눈씩이었다.

2. 망척제의 계산

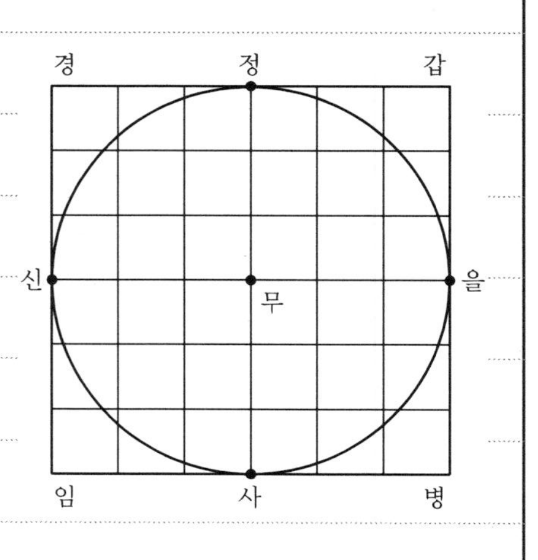

1) 갑병정사를 연결하면 직전으로 면적의 크기는 각각 20두이다.
2) 갑을무정과 을병사무 등을 각각 연결하면 방전의 형태이며 면적의 크기는 각각 10두이다.

(4.11) 가계와 지계

답)

1893년부터 1905년까지 가계와 지계제도가 시행되었으며, 가계는 가옥의 소유권에 대한 관의 인증이었으며 지계는 토지(전답)의 소유에 대한 관의 인증이었고, 근대적 공시방법인 등기제도에 해당되는 제도였다.

1. 등기제도의 변천과정

1) 입안제도 : 등기권리증
2) 가계제도 및 지계제도
3) 토지가옥 증명규칙 : 토지가옥 증명대장에 기재하여 공시함으로써 실질적 심사주의 채택
4) 부동산 등기령, 부동산 증명령 : 토지조사사업
5) 현행 등기제도 : 1960년 부동산등기법을 제정

2. 가계제도

1) 가옥의 소유권을 증명하는 관문서로서 "가권"이라고도 하며 1893년 한성부에서 최초로 발급하였다.
2) 가옥을 매매할 경우 구계를 반납하고 다시 신계를 발급하였다.
3) 충남, 강원도 일부에서 시행하였으나, 토지조사의 미비와 인식의 부족으로 중지되었다.
4) 1906년 토지가옥증명규칙 공표로 가계제도는 폐지되었다.
5) 가계 서식 앞면에는 가계 문언이 인쇄되고 담당 공무원, 매도인, 매수인이

서명하는 것으로 입안과 같은 형식이었다.

6) 제3자에게 대항할 수 있는 효력을 갖는다.

3. 지계제도

1) 전, 답의 소유에 관한 관의 인증이다.(부동산 등기제도의 시작)

2) 본질적으로 입안과 같은 것이나 근대화 된 것이다.

3) 1901년 지계아문을 설치하고 토지측량과 지계를 발급하였다.

4) 강원도, 충남 일부에서 지계감리를 두어 "대한제국 전답관계"라는 지계를 발급하였다.

5) 기주, 시주 등의 토지소유자에게만 발급하였다.

6) 외국인의 토지소유를 금지하는 조항을 삽입하였다.

7) 1904년 양지국으로 흡수, 축소되어 폐지되었다.

※ 지계발급의 3단계

1) 1단계 : 토지소유자를 조사하는 양전사업 과정

2) 2단계 : 실소유자와 일치하는지를 확인하는 사정의 과정

3) 3단계 : 사정의 내용에 기초하여 관계를 발급하는 과정

(4.12) 전답관계

답)

대한제국의 토지조사사업은 양지아문과 지계아문으로 나누어 양전 사업을 실시하였으며, 지계아문의 지권인 "대한제국 전답관계"라는 토지문서는 강원도, 충청도, 경기도 지역에서 시행되었다.

1. 토지거래증서

1) 가계 : 가옥의 소유권을 증명하는 관문서로 지권

2) 지계 : 전, 답의 소유권을 증명하는 관문서로 지권

3) 관계 : 관에서 발급하는 토지문서

2. 전답관계

1) 관장기관 및 조직

① 지계아문에서 업무를 총괄하였다.

② 각 도에 지계감리를 두어 전답관계를 발급하였다.

2) 전답관계의 구성

① 내용은 토지의 자호, 면적, 사표, 기주, 시주, 가격 등이다.

② 모두 17칸이며 내용은 한글과 한자를 혼용하였다.

③ 뒷면에 8개 조항이 기재되어 있다.

3) 전답관계의 특징

① 지권은 대한민국 최초의 인쇄된 토지문서이다.

② 3편으로 작성하여, 토지소유자, 본 아문, 지방관청에 보존하였다.

5. 토지조사사업

(5.1) 토지소관법 기초위원회

답)

토지소관법 기초위원회는 대한제국 시대에 토지제도, 법률제도, 조세제도를 정비하기 위하여 총독부에서 설치한 위원회이다.

1. 토지소관법 기초위원회 설립목적

1) 우리나라를 일제의 식민지화하기 위하여 부동산 관습조사에 착수

2) 법전조사국은 민법전을 편찬을 위해 전국적인 규모로 관습조사를 하기 위함

3) 탁지부에서 토지조사사업의 준비로 일본의 촉탁 직원에 의하여 조사 실시

2. 부동산법 조사회

1) 토지에 관한 권리의 종류, 명칭 및 내용

2) 관, 민유지의 구분과 정리

3. 법전조사국

1) 문헌조사 : 경국대전, 대전회통 등 법전과 가례조사를 실시하였다.

2) 관습조사 : 일반 조사지역과 특수 조사지역을 구분하였다.

4. 임시재산정리국

1) 행정구역에 관련된 사항

2) 토지명칭, 사용목적, 과세지, 비과세지

3) 경계 토지표시부호, 소유권, 질권, 저당권 등 토지에 관한 장부 서류

(5.2) 토지조사법 · 토지조사령

답)

1. 토지조사법

1) 연혁

1910년 8월 23일 법률 제7호로 내각 총리대신 이완용과 탁지부대신 고영희 공동명의로 공포하였고 경술국치로 인해 1912년 8월 3일 제령 제2호로 공포된 토지조사령으로 폐지되었다.

2) 의미

① 내용상으로는 지적 관계사항이 구비되었지만, "법규"로는 다소 미비하였다.

② 토지조사법은 동일자 탁지부령 제26호로 토지조사법 시행규칙이 탁지부대신 고영희 명의로 제정되어 법령 체제를 갖추었다.

③ 토지조사법은 법률 체제를 갖춘 한국 최초의 지적법으로 볼 수 있다.

3) 구성

① 토지조사법 : 제1조~제15조, 부칙

② 토지조사법 시행규칙

2. 토지조사령

1) 연혁

① 토지조사령(1912년)과 임야조사령(1918년)에 따라 토지조사사업과 임야조사사업을 완료하였다.

② 지세령(1914년)과 토지대장규칙(1914년), 임야대장규칙(1920년)에 따라 토지이동정리와 토지세를 징수하였다.

③ 8.15 해방 이후 1950년 지적법과 지세령이 분리 제정됨으로써 지적법령의 체계화가 이루어졌다.

2) 의미

일제는 한국을 침탈한 후 구한국 정부에서 추진하던 토지조사사업을 계승하여 임시토지조사국을 설치하고 토지조사령을 공표하여 적극적인 토지조사를 강력히 추진하기 시작했다.

(5.3) 준비조사

답)

토지조사사업에 있어서 준비조사란 행정구역인 면·동리의 명칭 및 강계를 조사하며, 한편으로는 토지신고서를 수립하고 지방의 경계 및 관습을 조사하는 업무이다.

1. 토지조사사업의 업무

1) 행정사무(9종)

준비조사, 일필지조사, 분쟁지조사, 지위등급조사, 장부조제, 지방토지조사위원회, 고등토지조사위원회, 토지의 사정, 이동지 정리

2) 측량업무(7종)

삼각측량, 도근측량, 세부측량, 면적계산, 이동지측량, 지형측량, 지적도 등 작성

2. 토지준비조사

1) 토지조사 취지의 선전

① 외업반의 담당구역을 지정하고 당해 도지사에게 토지조사 게시를 통지하였다.

② 준비조사원이 토지조사 및 측량에 관하여 설명하였다.

2) 지방 관청이 보유한 토지조사 참고자료의 조사

① 과세지견취도와 결수연명부는 형식적으로 대조가 이루어짐

② 토지증명부 및 민적부

③ 역둔토 대장 및 국유지 대장

(5.4) 일필지조사

답)

토지조사사업 당시 주요업무는 준비조사, 일필지조사, 분쟁지조사 등이었으며, 일필지조사란 준비조사와 도근측량 완료 후 일필지 측량과 동시에 시행하는 조사로서 주요 조사항목은 지주조사, 강계조사, 지목조사, 지번조사로 나눌 수 있다.

1. 일필지조사 방법

1) 준비조사 : 기존 자료에 의하여 토지소유자, 면적, 도면자료 등에 관한 자료를 수집하여 지적조사표를 작성한다.

2) 현지조사 : 경계표지와 표항을 설치하고 현지 조사사항을 기록한다.

2. 일필지조사

1) 지주의 조사

① 민유지는 토지신고서, 국유지는 소관관청의 국유지통지서에 의거함을 원칙으로 한다.

② 신고주의 원칙을 채택하였다.

③ 1필에 대하여 2명 이상이 토지신고서를 제출하게 되면 분쟁지로 처리하였다.

2) 강계 및 지역의 조사

강계선과 지역선을 모두 조사하였으나, 소유자가 다른 강계선만 사정을 실시하였다.

3) 지번의 조사

① 1개 동·리를 통산하여 1필마다 순차적으로 번호를 부여하였다.

② 같은 동·리에 지번이 중복되거나 공번이 생기지 않도록 하였다.

③ 토지의 위치 파악을 대략적으로 알 수 있도록 하였다.

4) 지목의 조사

① 전체 토지를 18종으로 분류하였다.

② 조세제도와 관련하여 과세지, 공공용지, 비과세지로 분류하였다.

③ 과세지 : 전·답·대·지소·잡종지·임야

3. 일필지조사의 효과

1) 필지별 소유자를 재확인하였다.

2) 필지의 형태, 강계 등을 조사·확인 후 필지에 지번을 부여하고 토지대장에 기록하였다.

3) 소유권 등기제도가 도입되었다.

(5.5) 토지의 사정

답)

토지조사사업 당시 가장 중요한 업무 중 하나가 토지소유자와 강계를 확정하는 사정이었으며, 사정권자는 임시토지조사국장으로서 지방토지조사위원회의 자문을 얻어 사정을 하였다.

1. 사정의 대상 및 방법

1) 사정의 대상

토지소유자와 토지강계인 강계선

2) 사정의 방법

① 토지조사부 및 지적도를 기준으로 하였다.

② 사정은 토지신고 또는 통지가 있는 날 현재의 토지소유자 및 강계를 기초로 하였다.

③ 토지소유자는 자연인과 법인으로 하고 지주가 사망하고 상속자가 없는 경우에는 사망자 명의로 하였다.

④ 지방토지조사위원회의 자문은 사정의 요건이었다.

2. 강계의 사정

1) 강계선은 지적도상에 제도된 소유자가 다른 경계선을 의미한다.

2) 사정선이라고도 하며 토지조사사업 당시 확정된 불복신립이 인정되는 선이다.

3) 임야조사사업 당시는 경계선이라 불렀다.

3. 사정의 효력

1) 이전의 권리는 모두 소멸되는 것으로 간주함으로써 모든 소유자는 원시취득으로 본다.

2) 창설적, 확정적 효력을 갖는 행정처분이다.

3) 토지소유자와 강계를 법적으로 새로이 확정하였다.

4) 사정의 대상은 강계선만 해당되었으며, 지역선은 제외하였다.

4. 사정의 공시 및 불복

1) 사정공시의 이유는 토지소유자 및 이해관계인에 대하여 결과를 종람시키는 것이다.

2) 사정공시는 종료와 동시에 진행하였다.

3) 사정은 30일간 공시하고 만료 후 불복은 60일 이내에 신립하도록 하였다.

4) 토지소유자의 권리는 사정 및 재결에 의하여 확정되는 것으로 새로운 소유관계를 창설하였다.

5) 재결을 받을 때의 효력발생은 사정일로 소급하였다.

5. 사정당시 지목

1) 과세지 : 전, 답, 대, 잡종지 등

2) 공공용지 : 사사지, 분묘지, 철도용지, 수도용지 등

3) 비과세지 : 도로, 구거, 하천, 제방 등

(5.6) 강계선

답)

강계선은 "사정선"이라고도 하며 토지조사사업 당시 확정된 불복신립이 인정되는 선으로 토지조사령에 의하여 임시토지조사국장이 사정한 토지소유자가 다른 경계선을 말한다.

1. 강계선 설정의 원칙

1) 소유자가 동일하고 지목이 같아야 한다.

2) 지반이 연속된 토지이어야 한다.

3) 인접 토지 간 소유자가 다르다는 원칙이 성립되었다.

4) 토지조사부, 지적도에 의하여 강계선을 확정하였다.

2. 강계선의 특징

1) 토지조사령에 의하여 임시토지조사국장이 사정한 경계선이다.

2) 지적도상에 제도된 소유자가 다른 경계선이다.

3) 지목을 구별하고 소유권 분계를 확정하였다.

4) 임야조사사업 당시 도지사가 사정한 임야도상의 경계는 경계선(사정선)이라 하였다.

3. 강계선의 사정

1) 사정대상 : 지적도에 등록된 강계 및 소유자

2) 사정근거 : 지적도, 토지조사부

3) 사정의 효력 : 원시취득, 재결 시 무효, 창설적·확정적 효력

4) 토지소유자는 자연인과 법인으로 하며 지주가 사망하고 상속자가 없는 경우, 사망자 명의

5) 사정의 내용에 불복이 있는 경우, 사정 공시 만료 후 60일 이내 불복신청이 가능

4. 강계선과 지역선의 구분

1) 지역선은 토지조사사업 당시 사정을 하지 않은 경계선이다.

2) 소유자는 같으나 지목이 다른 경우, 지반이 연속되지 않은 경우 별필로 하는 구획선이다.

3) 조사지와 미조사지와의 경계선 소유자를 알 수 없는 토지와의 구획선이다.

4) 지역선은 경계분쟁의 대상에서 제외되었다.

5) 지역선에 인접하는 토지의 소유자는 동일인일 수도 있고 다를 수도 있다.

5. 현행 경계선의 의미

1) 강계선, 지역선에 관계없이 2개의 인접한 토지 사이의 구획선을 말한다.

2) 도해지적에서 지적도, 임야도에 그려진 구획선(지상은 아님)이다.

3) 경계점 좌표 시행지역 : 좌표의 연결

4) 경계는 일반, 고정, 자연경계 등으로 분류한다.

(5.7) 지역선

답)

지역선이라 함은 토지조사사업 당시 사정을 하지 않은 경계선을 의미하며 소유자가 같으나 지목이 달라서 별필로 해야 하는 경우의 구획선, 소유자를 알 수 없는 토지와의 구획선, 조사지와 불조사지와의 경계선을 말한다.

1. 토지조사사업 당시의 경계선

1) 지역선

① 토지조사사업 당시 사정을 거치지 않은 경계선이다.

② 동일 소유지라도 지목이 상이하여 별필로 하였다.

③ 소유가 동일하나 지반이 연속되지 않은 필지 또는 고저가 심하여 별필로 하는 경우의 경계선이다.

2) 강계선

① 확정된 토지소유자가 다른 토지와의 사정된 경계선이다.

② 소유자가 다르고 지목이 같거나 다르다.

③ 분쟁발생의 우려가 있는 선이다.

3) 경계선

임야조사사업 당시의 사정된 경계선이다.

2. 지역선의 특징

1) 토지조사사업 당시 사정을 하지 않은 경계선을 말한다.

2) 동일인의 소유지라도 지목이 상이하여 별필로 하는 경우의 경계선을 말한다.

3) 동일인 소유일 경우에도 지반의 고저가 심하여 별필로 하는 경우의 경계선 이다.

4) 지역선에 인접하는 토지의 소유자는 동일인일 수도 있고 다를 수도 있다.

5) 지역선은 경계분쟁의 대상에서 제외되었다.

3. 지역선과 강계선의 비교

1) 지역선 : 분쟁의 우려가 없는 선 : AB, BC, CD, DE, HI

2) 강계선 : 분쟁이 예상되는 선 : BI, ID, IF

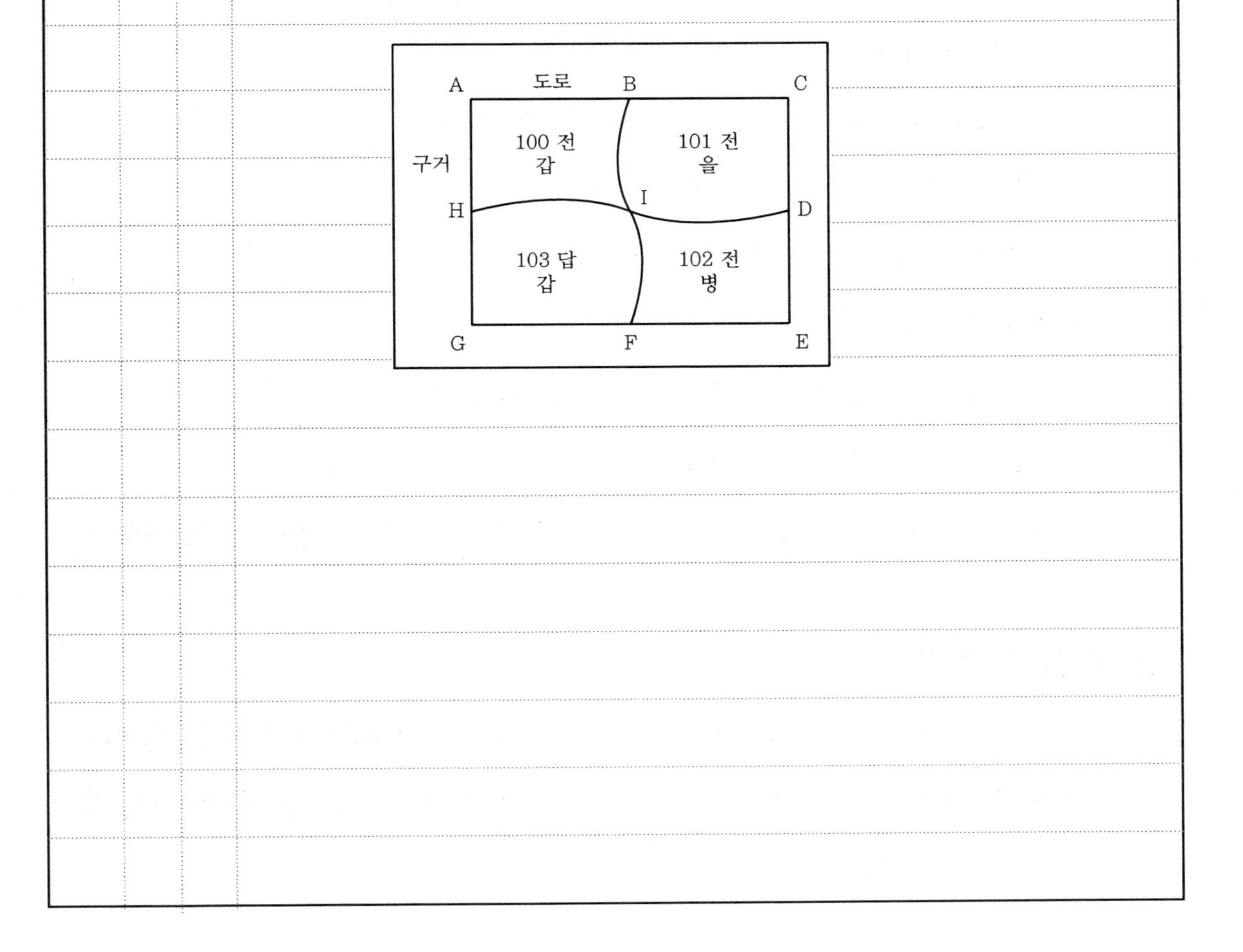

(5.8) 재결

답)

토지소유자와 강계를 확정하는 행정처분인 “사정”에 대하여 불복하는 경우 고등토지조사위원회에 재심을 요청하는 행정행위를 재결이라 한다.

1. 재결 위원회(고등토지조사위원회)

1) 설치목적

고등토지조사위원회는 토지소유권의 확정에 관한 최고의 심의기관으로 토지의 사정에 불복이 있는 경우 불복신립 및 재결을 위하여 설치하였다.

2) 위원회의 구성

① 위원장 1인, 위원 25인, 서기로 구성되었다.

② 위원장은 조선총독부 정무총감이다.

③ 위원회는 5부로 나누어 운영하였다.

3) 위원회의 운영

① 회의는 부회와 총회로 구분하여 운영하였다.

② 부회와 총회는 위원의 과반수 출석으로 의결하였다.

③ 의사는 과반수로 결정하고 가부동수일 경우에는 위원장이 결정하였다.

2. 재결 요청 조건

1) 토지사정에 불복이 있는 경우, 사정 공시기간 만료 후 60일 이내 불복신립한다.

2) 사정, 재결일로부터 재결이 처벌 받을 행위에 근거하여 3년 이내에 재심사 청구가 가능하다.

3) 현장에 입회하지 않은 자는 불복신립이 불가하다.

4) 재결기간(1913~1925년)

3. 재결의 효력

1) 모든 토지소유자는 사정 또는 재결을 통해 소유권을 원시 취득한다는 것을 의미한다.

2) 재결을 받을 때의 효력은 사정일로 소급 적용하였다.

3) 재결을 받은 토지는 강계와 소유권을 확정하였다.

4. 부회 및 총회

1) 부회

불복 및 재심 요구사건을 재결하고 부장을 포함하여 출석위원 5인 이상의 합의체로 운영하였다.

2) 총회

법규 해석의 일관성을 유지하기 위해 개최하고 위원장을 포함하여 16인 이상 출석, 과반수 이상 찬성 시 결의하였다.

(5.9) 고등토지조사위원회

답)

토지조사사업 당시 가장 중요한 업무 중 하나는 토지소유자와 강계를 사정하는 것으로 임시토지조사국장이 지방토지조사위원회의 자문을 얻어 사정을 하였으며 이에 불복할 경우, 불복신립 및 재결에 관한 최고의 심의 기관이 고등토지조사위원회이다.

1. 지방토지조사위원회

토지조사령에 의해 설치된 기관으로 임시토지조사국장의 토지사정에 있어서 소유자 및 그 강계의 조사에 관해 자문하는 기관이다.

1) 위원회의 구성

① 위원장(1인) : 도지사

② 상임위원(5인), 임시위원(3인 이내)

2) 위원회의 운영

① 위원장을 포함하여 정원의 반수 이상 출석으로 개최하고 출석위원 과반수로 의결하였다.

② 가부동수인 경우, 위원장이 의결하였다.

2. 고등토지조사위원회

토지의 사정에 불복이 있는 경우에 공시기간(30일) 만료 후, 60일 이내에 불복신립 및 재심을 결정하는 최고의 심의기관이었다.

1) 위원회 구성

① 위원장(1인) : 조선총독부 정무총감

② 위원(25인)

2) 위원회의 운영

① 회의는 총회 및 부회 2가지로 운영하였다.

② 위원회는 5부로 나누어 운영하였다.

③ 부회 : 불복 또는 재심의 재결 5인

④ 총회 : 법규 해석의 통일을 기하기 위함

3. 지방토지조사위원회와 고등토지조사위원회 비교

구분	지방토지조사위원회	고등토지조사위원회
성격	자문기관	재결기관
조직 (구성)	위원장 1인 상임위원 3인 임시위원 3인	위원장 1인 위원 25인 5부로 운영
위원장	도지사	조선총독부 정무총감
운영	각 도에 설치 과반수 이상 출석으로 개회 과반수 의결	부회 : 5인 이상 합의제 총회 : 16인 이상 출석으로 개회, 과반수 의결

(5.10) 토지조사사업

답)

1. 개요

토지조사사업이란 1910년부터 1918년까지 일제가 한국의 식민지적 토지 소유관계를 공고히 하기 위하여 시행한 대규모의 국토 조사사업으로 "조선토지조사사업"이라고도 한다. 토지조사에서는 지적도, 토지대장 등을 조제하였으며, 임시토지국장이 사정하였고 토지의 사정은 강력한 행정처분으로 원시취득의 효력이 있었다.

2. 토지조사사업의 목적(내용)

1) 토지 소유권조사 : 지적과 등기제도 확립

2) 토지의 가격조사 : 지세제도 확립

3) 토지의 외모조사 : 국토의 지리 명시

3. 토지조사사업의 시행

1) 1909~1910년 : 경기도 부평군 일부지역에서 예비 모범조사를 실시하였다.

2) 1910년 8월 23일 : 토지조사법을 공표하였다.

3) 1910년 9월 30일 : 조선총독부 임시토지조사국을 설치하였다.

4) 1912년 8월 3일 : 토지조사령을 공표하였다.

5) 1914년 3월 : 지세령을 공표하고, 토지대장 규격을 정하였다.

6) 1918년 7월 : 부동산 등기령 공표

7) 1918년 10월 : 사업완료

8) 토지조사사업의 대상 : 전국의 토지와 농경지 사이에 있는 5만 평 이하의 낙산 임야

4. 토지조사사업의 업무

1) 행정사무(9종)

① 준비조사 : 행정구역인 리·동의 명칭 조사 등

② 일필지조사 : 지주·강계·지목·지번 조사

③ 분쟁지조사 : 불분명한 국유지와 민유지, 역둔토 등

④ 지위등급조사 : 지목별 수익성에 근거

⑤ 장부조제 : 개황도, 실지조사부, 조서, 토지신고서

⑥ 지방토지조사위원회 : 소유권, 강계에 관한 조사·자문기관

⑦ 고등토지조사위원회 : 불복 및 확정하는 최고 심의기관

⑧ 토지의 사정 : 소유권과 강계를 확정하는 행정처분

⑨ 이동지 정리 : 토지의 변동사항 정리

2) 측량업무(7종)

삼각측량, 도근측량, 세부측량, 면적계산, 이동지측량, 지형측량, 지적도 등 작성

5. 토지의 사정

1) 의의 : 토지조사부 및 지적도에 의하여 토지소유자 및 강계를 확정하는 행정처분

2) 사정권자 : 임시토지조사국장

3) 사정의 대상 : 강계선만 해당, 지역선은 제외(토지소유자, 강계)하였다.

4) 재결 : 사정된 토지는 30일간 공고하고 만료 후 60일 이내에 신립(고등토지조사위원회)

5) 사정의 효력 : 창설적, 확정적 효력을 갖는 행정처분으로 모든 소유자는 원시취득으로 본다.

6) 사정당시 지목

① 과세지 : 전, 답, 대, 지소, 잡종지 등

② 공공용지 : 사사지, 분묘지. 공원지, 철도, 수도용지 등

③ 비과세지 : 도로, 구거, 하천, 제방, 성첩 등

6. 임야조사사업

1) 대상(조사) : 토지조사사업에서 제외된 임야, 임야 및 임야 내의 개재된 토지

2) 조사방법 및 절차 : 토지조사사업과 유사하다.

3) 특징 : 경제적 가치가 낮아서 소축척을 사용하였다.

4) 토지조사사업과 임야조사사업 비교

구분	토지조사사업	임야조사사업
기간	1910~1918년(8년 8개월)	1916~1924년(8년)
총 경비	약 2,040만 원	약 380만 원
투입 인력	7,000여 명	4,600여 명
조사기관	임시토지조사국	부 또는 면
사정권자	임시토지조사국장	도지사
자문기관	지방토지조사위원회	도지사(조정기관)
재결 기구	고등토지조사위원회	임야심사위원회
관련 법규	토지조사령(1912년)	조선임야조사령(1918년)

7. 토지 등기제도

1) 1918년 7월 조선부동산등기령 공표에 따라 등기제도가 확립되었다.
2) 등기부 : 토지 등기부와 건물 등기부
3) 물적편성주의, 공동신청주의, 형식적 심사주의를 채택하였다.
4) 토지대장을 기초로 작성하였다.
5) 토지대장이 작성되지 않는 토지 : 부윤, 군수가 소유권을 증명하는 자에 한하여 등기하였다.

8. 결론

조선총독부 주관으로 한반도에 대한 토지조사사업과 임야조사사업을 추진하여 부동산 공시제도인 근대적인 지적제도가 창설되었고 민법과 등기제도 등에 의하여 배타적, 절대적인 사적 토지소유를 법으로 보장함으로써 근대적 소유제도와 부동산 등기제도가 정착되었다.

(5.11) 임야조사사업

답)

농경지 사이에 존재하는 5만 평 이하의 낙산임야는 토지조사의 대상으로 하였으나, 그 이외 대부분의 임야에 대해서는 1916년부터 1924년까지 조선임야조사사업을 시행하였다.

1. 임야조사사업의 근거(연혁)

1) 1917년 준비조사에 착수하였다.

2) 1918년 1월 조선임야조사령과 임야조사령 시행규칙을 공표하였다.

3) 1924년 1차 사업이 완료(재결기구와 업무는 1935년까지 수행)되었다.

2. 임야조사사업의 목적

1) 소유권을 법적으로 확정하고 지적제도를 확립한다.

2) 국민의 이용과 임야정책 및 산업건설의 기초자료 제공한다.

3) 지세부담의 균형을 조절하여 국가재정의 기초를 확립한다.

3. 임야조사사업의 대상

1) 토지조사사업에서 제외된 임야

2) 임야 내의 개재지

4. 임야조사사업의 특징

1) 조사방법과 절차는 토지조사사업과 유사하다.

2) 임야대장 등록지는 도지사의 사정지와 임야심사위원회의 재결지이다.

3) 조사 및 측량기관 : 부와 면

4) 조정기관은 도지사, 분쟁에 대한 재결은 임야심사위원회에서 결정하였다.

5) 정당한 사유 없이 입회를 하지 않을 경우에는 사정에 대한 이의를 제기할 수 없었다.

6) 총 경비 : 380만 원, 투입인력 : 4,600여 명, 축척 : 1/3,000, 1/6,000

7) 경제적 가치가 낮아서 소축척으로 등록하였다.

8) 지적공부 : 임야도, 임야대장

(5.12) 양입지

답)

양입지란 전, 답, 대 등의 주된 지목을 가지는 토지에 편입되어 1필지로 확정되는 종전 토지를 말한다. 지목의 결정방법에서 주지목추종의 원칙을 표현하였으며, 공시의 어려움을 방지하였다.

1. 양입지의 요건

1) 도로나 구거 등 주된 용도의 토지의 편익을 위해 제공되는 토지

2) 주된 용도의 토지에 접속되거나 둘러싸여 있을 것

2. 양입지 제한요건

1) 종된 토지의 면적이 주된 토지의 면적의 10%를 초과하는 경우

2) 종된 토지의 면적이 330m^{2}를 초과하는 경우

3) 종된 토지의 지목이 '대'인 경우

3. 양입지의 이해

1) 공장용지 1,000평에 논 99평이 붙어있는 경우 해당 논은 공장용지로 편입할 수 있다는 의미이다.

2) 이때 공장용지를 주된 토지, 논을 종전 토지로 표현한다.

4. 양입지의 특징

공장용지 1,000평	
	논 99평

1) 토지조사사업 당시 필지구분의 표준에 대한 예외사항이다.

2) 현행법에서도 승계하여 필지구분의 예외로서 인정되고 있다.

3) 현행 지목의 구분이 토지의 현황을 파악하기 어렵다는 단점이 있다.

4) 지목의 명칭변경, 유사지목의 통합, 지목의 세분, 입체지목의 연구 등이 필요하다.

Professional Engineer Cadastral Surveying

6. 지적사 일반

(6.1) 과세설

답)

지적의 발생설을 크게 나누어 과세설, 치수설, 지배설로 정의할 수 있는데 과세설은 국가가 토지과세를 목적으로 토지에 대한 각종 현황을 기록, 관리하기 위해 지적이 발생했다는 이론이다. 과세설의 입증 자료로는 신라장적문서와 영국의 둠즈데이북이 있다.

1. 과세설의 근거(대장)

1) 영국의 둠즈데이북
  ① Geld Book이라 하였으며 토지세에 해당되는 과세장부였다.
  ② 토지는 물론 가축의 숫자까지 기록하였다.
  ③ 영국의 국토 자원목록으로 전 국토를 조직적으로 작성한 토지기록 대장이다.

2) 신라장적문서
  ① 촌락단위의 토지 관리를 위한 장부이다.
  ② 조세의 징수와 요역 증발을 위한 기초자료이다.
  ③ 토지소유 면적, 호구 수, 우마 수, 가축 수 등을 3년마다 기록하였다.

2. 과세설의 특징

1) 지적의 발생설 중 가장 지배적인 이론이다.
2) 과세목적을 위해 토지를 측정하고 경계를 확정하였다.
3) 과세를 위한 지적은 점차 소유권 보호 형태로 발전(법지적)하였다.

4) 과세설을 입증하는 자료로는 영국의 둠즈데이북, 나폴레옹 지적, 신라장적문서가 있다.

3. 현대의 과세설 적용

1) 토지의 공시지가 산출은 과세부과를 목적으로 산출한다.
2) 법지적과 다목적지적에서도 세지적의 내용을 포함하고 있다.
3) 세금을 부과하기 위해 토지의 면적을 산출한다.
4) 국·공유지 면적측량을 통해 점용료를 부과한다.
5) 향후 지적제도와 등기제도가 통합되어 발전해 나가야 한다.

참고

1) 과세설에 의한 지적도 : 로마의 촌락도, 바빌로니아 지적도, 메나무덤의 벽화
2) 과세설에 의한 대장 : 둠즈데이북, 신라장적문서

(6.2) 일자오결제도

답)

양안에 토지를 표시함에 있어서 양전의 순서에 의하여 1필지마다 천자문의 자호를 부여한 제도로, 자호는 자와 번호로서 천자문의 1자는 폐경전, 기경전을 막론하고 5결이 되면 부여하였다.

1. 일자오결제도의 원칙(자호 부번의 원칙)

1) 천자문이 시작하여 끝나는 지역은 지번지역, 번호는 지번을 표시한다고 볼 수 있다.

2) 양전의 순서에 의하여 1필지마다 천자문의 자번호를 부여하였다.

3) 1결의 크기는 1등전의 경우 사방 1만 척으로 정하였다.

2. 일자오결제도의 사용

1) 자호가 없는 전답

기간지 또는 화전의 경우에는 자호가 없는 것이 많았다.

2) 자호의 기점

① 자호의 기점은 군의 객사로부터 시작하나 관아, 선정비 등을 기점으로 할 때도 있었다.

② 자호의 부번 방향은 일정하지 않았다.

3) 자호의 기재사항

양안, 결수연명부, 행심록, 전답성책, 토지신고서, 금기 등에 기재하였다.

3. 일자오결제도의 문제점

1) 정약용은 ≪경세유표≫에서 5결을 1자로 표하면 혼잡하고 부정확하다고 주장하였다.

2) 정약용은 ≪목민심서≫에서 일자오결제도와 사표의 부정확성 해결을 위해 어린도를 주장하였다.

3) 토지조사사업 당시에는 리·동별로 자 없이 일련번호를 부여하였기 때문에 토지조사사업 완료 후 폐지되었다.

4) 계를 기록할 때는 5결이라고 하는 실납의 수를 기재하므로 지방관청에서 은결이 발생하였다.

(6.3) 법수

답)

법수는 장승의 다른 이름 중 하나로 지역이나 마을 간의 경계를 표시하기 위해 설치한 경계표시와 같은 의미이다.

1. 법수의 기능

1) 일정 지역의 경계표시 수단이다.

2) 경계를 확정하고 공시하는 행위이다.

3) 경계의 범위와 한계를 보여준다.

2. 법수의 특징

1) 정전제 하에서 토지의 경계 구역 설정을 법수를 세워 표시하였다.

2) 처음에 법수는 나무 경계표시를 사용하였고 후에는 돌로 표지를 설치하였다.

3) 장승은 법수에서 출발하였으며, 마을의 신을 의미한다.

3. 현행 경계점 표지의 종류

구분	설치 장소	규격(폭/길이)
목재	비포장 지역	폭 3.5cm 길이 35cm
철못 1호	아스팔트 포장지역	폭 4.5cm 길이 15cm
철못 2호	콘크리트 포장지역	폭 4.5cm 길이 7.5cm
철못 3호	구조물, 벽 등	폭 4.5cm 길이 3.8cm
표지 미설치	설치가 어려운 지역	분사용 페인트 사용

(6.4) 거렴

답)

거렴은 1898년 대한제국시대에 양지아문에 의해 초빙된 외국인 수기사로서 우리나라 최초의 근대적인 측량교육을 실시한 측량교육자이다.

1. 대한제국시대 지적교육기관

1) 대한제국시대 : 양지아문, 사립 흥화학교, 사립 측량강습소, 측량기술견습소
2) 일제강점기 : 임시 토지조사 기술원 양성소, 지적측량 기술원 양성 강습소
3) 광복 후 : 지적연수원, 고등학교, 대학교와 전문대학

2. 거렴과 양지아문

1) 양지아문의 토지측량교육
   ① 교육기관 : 민영환의 흥화학교 등 100여 개의 학교
   ② 교육자 : 미국인 측량사 거렴
   ③ 측량실무자 : 양무감리, 양무위원
   ④ 지적측량 교육을 실시하여 전국의 양전을 실시하였다.
   ⑤ 기존의 국가 수조지 파악에 주안점을 두었다.
   ⑥ 개별 토지의 모습과 경계를 가능한 정확히 파악하였다.
2) 거렴의 수행업무
   ① 1898년 내한하여 양지견습생을 선발하였다.
   ② 5개월간 측량교육을 실시하였다.
   ③ 한성부의 측량 및 한성부 지적도를 완성하였다.

(6.5) 우문충

답)

우문충은 문헌상 우리나라 최초로 측량을 실시하고 지도를 작성한 측량사이며 천문학자이고 단기고사에 의하면 단군조선시대의 오경박사이다.

1. 지적제도의 기원

1) 원시공동체 사회에서 출발하여 토지가 생산을 지배하는 기본 형태이며 소유관계는 공동체적 소유이다.
2) 고조선 시대의 정전제로서 균형 있는 촌락의 설치와 토지분급 및 수확량을 파악하여 백성들에게 납세 의무를 지게 하였다.
3) 국토와 산야를 측량하여 조세율을 개정하였다.
4) 오경박사 우문충이 토지를 측량하여 지도를 제작하였다.

2. 우문충

1) 단기고사에 의하면 단군조선시대의 오경박사이다.
2) 고조선 시대의 측량 실시에 관한 최초의 기록에 의한 인물이다.
3) 토지와 산야를 측량하여 조세율을 개정하였다는 기록이 있다.

(6.6) 기주, 시주

답)

조선왕조 하에서의 농민에 대한 호칭은 전객, 전주, 기주, 시주로 변화하였으며, 기주는 1720년 경지양안에 일반농민에 대한 호칭으로 현재 기경 중인 토지의 주인을 뜻하며, 시주는 대한제국 시대의 광무양안에서의 토지소유자에 대한 호칭이다.

1. 토지 소유권자에 대한 명칭

1) 기주 : 이미 경작되고 있는 토지의 소유권자
2) 시주 : 광무양안에서의 토지소유권자
3) 전주 : 경작되고 있지 않은 토지의 소유권자
4) 시작 : 땅을 빌려 경작을 하는 경작(소작)권자로, 조선말기 소작권이 자주 변동됨에 따라 소작인이 기재되었다.

2. 기주, 시주의 특징

1) 토지 소유 권리에 대한 호칭이다.
2) 기주는 기경주인 토지의 주인을 뜻한다.
3) 시주는 광무양안에서의 토지소유자에 대한 호칭이다.
4) 현재의 공부상에는 토지소유자로 명시한다.

(6.7) 나폴레옹 지적(1807년)

답)

근대적 지적제도의 선진국인 프랑스에서 프랑스 혁명 후 조세징수를 제도화하고 공평성을 도모하기 위하여 본격적인 지적조사를 시작하였고 나폴레옹 지적은 특히 나폴레옹의 명에 의하여 1807년부터 시작된 전국적인 지적조사를 말한다.

1. 나폴레옹 지적의 의의

1) 근대적인 지적제도의 효시이며 세지적의 근거이다.
2) 유럽 전역의 지적제도 창설에 직접적인 영향을 미쳤다.
3) 토지개혁 결과 필지수 급증으로 새로운 토지관리 체계의 필요성이 대두되었다.
4) 프랑스 지적제도는 중앙집권화된 단일 국가에서는 최초로 전국이 통일된 제도이다.

2. 나폴레옹 지적의 특징

1) 프랑스 시민혁명 이후 귀족들이 소유하던 토지를 소작인들에게 분할하는 토지개혁을 실시하였다.
2) 높은 정도의 전국적인 지적측량을 실시하였다.
3) 각 토지의 생산 능력과 수입 및 소유자와 같은 내용을 체계적으로 기록하였다.
4) 각 토지를 비옥도에 따라 분류하였다.
5) 나폴레옹 지적법을 제정하여 토지측량 및 관리 체제를 확립하였다.
6) 근대적인 지적측량 및 부동산 등기 체제의 효시이다.

(6.8) 구장산술

답)

구장산술이란 삼국시대 때 산학관리의 시험 문제집으로 이용되었던 고대 중국 최고의 수학서적을 말하며 지형을 측량하기 쉬운 형태로 구분하여 화자가 회화적으로 지도나 지적도 등을 제작하였다.

1. 구장산술의 의의

1) 저자 및 편찬 연대 미상인 동양최고 수학서적이다.
2) 구장산술의 시초는 중국이며 원, 명, 청, 조선을 거쳐 일본에까지 영향을 미쳤다.
3) 9장 246문제로 구성되었다.
4) 삼국시대부터 산학관리의 시험 문제집으로 사용되었다.

2. 구장산술의 특징

1) 진, 한, 삼국시대를 거친 수학의 결과물이다.
2) 토지의 면적계산과 토지 측량에 관한 내용을 수록하였다.
3) 일상적으로 사용되는 문제 및 계산법을 수록하였다.
4) 세금부과를 위한 수확량 측정 및 토지측량에 활용되었다.
5) 방전장, 속미장, 쇠분장 등 책의 목차가 제1장 방전장부터 제9장 구고장까지 9가지 장으로 분류되어 '구장'이라는 의미를 부여하였다.
6) 특히 제9장 구고장은 토지의 면적계산과 측량술에 밀접한 관련이 있다.

3. 구장산술의 계산

1) 넓이를 구하는 계산에는 분수가 있었으며 분모, 분자, 통분이라는 용어를 사용하였다.

2) 비례계산에 의한 변과 지름의 계산 시에는 제곱근 풀이를 사용하였다.

3) 1차 연립 방정식 계산에는 가감법을 적용하였다.

4) 직각 삼각형에 관한 문제는 피타고라스 정리와 2차 방정식을 이용하였다.

4. 구장산술의 활용

1) 토지 면적 및 생산물 측정에 활용

2) 전형을 이용한 양전사업 실시(활용)

3) 토지 과세 징수 및 세금 계산에 활용

4) 건축 또는 토목 공사에 활용

〈삼국시대의 구장산술 활용〉

구분	고구려	백제	신라
지적담당 관리	주부, 울절	내두좌평, 곡내부, 조부, 지리박사, 산학박사	상대등, 조부, 산학박사, 산사
길이의 단위	척	척 동위척(학설)	척 동위척, 당척
면적의 단위	경무법	두락제(斗落制) 결부제(結負制)	결부제(結負制)
지적도면·토지대장	봉역도, 요동성총도	도적	촌락장전 등
측량방식	• 구장산술(九章算術) • 방전장(方田章) • 구고장(句股章)	구장산술(九章算術)	구장산술(九章算術)

(6.9) 습산진벌

답)

습산진벌이란 최한기가 편찬한 수학서로서 도량형, 평방, 산책, 가법, 감법 등의 문제를 다루었으며 삼국시대에 중국으로부터 전래되어 조선 말까지 주로 관을 중심으로 사용하였고 후기에는 일반대중에게도 널리 사용되었다.

1. 습산진벌의 구성

1) 1권 : 도량권형, 명위, 구수승결, 산책, 일점도설

2) 2권 : 가법, 감법, 인승, 귀제

3) 3권 : 평방, 대동교 수평방, 대종화 수평방

4) 4권 : 입방

5) 5권 : 대종교 수입방, 대종화 수입방

2. 습산진벌의 내용

1) 수리정은 하편 중에 도량권형, 가법, 감법 부분을 요약해서 작성하였다.

2) 산목의 모양, 배열방법, 가 · 감산의 설명도를 보여주고 있다.

3) 숫자 계산에 산목, 산대, 산책이라고 표현하였다.

3. 습산진벌 계산법

1) 주로 나무로 만들었으며 쇠붙이, 상아, 옥 등으로 제작하였다.

2) 조선 후기 산서인 습산진법 등의 기록에는 7.7cm 정도로 규격화되었다.

3) 가감승제는 물론이고 고차원의 방정식을 푸는 데 이용하였다.

(6.10) 오가작통법

답)

오가작통법은 조선시대 한명회가 건의하여 시행된 행정구역 체계로 5호를 1통으로 구성한 호적의 보조조직을 말한다.

1. 오가작통법의 구성

1) 방(坊) 밑에 5가 작통의 조직을 두어 다섯 집을 1통으로 하여 통주(統主)를 두고, 방에 관령(管領)을 두었다.

2) 지방 역시 다섯 집을 1통으로 하고 5통을 1리(里)로 해서 약간의 이(里)로써 면(面)을 형성하여 면에 권농관(勸農官)을 두었다.

2. 오가작통법의 특징

1) 역대 중국의 행정촌의 운영사례를 참조하였다.

2) 호구를 조사하고 범죄자의 색출과 조세징수 및 부역동원을 목적으로 만들었다.

3) 조선 후기 호패와 함께 호적의 보조수단이 되었다.

4) 호구의 등재 없이 이사와 유랑을 반복하는 유민들과 도적들의 행태 방지에 도움이 되었다.

5) 연대책임을 강화하여 순조와 헌종 때에는 천도교도를 색출하는 수단으로 의미가 변질되었다.

6) 주로 호구를 밝히고 범죄자의 색출, 세금징수, 부역의 동원, 인보(隣保)의 자치조직을 꾀하여 만들었으나, 시대에 따라 운영 실적이 한결같지 않아 1675년(숙종 1년)에는 '오가작통법 21조'를 작성하여 조직을 강화하였다.

3. 외국의 유사사례

1) 일본

① 10인조, 5인조 제도를 만들어 권농과 각종 역을 부과하였다.

② 치안의 수행을 담당하게 하여 영주 계급의 독자적인 인민 지배조직으로 이용하였다.

2) 청나라의 보갑제

실질적인 향촌 장악과 국가권력의 강화를 위한 전통적인 행정촌의 성격을 갖는다.

(6.11) 과세지성/비과세지성

답)

과세지성이란 개간, 수면의 매립, 국유림의 불하, 교환, 양여 등으로 지세를 부과하지 않던 토지가 지세를 부과하는 토지로 된 것을 의미하며, 비과세지성이란 지세를 부과하던 토지가 국유지나 공공용지가 되어 지세를 부과하지 않는 토지로 된 것을 말한다.

1. 토지이동정리의 종류

1) 과세지성/비과세지성 : 지세부과의 유무에 따라 분류하였다.

2) 지목변환 : 토지의 지목이 형질변경 등으로 토지의 성질이 변경되는 경우

3) 분할, 합병 : 두 필지 이상으로 나누거나 하나의 필지로 하는 경우

4) 황지면세 : 재난, 재해로 인해 세금이 면제되는 토지

2. 과세지성과 비과세지성

1) 과세지성

① 지세관계 법령에 의해 지세를 부과하지 않던 토지가 지세를 부과하는 토지로 된 것

② 전, 답, 대, 지소, 광천지, 잡종지로 된 토지

③ 사사지, 분묘지, 공원지, 철도용지, 수도용지 및 국가 또는 기타 공공단체가 이용하는 공공용지 토지로서 유료차지의 경우

④ 구거가 '답'으로 되었거나 임야가 '대'로 된 토지

2) 비과세지성

① 지세를 부과하던 토지가 지세를 부과하지 않는 토지로 된 것

② 국유지 또는 국가 및 공공단체의 공공용지로서 유료차지가 아닌 것

③ 사사지, 분묘지, 공원지, 철도용지, 수도용지로서 유료차지가 아닌 것

④ 임야, 도로, 하천, 구거, 유지, 제방, 성첩 등 유료차지가 아닌 것

3. 황지면세(조선지세령 제4절)

1) 납세의무자의 신청에 의하여 정황에 따라 황지가 된 해부터 10년 이내의 황지 면세 연기를 허가할 수 있다.

2) 기간 만료 후 황지의 형태로 있는 것으로 다시 10년의 기간 연장이 가능하다.

3) 황지면세 연기의 허가를 받고자 하는 자는 세무서장에게 신청하여야 한다.

4) 황지면세 연기지에 대하여는 면세연기 허가의 신청이 있은 후에 개시하는 납기부터 지세를 징수하지 아니한다.

7. 토지조사 / 측량기구 / 측량

(7.1) 지압조사(무신고 이동지 측량)

답)

토지의 이동이 있는 경우에 토지소유자는 관계법령에 따라 지적소관청에 신고하게 되어 있으나, 이것이 잘 시행되지 못할 경우, 무신고 이동지를 조사·발견할 목적으로 국가가 자진하여 현지조사를 하는 것을 지압조사라고 한다.

1. 토지검사 방법에 따른 분류

1) 토지검사 : 과세징수의 목적으로 토지 이동사항 조사

2) 지압조사 : 토지의 이동 사실 확인

2. 지압조사

1) 지압조사의 성격

토지등록에 대한 실질적 심사주의, 직권등록주의 개념

2) 지압조사의 계획

① 지적소관청은 집행계획서를 미리 수리조합, 지적협회 등에 통지하여 협력을 요청한다.

② 본 조사 이전에 필요시 모범조사를 실시한다.

3) 지압조사의 시행

① 지적약도 및 임야도를 현장에 휴대하여 정, 리, 동의 단위로 시행하였다.

② 조사결과 발견된 무신고 이동 토지는 무신고 이동정리부에 등재하였다.

③ 지번의 순서에 따라 실지와 도면을 대조하여 시행하였다.

(7.2) 토지검사

답)

토지검사란 넓은 의미에서 지압조사를 포함하며 과세징수를 목적으로 지세 관련 법령에 의하여 실시하는 토지 이동사항의 조사를 의미한다.

1. 토지검사의 대상

1) 비과세지성(국유지성 제외) 토지
2) 지목 및 임대가격이 설정 및 수정된 토지
3) 각종 면세연기 및 감세연기 토지
4) 지적 오류 정정 대상 토지
5) 분할지의 지위품 등이 동일하지 않은 토지

2. 토지검사의 시행(특징)

1) 매년 6~9월 시행을 원칙으로 하였으며, 필요시 임시로 시행 가능
2) 지세 관련 법령에 의하여 세무관서가 담당하여 주관하였다.
3) 주목적은 무신고 이동지를 발견하는 것이었다.
4) 주요 내용은 토지검사 수첩에 등재하였다.

(7.3) 역둔토 실지조사

답)

군부에서 관리하던 역토와 둔전에 대하여 조선 말에 이르러 관리들이 착복하는 병폐가 심해지자 탁지부·궁내부로 이속하여 관리하게 되었는데 이를 역둔토라 한다.

1. 역둔토의 관리 연혁(변천과정)

1) 1906년 : 제실재산과 국유재산 정리, 국유지를 총칭하여 역둔토라 하였다.

2) 1909년 : 동양척식주식회사에서 인수(창설)하였다.

① 1909년 6월~1910년 9월 역둔토 실지조사를 실시하였다.

② "토지를 개척한다"는 목적 하에 한국을 식민지화하였다.

3) 1910년 : 총독부 재무부 관장

4) 1918년 : 역둔토 분필조사

5) 1931년 : 역둔토협회 설립

6) 1938년 : 역둔토협회 해산, 재단법인 조선지적협회 창설

2. 역둔토 실지조사

1) 목적

① 토지조사사업 이전에 국유지 토지대장을 작성하였다.

② 국유지의 소작인을 명확히 하여 소작인 명기장을 작성하였다.

③ 소작료를 재수정하여 수입이 증대되었다.

④ 1지번의 토지를 소작인별로 분할(지목별 조사)하여 실측도를 작성하였다.

⑤ 은결 토지에 대한 신규등록 측량, 소작인 정리를 하였다.

2) 소작인 조사

① 소작료 징수를 안전하게 보장하기 위해 소작인을 정확히 파악하였다.

② 종래의 인 · 허 여부에 관계없이 조사하였다.

③ 중간 소작인을 배제하고 사실상 경작자를 조사하였다.

3) 강계 및 지목의 조사대상

① 전 · 답 · 대 · 잡종지의 토지 중에 소작인이 2인 이상인 경우

② 소작인이 있는 부분과 없는 부분으로 구별된 경우

③ 1필지에 2개 이상의 지목, 토지대장상 지목이 임야인 경우

④ 토지대장에 등록되지 않았으나 역둔토로 취급된 토지

4) 지번 결정

① 역둔토 관리상 붙이는 번호이다.

② 분할의 경우, 토지대장의 지번에 의1, 의2 등을 붙였다.

③ 일필지 전부가 역둔토인 경우, 토지대장 지번을 그대로 사용하였다.

3. 역둔토 대장

1) 전 · 답 · 대 · 잡종지의 4가지 지목을 등록하였다.

2) 역둔토 신고서에 따라 작성(신고주의 방법)하였다.

3) 면별로 200매를 1책으로 하였다.

4) 1필지 1매의 원칙에 따라 지번순서로 편철하였다.

5) 동 · 리가 다를 경우 간지를 삽입하였다.

(7.4) 양안척(양전척, 양지척)

답)

양전척이란 전지의 면적을 측정할 때에 사용하는 자(尺)로 양전척 또는 양안척이라고도 하며 시대에 따라 길이가 변화하였으며, 조선시대에는 특히 길이 변화가 심하였다.

1. 양전척의 시대별 구분

1) 고려 말~조선 초 : 전품을 상・중・하의 3등급으로 구분하였다.
   ① 상등전 : 농부수(手) 20지(指)
   ② 중등전 : 농부수(手) 25지(指)
   ③ 하등전 : 농부수(手) 30지(指)
2) 세종 12년 : 황종척을 모든 척도의 기준으로 사용하였다.
3) 세종 18년 : 주척을 사용하였다.
4) 세종 25년 : 1~6등의 양안척을 사용하였다.
5) 인조 12년 이후 : 임진왜란으로 문란해진 양전제를 바로잡기 위해 갑술척을 사용하였다.
6) 효종 4년 이후 : 1등척 하나로 양전하여 비율을 정해 1~6등의 면적을 산출하였다.

2. 양전척의 특징

1) 시대에 따라 양전척의 길이가 변화하였다.
2) 척은 토지의 등급에 따라 종류가 다양하다.

3) 재질은 청동, 대나무, 구리 등으로 제작하였다.

3. 양전척의 개선(이중 잣대)

1) 임진왜란으로 옛 포백척이 전부 소실되고, 이후 사용한 갑술척과의 분쟁이 거듭되었다.(구척과 신척)

2) 결국 조선말까지 갑술척으로 양전이 실시되었다.

3) 본래의 양전척 1등이 포백척 2척 1촌 2분 6리에 준하나, 갑술척은 2척 2촌 2분 6리로 착각하여 1촌을 늘려서 제작하였다.

4) 양전척 기준의 일원화를 위해 양전개정론을 주장하였다.
('이중 잣대'란 표현의 기원으로 추정)

참고

1) 황종척(세종 12년)

① 국악의 기본음을 중국 음악과 일치시키기 위해서 만든 척도이다.

② 황종음을 표현할 수 있는 황종율관의 길이를 결정하였다.

③ 모든 척도의 기준(세종 12년 이후)이었다.

2) 주척(세종주척) : 중국 주나라에서 사용하였고, 변화가 많아서 표준을 가지지 못하였다.

3) 영조척(목수들이 사용) : 성벽, 궁궐, 도로, 선박 등을 만드는 기준이었다.

4) 포백척

① 옷감을 재단할 때 사용하였고, 한강의 수위를 측정하였다.

② 세종 25년 이후 1등전 척의 길이를 표시하는 척이다.

(7.5) 영조척

답)

우리나라의 도량형은 신라시대부터 조선시대까지 전승되었는데 척의 종류와 길이가 다양하여 이를 바로잡기 위하여 황조척, 주척, 영조척 등의 표준척을 사용하였다.

1. 척의 종류

1) 고구려척

① 고구려 도성건축 등에 사용한 자로서 고대에 사용된 척 중에서 가장 긴 장척이다.

② 고구려에서 자체 개발하여 사용하였으며, 표준 척도로 길이는 35.6cm이다.

③ 경기도 하남시 이성산성에서 목간 출토되었다.

④ 전체 3구간으로 나누어져 있으며, 각 구간마다 5개 마디로 나누어져 있다.

2) 주척

① 중국 주나라에서 사용했으며 표준척은 아니었다.

② 세종주척이라고 하며, 거리와 면적을 측정할 때 사용하였다.

3) 영조척

① 성벽, 도로, 선박, 궁전 등을 만드는 기준척이다.

② 선박의 길이는 영조척뿐만 아니라 "양강척"이라는 새로운 척도를 만들어 사용하였다.

4) 황종척

세종 12년에 황종율관의 길이를 결정한 자이다.

5) 포백척

옷감 재단 및 한강의 수위를 측정하는 데 사용하였다.

2. 영조척의 특징

1) 조선시대의 자 중에 가장 많이 사용된 것은 주척과 영조척이다.

2) 영조척은 부피측정, 교량, 선박, 도로 등을 만드는 데 사용하였다.

3) 전제상정소에서 새로운 양전법을 실시하기 위해 영조척, 주척, 포백척의 3종의 척도를 사용하였다.

(7.6) 간승

답)

간승은 토지조사사업 당시 사용했던 거리 측정용 기구 중 하나로 외부를 가느다란 망사로 조밀하게 감고 밀랍을 먹인 줄자를 말한다.

1. 간승의 제원 및 특징

1) 제원

① 심지 : 마사 또는 금속선으로 구성

② 외부구조 : 가느다란 명주실로 조밀하게 감고 감물을 먹였다.

③ 직경은 3mm, 길이는 30～100m로 각각 제작하였다.

2) 특징

① 피복된 줄에 얇고 작은 황동판을 감아서 읽을 때 편리하였다.

② 단면은 사각형 또는 원형에 가깝다.

③ 쇠붙이를 붙인 눈금이 새겨져 거리를 표기하였다.

④ 길이가 짧아 장거리 측정이 불가하고 정밀한 측량에 사용하지 못하였다.

⑤ 보관 및 이동이 편리하였다.

2. 거리측정기구의 변천

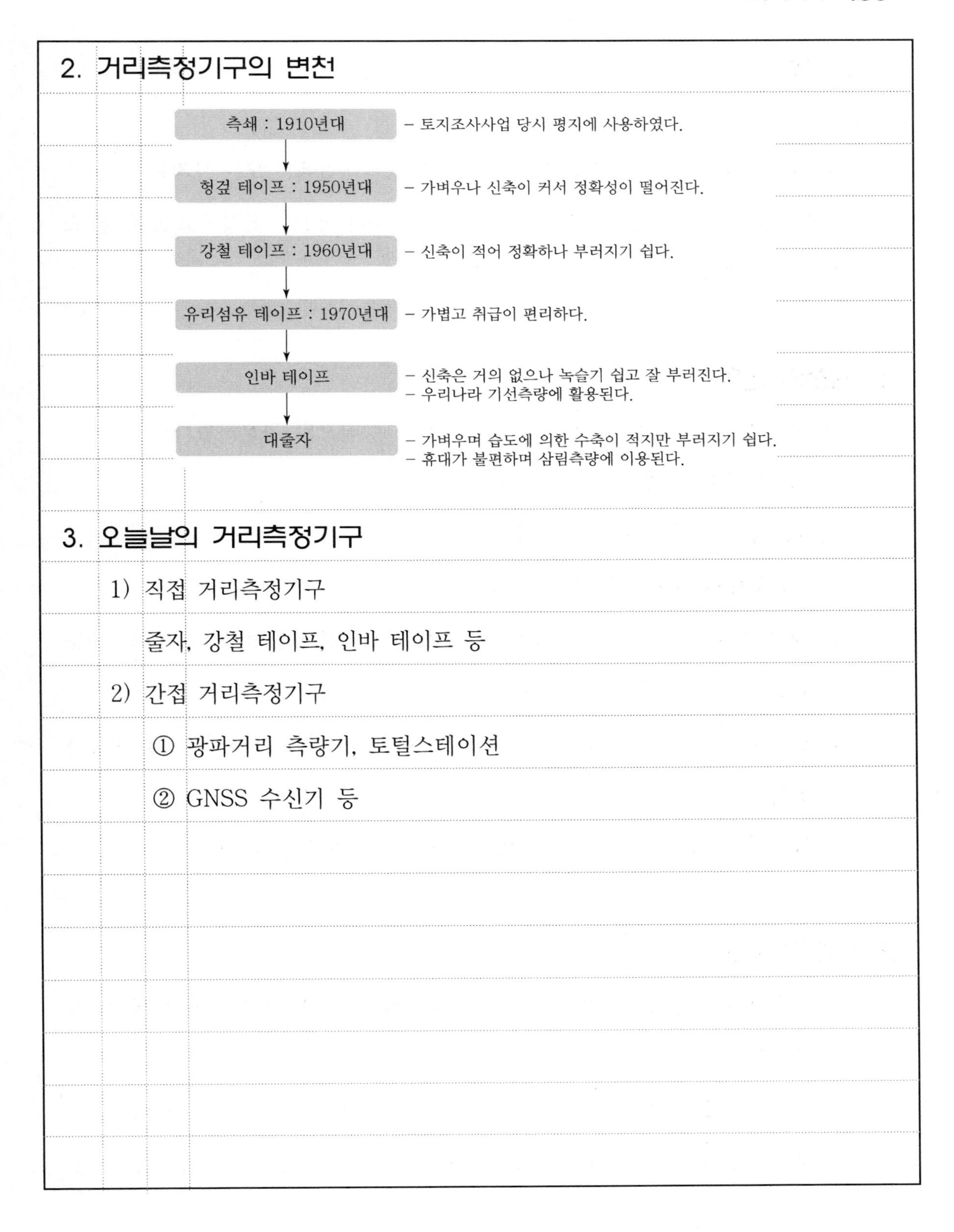

3. 오늘날의 거리측정기구

1) 직접 거리측정기구

줄자, 강철 테이프, 인바 테이프 등

2) 간접 거리측정기구

① 광파거리 측량기, 토털스테이션

② GNSS 수신기 등

(7.7) 양전

답)

양전이란 현재의 지적측량과 동일한 것으로 경국대전에는 모든 토지는 6등급으로 나누어 20년마다 한 번씩 토지를 다시 측량하여 양안을 작성하고 호조, 본도, 본읍에 보관한다고 기록되어 있다.

1. 양전의 연혁

1) 고려 말~조선 초 : 전품을 상 · 중 · 하의 3등급으로 구분하였다.
   ① 상등전 : 농부수(手) 20지(指)
   ② 중등전 : 농부수(手) 25지(指)
   ③ 하등전 : 농부수(手) 30지(指)
2) 세종 25년(1443) : 전제를 정비하기 위해 전제상정소를 설치하고 전품을 6등급으로 구분 타량하는 수등이척제를 실시하였다.
3) 인조 12년 : 임진왜란으로 문란해진 양전제를 바로잡기 위해 갑술척을 이용하였다.
4) 1717년 : 양전청 설치(측량 중앙관청으로 최초의 독립관청)

2. 양전의 특징

1) 전국의 토지결수와 양안에 누락된 토지를 파악하여 탈세 방지 및 전세징수에 목적을 두었다.
2) 조세수취의 단위인 결 · 부 · 속 · 파의 구체적인 수를 파악하는 일이다.
3) 국가의 강력한 통치권을 마련하고 공정하게 세를 부과하기 위한 해결책이었다.

4) 조선시대 토지제도 하에서 그 토지를 운영하기 위한 첫 작업이었다.

3. 양전기관

1) 조선시대 양전을 맡은 책임부서는 호조이다.

2) 조선시대 양전기관으로는 임시기구인 전제상정소와 상설기구인 양전청이 있었다.

3) 양전의 실무자는 양전사였다.

4) 양전사를 파견하지 않을 때에는 수령으로 하여금 종사하게 하였다.

4. 구한말 지적행정부서(양전)

1) 1895년 내부 판적국 설치

2) 1898년 양지아문 설치 : 양전사업 시행

3) 1901년 지계아문 설치 : 양전사업과 지계 발급

4) 1904년 양지국(탁지부) : 양전사업 수행

5) 1905년 양지과(탁지부) : 대구·평양 등 출장소에서 측량

(7.8) 구소삼각측량

답)

구 한국정부에서 세부측량이 시급하여 대삼각측량을 착수하기 전에 경인 및 대구・경북지역에서 독립적인 소삼각측량을 실시한 것을 구소삼각측량이라 한다.

1. 구소삼각측량의 시행

1) 실시기관 : 구한말 지적관청인 탁지부

2) 시행지역(11개 원점) : 27개 지역

① 경인지역 : 수원, 인천, 강화 등 19개 지역에 망산, 계양, 가리, 조본, 등경, 고초의 6개 원점을 설치

② 대구・경북지역 : 대구, 현풍 등 8개 지역에 율곡, 현창, 구암, 금산, 소라의 5개 원점을 설치

2. 구소삼각측량 방법

1) 작업순서 : 선점 → 조표 → 기선측량 → 관측 → 계산

2) 기선의 길이는 900간(間), 부득이한 경우 450간(間) 이상

3) 거리관측의 단위는 간(間), 각 기선 간 위치거리는 12,000간(間)

4) 수평각 관측은 4대회 방향관측법을 사용하였고, 북극성의 최대이각을 관측하고 진자오선과 방위각을 결정하였다.

5) 삼각점의 높이 산출을 위해 수직각을 관측하였다.

6) 지구를 평면으로 간주하여 구과량은 계산하지 않았다.

7) $800km^2$을 1구역으로 설정하여 원점은 중앙에 설치하였고, 원점의 수치는 X=0, Y=0이다.

3. 구소삼각측량의 문제점

1) 통일원점 지역과 일원화되지 않아 기준점 성과 차이가 발생하고 도곽선 연결이 곤란하다.
2) 종횡선 수치에 (+), (−)부호가 존재하였다.
3) 1975년 지적법 개정으로 m 단위로 수정하였으나, 간(間)지역이 남아 있어 거리단위 간 오차발생 및 혼란이 가중되었다.
4) 원점 계열마다 상이한 정확도를 보이고 있다.
5) 연속지적도의 좌표체계와 상이(고도화 및 품질개선 사업에서 접합문제 발생)하다.

4. 해결방안

1) 통일원점을 기준으로 하여 새로이 측량을 시행해야 한다.
2) 측지계 전환 사업에 따라 세계측지계 기준으로 새로이 기준점측량을 시행한다.
3) 간(間)으로 존치된 지역을 m로 환산 등록하여야 한다.
4) 구소삼각좌표계를 통일원점좌표계로 통합방안을 강구해야 한다.

(7.9) 구소삼각점

답)

구소삼각측량은 구 한국정부에서 세부측량이 시급하여 대삼각측량을 하지 않고 경인, 대구·경북지역에 독립된 소삼각측량을 실시한 것을 말하며, 이때 설치한 총 11점의 삼각점을 구소삼각점이라 한다.

1. 구소삼각측량의 시행

1) 실시기관 : 구한말 지적행정부서인 탁지부

2) 시행지역 : 경인, 대구·경북지역의 27개 지역

① 경인지역 : 수원, 인천, 강화 등 19개 지역에 망산, 계양, 조본, 가리, 등경, 고초의 6개 원점 설치

② 대구·경북지역 : 대구, 현풍 등 8개 지역에 율곡, 현창, 구암, 금산, 소라의 5개 원점 설치

2. 구소삼각원점의 특징

1) 총 27개 지역에 11개 원점을 설치하였다.

2) 원점은 면적 약 800km^{2}을 1구역으로 중앙에 설치하였다.

3) 원점에서 북극성의 최대이각을 측정하여 진자오선과 방위선을 결정하였다.

4) 원점의 수치는 X=0, Y=0으로 하여 (+), (−)부호가 존재하며, 단위는 간(間)을 사용하였다.

3. 구소삼각측량 방법

1) 작업순서 : 선점 → 조표 → 기선측량 → 관측 → 계산

2) 기선의 길이는 900간(間) 내외, 부득이한 경우 450간(間) 이상

3) 각 기선 간 위치길이는 12,000간(間)

4) 수평각 관측은 4대회 방향관측법을 사용하였다.

5) 삼각점의 높이 산출을 위해 수직각을 관측하였다.

6) 지구를 평면으로 보아 구과량은 계산하지 않았다.

(7.10) 기선측량

답)

삼각측량은 최소한 한 변의 길이를 알아야 계산이 가능하며, 한 변의 길이를 구하기 위한 측량이 기선측량으로서 삼각측량의 필수조건 측량이다. 우리나라는 토지조사사업 당시, 23개의 기준 삼각망과 약 200km마다 실측한 13개의 검기선이 있었다.

1. 토지조사사업 당시 설치한 기선

1) 1910년 8월 대전기선을 시작으로 1913년 9월 고건원기선까지 13개의 기선을 설치하고 계산하였다.
2) 기선의 길이는 2~5km 정도였다.
3) 대삼각본점의 한 변의 길이(30km)까지 확대하였다.
4) 확대한 삼각망은 꼭지각 33°32′에 가까운 이등변삼각형으로 하였다.
5) 기선의 위치는 평탄하고 지반이 견고한 곳에 설치하였다.

2. 기선측량 방법

1) 기선로의 직선측량
   ① 기선로는 넓이 3m, 경사 1/25을 넘지 않도록 확보하였다.
   ② 초목, 암석은 제거하고 하천이나 구거 등은 매몰하거나 교량을 선택하였다.
   ③ 25m마다 말목을 설치하고 약 400m마다 기선 중간점을 두어 나무말목으로 표시하였다.

2) 기선의 전장측량

① 기선의 전장 측량반은 1개 반을 13명으로 편성하였다.

② 한 개의 기선척을 오전과 오후로 구분하여 2회 측량하였다.

③ 전단과 후단의 측정자를 바꾸어 개인오차를 제거하였다.

④ 2회의 산술평균을 측정치로 사용하였다.

3) 기선척의 비교검증

① 토지조사국에서 기선측량을 실시하였다.

② 육지측량부에서 10회 비교검증을 실시하였다.

3. 기선측량의 특징

1) 우리나라의 삼각망은 23개의 기준삼각망과 약 200km마다 실측한 13개의 검기선이 있었다.

2) 기선척은 인바 기선척(불변 금속)을 사용하였다.

3) 평양기선이 가장 긴 장기선이고 안동기선이 가장 짧은 단기선이다.

4) 기선측량의 허용오차는 기선 전장에 대해 1/500,000 이내로 규정하였다.

5) 가장 정밀한 기선은 고건원기선이고 가장 부정확한 기선은 강계기선이다.

(7.11) 특별소삼각측량

답)

1912년 임시토지조사국에서 시가지세를 급히 징수하여 재정수요를 충당할 목적으로 대삼각측량 미완료 지역과 울릉도 지역을 포함한 19개 지역에 독립된 소삼각측량을 실시한 것을 특별소삼각측량이라 한다.

1. 특별소삼각측량 실시 배경

1) 1912년 임시토지조사국에서 시가지세를 시급하게 징수하여 재정수요를 충당할 목적으로 실시하였다.

2) 대삼각측량이 미완료된 평양, 나주, 신의주 등 18개 지역과 울릉도에 소삼각측량 실시하였다.

2. 특별소삼각 지역 및 측량방법

1) 계획수립 → 선점 → 조표 → 기선측량 → 관측 → 계산

2) 기선길이는 400km 내외로 하였다.

3) 태양 또는 북극성 고도를 관측하여 방위를 결정하였다.

4) 수평각 관측은 4대회 방향관측법

5) 수직각 관측은 2회 측정하고 허용공차는 40초이다.

6) 길이는 m 단위를 사용하되, 구과량을 고려하였다.

3. 특별소삼각 원점

1) 측량지역에 1점씩 설치하여 총 19개 원점을 설치하였다.

2) 측량지역의 서남단에 위치하는 삼각점이다.

3) 좌표는 종선(X)=10,000m, 횡선(Y)=30,000m

4) 원점의 위치는 현재 성과표에 나타나지 않는다.

5) 토지조사사업 완료 후에 통일원점에 연결하였다.

4. 구소삼각측량과 특별소삼각측량의 비교

구분	구소삼각측량	특별소삼각측량
시기	구한말(1898년)	토지조사사업(1912년)
목적	토지조사 및 양전사업	시가지세의 급속한 징수
시행자	대한제국	임시토지조사국
원점	11개	19개
측량 지역	27개	19개
원점 위치	중앙부	서남단
원점 수치	0.0	종선 : 1만 m, 횡선 : 3만 m
(+), (-)부호	존재	없음
방위각 관측	북극성 관측	태양, 북극성 관측
관측법	방향관측	방향관측
거리측량	4회	4회
각측량	4대회	4대회
구과량	고려하지 않음	계산
폐색차	±20	±20

(7.12) 특별도근측량

답)

토지조사사업 당시, 우리나라 서북지방에 있는 산간지역 및 도서지방은 삼각점을 설치하지 않았으며, 설치한 지역도 삼각점 간 시준을 할 수 없었기 때문에 삼각점 기준이 아닌 단독으로 도근측량을 시행하여 토지조사사업을 진행하였는데 이때 실시한 기준점 측량을 특별도근측량이라 한다.

1. 토지조사사업 당시 도근측량의 분류

1) 보통도근측량 : 삼각점 간을 연결하는 기준점을 설치하기 위한 측량

2) 특별도근측량 : 산간지역 및 도서지방 단독으로 도근측량 시행

2. 특별도근측량 시행지역

1) 함경남북도, 평안북도, 강원도, 평안남도, 황해도

2) 산간지역 : 조사 지역으로부터 약 300간 떨어지고 1/1,200 지역은 약 20만 평, 1/2,400 지역은 약 50만 평을 넘지 않을 때 시행

3) 도서지방

① 도내에 검사점이 없을 때 시행

② 삼각점 간 시준을 할 수 없을 때 시행

3. 측량지역과 원점

1) 삼각점이 있는 경우 : 삼각점을 원점으로 정하여 측량을 실시하였다.

2) 삼각점이 없는 경우 : 적당한 위치에 도근 원점을 선정하여 회귀도선을 설치한

후, 원점과 도근점 상호 간을 연결하도록 설정하였다.

4. 특별도근측량의 관측

1) 측량 실시 지역 부근의 삼각점 및 도근점에서 자침편차를 측정하여 가상자오선을 정하고 그것을 기초로 도근측량을 시행하였다.

2) 원점의 소재, 자침편차, 기타사항은 도근측량부에 기재하였다.

(7.13) 측량소도

답)

측량소도란 세부측량을 수행하고자 하는 때에 미리 기존의 도면에 의하여 의하여 의하여 등록사항을 기재하는 작업으로서 1995년 4월 26일 개정된 지적법 시행규칙 제31조에서 "측량준비도"로 용어가 변경되었으며, 현재는 지적소관청에서 제공하는 전산자료인 측량준비파일(cif)에 모든 사항이 등재되어 있다.

1. 측량소도의 법적 근거 연혁

1) 토지측량규정 제22조(1925년) : "이동측량은 지적도에 의하여 조제한 소도를 사용하여 이를 행하고 이동측량원도를 조제할 것"이라고 명시되어 있다.
2) 임야측량규정 제3조(1935년) : "소도의 작성은 임야도 또는 지적도의 기지점에 의하며, 임야도 또는 지적도의 기지점에 의하기 곤란한 지역에 있어서는 삼각점, 도근점, 기타 측량기점이 될 기지점에 의할 것"이라고 명시되어 있다.
3) 지적측량규정 제25조(1954년) : "소도에는 연필로 등록사항을 기재하고 이동지의 경계선과 방위선 또는 도곽선은 착묵하여야 한다."
4) 지적법시행규칙 제33조(1976년) : "평판측량으로 세부측량을 실시할 때에는 미리 측량소도를 작성하여야 한다."
5) 지적법시행규칙 제31조(1995년) : "평판측량으로 세부측량을 하고자 하는 때에는 미리 기존의 도면에 의하여 등록사항을 기재한 준비도를 작성하여야 한다."

2. 측량소도 작성 시 기재사항

1) 측량대상 토지 및 인근 토지의 경계선, 지번, 지목
2) 임야도를 비치하는 지역에서는 인근 지적도의 축척으로 측량을 하고자 하는 때에는 축척비율에 따라 확대한 경계선
3) 행정구역선과 그 명칭
4) 지적측량기준점 및 번호와 기준점 간의 거리, 기준점의 좌표, 그 밖의 기점이 될 수 있는 기지점
5) 도곽선과 그 수치, 도곽선의 신축량이 0.5mm 이상인 때에는 그 신축량 및 보정계수

3. 지적 세부측량의 작업 절차

1) 도면의 등사 : 도해지역에서 종이 지적도나 임야도에 트레이싱 페이퍼를 도면 위에 올려놓고 연필로 해당 지역을 그려서 복사하는 작업이다.
2) 측량준비도작성 : 평판측량으로 세부측량 수행 전 미리 기존의 도면에 의하여 등록사항을 기재한 준비도를 작성하는 작업이다.
3) 지적측량 자료조사 : 토지표시 변동사항, 지적측량연혁 및 측량성과 결정에 사용한 지적측량기준점과 측량대상 토지 주위의 기지점 유무 등을 사전에 조사하는 작업이다.
4) 현지측량 : 자료조사 결과를 기반으로 현지에서 지적측량기준점 및 기지경계선 등을 활용하여 지적측량을 수행하는 작업이다.
5) 지적측량결과도 및 성과도 작성 : 현지 측량한 성과를 바탕으로 지적법령 및 규정에 근거하여 결과도 및 성과도를 작성하는 작업이다.

6) 지적측량 성과검사 : 지적측량수행자가 의뢰한 측량결과에 대하여 각종 인·허가 사항의 적법성, 지적측량 성과 결정의 적정성 등을 지적소관청에서 검사하는 작업 절차이다.

Ⅱ. 지적학/법/제도/측량

Professional Engineer Cadastral Surveying

1. 지적일반

(1.1) 지적의 기본이념

답)

지적 법률은 국가의 모든 영토에 대한 물리적 현황과 법적 권리관계 등을 등록·공시하기 위한 기본법, 토지공법, 절차법 등의 성격을 갖고 있다. 이러한 지적제도의 5대 이념으로는 지적국정주의, 형식주의, 공개주의, 실질적 심사주의, 직권등록주의가 있다.

1. 지적제도의 특성

1) 공공성 : 사회적 기능으로 국가가 기록·공시·관리하는 국가의 사무이다.
2) 공개성 : 공개주의 개념으로 국민의 알 권리를 충족시키는 것이다.
3) 안전성 : 법률적 측면으로 모두가 안전하고 권리가 등록되면 불가침 영역이다.
4) 간편성 : 등록은 단순한 형태를 사용한다.
5) 획일성·통일성 : 동일한 국가 내에서 규정된 법률에 따라 표준화하여 통일성·획일성을 유지한다.
6) 전문성·기술성 : 특수한 기술과 지식을 검증받은 자만이 종사할 수 있다.
7) 등록의 완전성 : 모든 토지의 등록은 완전해야 한다.

2. 지적의 5대 기본이념

1) 지적국정주의
   ① 지적공부에 등록하는 토지 표시사항인 토지의 소재, 면적, 지번 등은 국가만이 결정할 수 있는 권한을 가진다.
   ② 지적제도 창설부터 국정주의 채택 → 사회적 기능

③ 지적에 관한 등록사항의 차이가 발생하지 않도록 통일적 · 체계적으로 등록하기 위해서이다.

④ 미국, 캐나다, 호주를 제외한 대부분의 국가가 채택하고 있다.

⑤ 적극적 등록주의와 직권 등록주의를 채택한 목적이다.

2) 지적형식주의(등록주의)

① 지적공부에 등록 · 공시해야만 공식적 효력이 인정된다는 이념이다.

② 스위스, 호주, 네덜란드에서 채택하고 있다.

③ 지적공부는 각종 토지행정 업무의 기초자료이다.

3) 지적공개주의 → 사회적 기능(완전한 공시기능 확립)

① 지적공부의 등록사항을 국민에게 신속 · 정확하게 공개해야 한다.

② 공시의 원칙을 기본으로 각종 정보제공의 기능을 한다.

③ 지적의 공시는 지적공부를 열람 또는 등본을 발급하는 방법과 경계복원측량을 하는 방법이 있다.

4) 실질적 심사주의

① 지적 소관청이 적법성과 실지 부합 여부를 심사하여 등록한다.

② 사실적 심사주의라고도 한다.

③ 측량 성과검사, 현지조사 등의 확인이 있다.

5) 직권등록주의

① 국가의 모든 영토를 지적소관청이 지적공부에 등록 · 공시해야 한다.

② 적극적 등록주의, 등록강제주의라고도 한다.

③ 지적법 창설 당시부터 채택되었다.

(1.2) 지적의 사회적, 법률적, 행정적 기능(일반적 기능)

답)

1. 개요

지적이란 국가의 통치권이 미치는 모든 영토를 필지단위로 구획하여 토지에 대한 물리적 현황과 법적 권리관계 등을 공적장부에 등록·공시하고 그 변경사항을 영속적으로 유지·관리하는 국가의 사무로서 토지의 종합 정보체계라 할 수 있다. 이러한 지적의 기능은 사회적, 법률적, 행정적 기능으로 분류할 수 있다.

2. 지적제도의 특성

1) 공공성 : 사회적 기능으로 국가가 기록·공시·관리하는 국가의 사무이다.
2) 공개성 : 공개주의 개념으로 국민의 알 권리를 충족시킨다.
3) 안전성 : 법률적 측면으로 모두가 안전하고 권리가 등록되면 불가침 영역이다.
4) 간편성 : 등록은 단순한 형태를 사용한다.
5) 획일성·통일성 : 동일한 국가 내에서 규정된 법률에 따라 표준화하여 통일성·획일성 유지
6) 전문성·기술성 : 특수한 기술과 지식을 검증받은 자만이 종사할 수 있다.
7) 등록의 완전성 : 모든 토지의 등록은 완전해야 한다.

3. 지적의 기능(역할) : 과세·거래·평가·등기·주소·이용계획

1) 사회적 기능
① 전 국토의 모든 토지를 측량하여 지적공부에 국가가 등록해야 한다.
② 공부상 필지별로 정확하게 등록함으로써 분쟁의 소지를 없앤다.

③ 토지 소송에 있어서 국가나 개인에 대한 시간과 경비가 절감된다.

④ 사회적인 토지문제를 해결하는 데 중요한 역할을 한다.

2) 법률적 기능

① 사법적 기능(토지사법)

ㄱ. 개인 간의 토지거래에 있어서 용이성·경비의 절감이나 거래의 안전성을 도모한다.

ㄴ. 거래의 안전과 신속을 요하는 중요한 기능을 공시하는 제도이다.

ㄷ. 토지에 관한 권리를 기록하기 위해서는 토지표시를 전제로 한다.

② 공법적 기능(토지공법)

ㄱ. 지적법을 근거로 지적공부에 등록, 법적 효력을 갖게 되고 공적인 자료로 활용된다.

ㄴ. 적극적 등록주의로 모든 토지를 지적공부에 강제 등록한다.

ㄷ. 공권력에 의해 결정함으로써 토지표시의 공신력과 국민의 재산권 보호 및 정확한 정보로서 기능한다.

ㄹ. 토지등록사항의 신뢰성은 거래 당사자를 보호하고 등록사항을 공개함으로써 공적 기능의 역할을 수행한다.

ㅁ. 지적도는 대축척으로서 국토의 효율적인 관리 측면에서 공법적인 기능이다.

3) 행정적 기능

① 지적제도의 역사는 과세를 목적으로 시작되어 행정의 기본이 되었다.

② 공정한 토지과세의 기준이 되는 자료이자 토지평가의 기초이다.

③ 지적은 공공기관 및 지방자치 단체의 행정자료로서 공공계획의 수립을

위한 기술적 자료로 활용된다.

④ 토지정책자료로서 다양한 정보를 제공할 수 있도록 토지정보시스템을 구성하고 있다.

⑤ 우리나라는 필지를 중심으로 다량의 정보를 실시간 제공할 수 있는 KRAS(부동산종합공부시스템)를 구축하고 있다.

(1.3) 지적국정주의

답)

지적법은 국가의 모든 영토에 대한 물리적 현황과 법적 권리관계 등을 공시하기 위한 지적국정주의를 채택한다. 이는 지적공부에 등록하는 토지의 표시사항은 국가만이 결정할 수 있는 권한을 가진다는 이념이다.

1. 지적의 5대 기본이념

1) 지적국정주의 : 지적공부의 등록은 국가만이 결정할 수 있다.
2) 지적형식주의 : 토지에 대한 사항은 지적공부에 등록해야만이 공식적인 효력이 인정된다.
3) 지적공개주의 : 지적공부에 등록된 사항은 공개하여 외부에 알린다.
4) 실질적 심사주의 : 지적공부에 등록한 사항은 실지현황과 부합해야 한다는 이념이다.
5) 직권등록주의 : 토지의 등록은 신청에 의하나 신청이 없을 시 국가가 강제로 등록한다.

2. 지적국정주의

1) 지적공부의 등록은 국가만이 결정할 수 있다.
2) 지적공부의 등록주체는 국가로 규정하여 모든 토지를 조사·측량하여 강제 등록한다.
3) 토지 표시방법의 통일성, 획일성, 일관성을 유지하기 위해서이다.

4) 지적제도 창설 당시부터 지적국정주의를 채택하고 있다.

5) 국가가 능동적으로 모든 토지를 조사하여 의무적으로 등록하는 제도이다.

(1.4) 직권등록주의(등록강제주의, 적극적 등록주의)

답)

지적법은 국가의 모든 토지에 대한 물리적 현황과 법적 권리관계 등을 등록·공시하기 위한 5대 기본이념을 가지고 있으며, 직권등록주의는 국가가 직권으로 토지를 조사·등록할 수 있다는 이념이다.

1. 지적의 5대 기본이념

1) 지적국정주의 : 지적공부의 등록은 국가만이 결정할 수 있는 권한을 가진다.
2) 지적공개주의 : 지적공부의 등록사항을 모든 국민에게 신속·정확하게 공개해야 한다는 이론이다.
3) 지적형식주의 : 지적공부에 등록·공시해야만 공식적인 효력이 인정된다는 이념이다.
4) 실질적 심사주의 : 지적공부의 등록은 지적소관청이 적법성과 실지 부합 여부를 심사하여 등록한다.
5) 직권등록주의 : 국가의 모든 영토를 지적소관청이 강제적으로 지적공부에 등록·공시해야 한다.

2. 직권등록주의의 특징

1) 지적법 창설 당시부터 채택된 원칙이다.
2) 적극적 등록주의, 등록강제주의라고도 한다.
3) 국가가 직권으로 조사·측량하여 토지를 등록할 수 있다는 이념이다.

3. 직권등록주의 실천사례

1) 구 지적법 제37조로 1950년대 초 도로, 구거 등 미등록 토지를 등록하였다.

2) 1980년대 초에는 미등록 도서와 비정위치 도서를 일제히 조사하였다.

(1.5) 원시취득

답)

어떠한 권리를 타인으로부터 승계하지 않고 독자적으로 취득하는 일을 원시취득이라 하며 토지조사령(1912년)에 의하여 토지의 사정을 받은 자는 그 토지를 원시적으로 취득한다.

1. 사정과 소유권의 원시취득

1) 토지조사령에 의해 사정받은 자는 재심 절차에 의해 사정 내용이 변경되지 않는 한 그 토지를 원시취득한다.
2) 소유자의 권리는 “사정” 및 “재결”에 의하여 확정되는 것으로 새로운 소유관계를 창설한다.
3) 사정은 창설적, 확정적 효력을 갖는 행정처분이다.
4) 사정의 근거 : 토지조사부, 지적도

2. 원시취득의 사례

1) 건물 신축 : 건물에 대하여 새롭게 소유권을 취득한다.
2) 무주물 선점 : 주인이 없는 물건을 점유하여 새롭게 소유권을 취득한다.
3) 매장물, 유실물 습득, 시효취득, 선의취득 등

3. 원시취득의 특징

1) 원시취득에 의하여 취득된 권리는 전혀 새로운 권리이므로 비록 그 전주(前主)의 권리에 어떠한 하자가 있었더라도 원시취득자에게 승계되지 않는다.

2) 취득한 물권의 객체가 타인의 지상권이나 저당권 등의 목적물로 되어 있었을 경우에도 원시취득함과 동시에 이들 부담은 모두 소멸된다.

4. 승계취득

1) 다른 사람의 권리를 취득하는 것으로 양도와 상속 등이 있다.

2) 권리가 새롭게 발생되는 것이 아니라 이전에 타인이 가지고 있는 기존의 권리에 의거하여 권리를 취득한다.

(1.6) 층별도

답)

층별도란 지상위치가 아닌 건물의 일부분을 소유하는 문제에 대한 법률문제와 권리보증을 위한 도면으로 층별도 권원등록을 한 건물 일부에 대한 보조도면이 층별권원(Strata Title)이다.

1. 건물 측량도의 종류

1) 건물 소재도 : 건물의 위치를 명확히 정하기 위해 폴리에스테르 필름에 축척 1/1,000로 제작한다.

2) 건물 도면 : 등기 신청에 첨부되는 도면(1/500)이다.

3) 각 층의 평면도 : 건물 각 층의 형상, 면적 등을 명확히 정하기 위해 제출하는 도면(1/1,200)이다.

4) 층별도 : 건물 일부에 대한 권리보증을 위해 제작한다.

2. 층별도

1) 층별도 작성사례

① 건물의 수직적 이용 증가로 건물 일부분에 대한 법률문제와 권리보증을 위해 작성한다.

② 말레이시아의 경우는 국토법에 상세한 규정을 두고 있다.

③ 다목적 지적제도를 채택하고 있는 스위스, 독일, 스웨덴 등에서는 건축물 또는 중요한 지상 구조물을 지적공부에 등록・관리한다.

2) 층별도의 특징

① 층별권원, 즉 다층 구조물의 공간소유 등기법에 등록한 건물에 대한 보조도면이다.

② 평면 위치와 층별 구조가 개략적으로 표시된다.

③ 벽은 단면도와 그 벽의 권리소속이 표현되는 권리의 수평분할로 체계적 관리를 위한 것이다.

④ 건축 측량도의 일종이다.

3) 층별도의 효과

① 건물 일부분에 대한 소유권 문제를 해결한다.

② 지적도와 건물을 연계하여 다목적 지적제도를 구현한다.

③ 평면도와 중첩하여 시각적 효과를 극대화할 수 있다.

3. 우리나라의 층별도

1) 건축물 관리대장으로 관리한다.

2) 지적도와 정확히 매칭이 되지 않으며 필요시 지적현황측량을 해야 한다.

3) 상·하의 구분(입체 공간)과 구분소유권의 명확한 근거를 마련해야 한다.

(1.7) 토지의 이동

답)

토지의 이동은 토지의 표시를 ① 새로이 정하거나 ② 변경 또는 ③ 말소하는 것으로 이를 시장・군수・구청장이 지적공부에 등록하는 행위를 행정 처분성이라 한다.

1. 토지 이동의 주체

1) 신청의 주체 : 토지 소유자

신규등록, 분할, 합병 등 토지이동이 있을 때에는 토지소유자는 관련서류를 첨부하여 토지 이동정리를 신청한다.

2) 등록의 주체 : 지적소관청

지적소관청은 토지의 표시가 잘못되었음을 발견한 때에는 직권으로 정정을 할 수 있다.

2. 토지이동의 분류

1) 토지의 일반 이동 : 토지 소유자의 신청에 의한다.

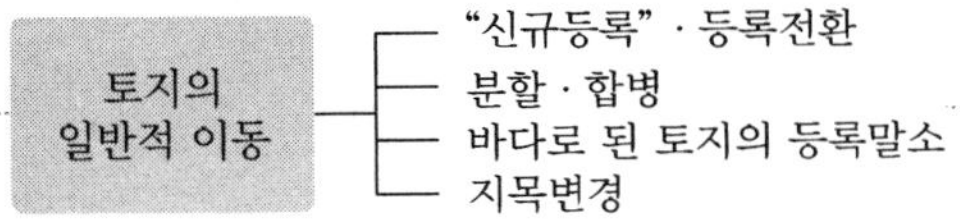

토지의 일반적 이동
- "신규등록" · 등록전환
- 분할 · 합병
- 바다로 된 토지의 등록말소
- 지목변경

2) 토지의 특수한 이동 : 토지 소유자의 신청에 의하지 않고 소관청이 직권으로 조사・측량하거나 사업시행자의 신청에 의하여 실시

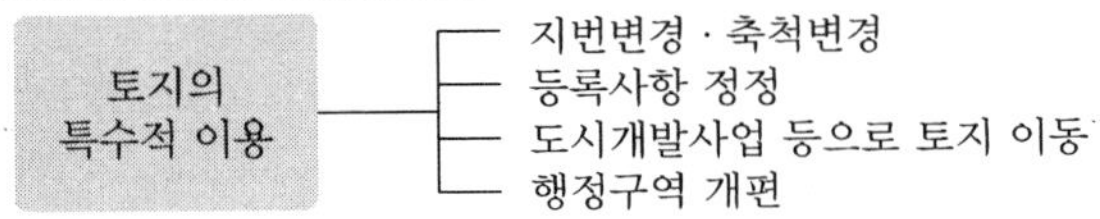

토지의 특수적 이용
- 지번변경 · 축척변경
- 등록사항 정정
- 도시개발사업 등으로 토지 이동
- 행정구역 개편

3) 토지 이동의 예외 : 토지소유권 변동, 주소변경, 개별공시지가 변동 등

3. 토지이동의 절차

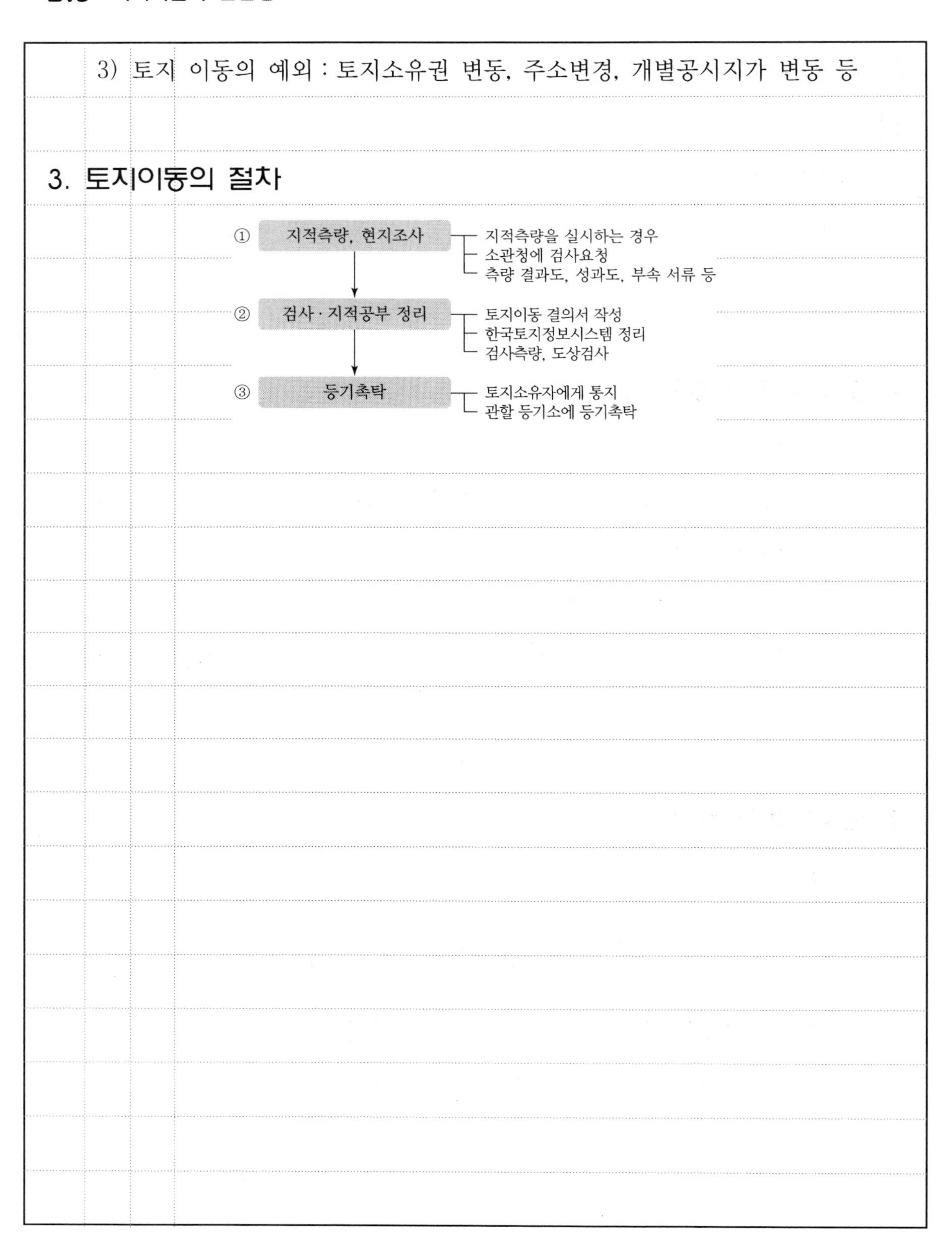

(1.8) 개별공시지가

답)

개별공시지가는 국토교통부장관이 매년 공시하는 “표준지 공시지가”와 “토지가격 비준표”를 기준으로 시장 · 군수 · 구청장이 결정 · 공시하는 개별 토지의 단위면적당(m^2) 가격을 말한다.

1. 조사대상 및 일정

1) 매년 1월 1일 조사대상 토지 : 5월말 결정 · 공시
   ① 국세 또는 지방세 부과대상 토지
   ② 개발 부담금 등 각종 부담금의 부과대상 토지
   ③ 관계 법령에 의해 개별공시지가를 적용하도록 규정되어 있는 토지
2) 매년 7월 1일 조사대상 토지 : 10월말 결정 · 공시
   ① 매년 1월 1일부터 6월 30일까지 토지이동(신규등록, 분할, 합병, 지목변경)이 이루어진 토지
   ② 국 · 공유지가 매각 등으로 사유지가 된 토지로서 개별공시지가가 없는 토지

2. 지가 산정 및 절차

1) 지가 산정 · 검증 : 토지 특성조사, 비교표준지 선정, 지가 산정 · 검증
2) 주민열람, 의견 청취 : 시 · 군 · 구(심의) 평가(토지)위원회
3) 지가 결정 및 공시 : 시장 · 군수 · 구청장 고시
4) 이의 신청(60일 이내) : 토지소유자 및 법률상 이해관계인

5) 지가검증 · 처리 : 30일 이내 재조사

6) 부동산 평가위원회 심의

3. 지적(측량)에서 개별공시지가의 활용

1) 지적측량수수료의 산출기준

① 경계복원, 지적현황, 분할측량 등의 수수료 산정기준

② 면적계수, 필지체감계수 등을 적용한다.

③ 부동산종합공부시스템(KRAS)과 지적업무지원시스템(COS)과 연계하여 자동 계산된다.

2) 국 · 공유지 "점유측량"을 통한 국공유지 사용료 · 대부료의 기초자료이다.

3) "토지 관련 과세" 및 "부담금 부과" 기준이다.

4) 토지 "공개념"제도 운용의 기초자료로 활용한다.

(1.9) 대지권등록부

답)

대지권등록부는 지적법 제10차 개정(2차 전문개정) 때 지적공부로 편입된 토지대장 또는 임야대장에 등록된 토지가 집합건물의 구분소유 단위로 부동산등기법에 의하여 대지권 등기가 된 때에는 이러한 토지를 일반적인 공유토지와 구별하기 위하여 별도로 작성하는 장부이다.

1. 지적공부의 종류

1) 가시적인 지적공부
   ① 대장 : 토지대장, 임야대장, 공유지연명부, 대지권등록부
   ② 도면 : 지적도, 임야도
   ③ 대장 및 도면 : 경계점좌표등록부
2) 불가시적인 지적공부 : 전산처리 조직에 의해 작성한 지적 전산자료

2. 대지권등록부 작성방법

1) 토지대장, 임야대장 작성방법에 준한다.
2) 토지대장, 임야대장의 소유권 변동란에 “○○년 ○○월 ○○일 대지권 설정” 또는 “○○년 ○○월 ○○일 일부 대지권 설정”이라고 등록한다.
3) 집합 건물의 대지권 비율을 구분소유 단위별로 소유자에 대한 등기사항을 등록한다.

3. 대지권등록부 등록사항

1) 토지의 고유번호
2) 토지소재, 지번 및 대지권 비율
3) 소유자의 성명, 명칭, 주소 및 주민등록번호
4) 전유부분 건물표시
5) 토지소유자 변경일자와 원인
6) 소유권 지분
7) 건물 명칭 및 대지권등록부 장번호

4. 구분소유권

1) 1동의 건물을 구분하여 각각 그 일부를 소유하는 경우 그들 소유자 간의 관계를 규정
2) 구분 소유는 전유부분과 공유부분으로 나누어진다.
3) 전유부분은 구분소유권의 목적물인 건물부분이다.
4) 공유부분은 전유부분 이외의 건물부분 또는 전유부분에 속하지 않는 건물의 부속물이다.
5) 집합건물의 소유 및 관리에 관한 법률(2010. 03. 31)에 의거 제정되었다.

※ 대지 사용권(대지권)

1) 구분 소유자가 전유부분을 소유하기 위하여 건물의 대지에 대해 가지는 권리
2) 주로 소유권이지만 지상권이나 임차권도 포함하고 있다.
3) 규약이 없는 한 전유부분과 분리하여 처분할 수 없다.

(1.10) ADR(대안적 분쟁해결)

답)

대안적 분쟁해결이란 재판에 의한 강제적인 분쟁해결방식의 대안으로, 공정하고 중립적인 제3자의 중재 하에 이해당사자가 분쟁해결 과정에 직접 참여하여 상호 수용 가능한 합의를 유도해 나가는 자율적인 방식을 말한다.

1. ADR의 유형

1) 협상(화해) : 제3자의 개입 없이 당사자 간 합의에 의해 해결하는 것

2) 알선 : 제3자의 도움으로 당사자 간 합의에 의해 분쟁을 해결하는 것

3) 중재 : 당사자 간 분쟁이 해결되지 않을 때, 중립적인 제3자의 결정에 따르기로 당사자들이 합의하고 제3자가 중재안을 내놓는 것

4) 조정

① 중립적인 제3자가 개입하여 양 당사자를 적극적으로 설득하고 양보하게 하는 방식

② 중재와 달리 제3자가 결정할 권한이 없다.(구속력)

③ 소송 전이나 소송 중에도 할 수 있다.

2. ADR의 기능 및 장단점

1) ADR의 기능

① 당사자들이 재판(법정)에 서야 하는 부담을 줄여 사회적 비용과 시간이 절약된다.

② 분쟁 지연의 해소, 사전적 분쟁 예방, 객관성, 투명성이 제고된다.

③ 이해당사자 간의 참여를 증진시킬 수 있다.

④ 당사자 간의 협상된 기준에 의하므로 조정결과에 높은 순응성을 가질 수 있다.

2) 장점

① 해결 절차가 비교적 간단하다.(처리시간이 단축된다.)

② 다양한 방식으로 활용할 수 있다. → 경계결정위원회

③ 사법적 분쟁 해결에 비해 비용의 부담이 적다.

3) 단점

① 결과 이행에 대한 강제력이 없다.

② 법적 권리와 책임이 불명확하다.

③ 확실한 분쟁해결이 어렵다.

④ 책임 회피를 위한 도구로 변질될 수 있다.

3. ADR을 통한 분쟁 해결방안

1) 소관청에 의한 중재와 조정

2) 지적(중앙, 지방)위원회에 의한 중재와 조정

3) 경계분쟁 해결을 위한 경계상담센터 설치

4) 지적재조사사업에서의 경계결정위원회

(1.11) 구분소유권

답)

구분소유권은 1동의 건물 중 구조상 구분하여 독립된 건물로 인정되는 경우에 각 부분에 대하여 독립한 소유권을 인정하는 것을 말한다. 3차원 지적과 관련하여 지적공부에 등록하는 요소 중 하나이다.

1. 구분소유권의 관련 근거

1) 집합건물의 소유 및 권리에 관한 법률(2010) : 법률관계를 명확히 하기 위해 제정된 민법의 특별법
2) "집합건물의 건축물 대장"에 전유부분의 면적만 기재
3) "건물등기부"에는 주택의 공급면적이 표시되는 것이 아니라 전유부분의 면적만 기재

2. 구분소유권

1) 구분소유권의 구분
   ① 전유부분 : 구분소유권의 목적인 건물부분으로 단독 소유권이 인정된다.
   ② 전유부분 이외의 건물에 대한 공유부분
   ③ 부속물 등의 공용부분
2) 구분소유권의 특징
   ① 건물 한 동의 일부를 소유한다는 점에서 1물1권주의에 대한 예외 규정이다.
   ② 구분 소유의 객체가 되기 위해서는 구조상, 이용상의 독립성을 가져야 한다.

③ 전유부분은 각기 독립된 주거, 점포, 사무실 등을 말한다.

④ 공유부분은 공동의 벽, 우물, 계단 등을 말한다.

⑤ 구분(토지)소유자는 규약이 없는 한 전유부분과 구분하여 대지사용권을 처분할 수 없다.

3. 대지권(대지사용권) → 지적공부

1) 구분 소유자가 전유부분을 소유하기 위하여 건물의 대지에 가지는 권리이다.

2) 주로 소유권이지만 임차권, 지상권, 전세권 등도 포함한다.

3) 대지권의 표시에 변경이 있는 경우, 1개월 이내에 변경등기를 해야 한다.

(1.12) 구분지상권

답)

구분지상권은 건물 및 기타 공작물을 소유하기 위하여 다른 사람이 소유한 토지의 지상이나 지하의 공간에 상·하의 범위를 정하여 설정된 지상권의 일종이다.

1. 구분지상권의 설정

1) 일반 지상권과 본질적인 차이가 없으므로 일반 지상권에 관한 규정이 준용된다.
2) 구분지상권의 설정을 위해서는 물리적 합의와 등기를 요한다.
3) 반드시 범위를 정해서 등기를 해야 효력이 발생한다.
   - 설정 범위 : 지표의 상·하 0m부터 상·하 0m 사이의 공간형식으로 설정한다.
4) 일부 층에만 설정하는 것도 가능하다.

2. 구분지상권의 특징

1) 도시의 과밀화와 토지에 대한 입체적 이용의 필요성이 증대됨에 따라 1984년 신설
2) 지상권의 행사를 위하여 토지의 사용을 제한할 수 있으며, 설정된 범위 내에서만 사용할 권리
3) 구분지상권의 설정범위 이외에는 토지소유권, 기타 용익물권이 미친다.
4) 건물 및 기타 공작물을 소유하기 위해서만 설정될 수 있으므로 수목의 소유를 위해 설정할 수는 없다.
5) 여기서 공작물은 건물, 담, 다리, 제방, 터널 등을 포함한다.

6) 토지 사용자의 사용권을 제한하는 특약을 정하여 등기하면 토지소유자나 제3자에게 대항할 수 있다.

3. 입체지적의 구분지상권

1) 입체지적에서 구분지상권은 등록 대상 및 등록 범위를 명확히 해야 한다.
2) 입체지적에서는 구분소유권, 구분지상권 등의 설정은 입체적인 도면에 등록이 가능해야 한다.
3) 현재 구분지상권 등록부에 등록하는 평면도면은 체적을 고려한 입체도면으로 개선하고 제도적으로 의무화해야 할 것이다.

(1.13) 구상권

답)

구상권이란 타인을 위하여 변제를 한 자가 그 타인에 대하여 가지는 반환 청구권을 말하며, 공법상의 구상권 제도는 국가 또는 공공단체 등이 공무원의 행위에 의하여 발생한 손해에 대하여 배상의무를 지고, 차후에 채무를 변제하도록 하는 것이다.

1. 구상권의 개념과 대상

1) 구상권의 개념

① 연대 채무인 경우, 타인의 의무 및 부담에 대하여 책임을 지는 '상호 보증 관계'의 성질을 가진다.

② 타인을 위하여 손실을 받은 사람이 그 타인에 대하여 가지는 '손해배상 청구권'과 같은 의미로 사용된다.

2) 구상권의 대상

① 타인의 행위에 의하여 배상의무를 부담한 자가 타인에게

② 타인의 행위에 손해를 입은 자가 그 타인에게

③ 변제에 의해 타인에게 부당이익이 생긴 경우 그 변제자가 타인에게

2. 지적측량과 등기의 구상권

1) 지적측량의 구상권

① 지적측량 수행자의 고의, 과실로 인하여 지적측량 의뢰인 또는 이해관계인에게 재산상의 손실이 발생한 경우 지적측량수행자 및 국가는 손

해배상 책임이 있다.

② 지적측량의 고의, 과실로 인한 손해는 1차적으로 지적측량수행자 및 국가가 책임을 진다.

③ 1차적 손해를 배상한 지적측량수행자 및 국가는 2차적으로 지적측량사에게 배상을 청구할 수 있는데, 이를 지적측량의 구상권이라 한다.

2) 등기의 구상권

등기 공무원이 고의 · 과실 등으로 개인에게 손해를 준 경우 국가가 배상에 책임을 지며, 국가가 등기공무원에 대하여 구상권을 가진다.

3. 지적측량의 책임

1) 형사책임 : 고의에 대한 책임을 원칙으로 한다.

2) 민사책임 : 측량 행위에 고의, 과실이 있었고 그 행위로 인하여 손해가 있는 경우 민사상의 손해배상 책임

3) 법적책임 : 업무에 대해 직무 관련 법령 규정의 위반에 따른 책임

(1.14) 피해 구상권

답)

지적측량의 피해 구상권은 부실한 측량행위로 인하여 손해가 발생되어 국가 또는 지적측량 수행자가 손해를 배상한 경우 측량사에게 배상을 청구할 수 있는 권리다.

1. 법적 성질

1) 손해배상의 책임(청구권) : 지적측량수행자(공간정보의 구축 및 관리 등에 관한 법률)

2) 민사상의 부당이득 반환 청구권 : 측량자에게 구상(국가배상법 원리)

2. 행사요건

1) 1차적으로 손해 배상금의 지급

2) 측량자의 고의 또는 중과실

① 명백한 법령 위반행위

② 고의 또는 과실에 의한 타인의 피해

3. 행사범위

1) 책임 비율 : 피용자(측량자)의 주의의무 해태와 지적측량 수행자의 감독의무 해태를 비교하여 비율 분담

2) 합리적 범위 설정 : 측량자의 부담능력, 징계 여부, 사유, 기여도, 공적 사실증명 등을 종합하여 설정

4. 소멸시효

1) 손해배상금을 지급하였을 때부터 가산한다.

2) 기간 : 10년

(1.15) FIG(International Federation of Surveyors, 국제측량사연맹)

답)

국제측량사연맹은 각국 측량 단체 간의 정보교환과 상호협력을 증진하고 새로운 측량기술에 관한 교육훈련을 위해 설립된 기구로 1878년 프랑스 파리에서 결성된 비정부단체의 국제기구를 말한다.

1. FIG의 설립목적

1) FIG(국제측량사연맹)와 각국 측량사단체 간 정보교환
2) 각국 측량사 간 지위향상에 관한 정보
3) 측량사에 유용한 연구 성과의 보급 및 장려금 지급
4) 새로운 측량기술에 관한 교육훈련
5) 각국 측량사 간의 교류 증진

2. FIG의 기구 구성

1) FIG 상시 사무소 : 모든 FIG 행정업무를 수행하며 덴마크 코펜하겐에 위치
2) 국제지적 및 토지등록 사무소 : 모든 나라의 지적과 토지등록제도에 관련된 문서 및 자료의 수집 분류
3) FIG 다국어 사전편찬위원회 : 용어를 불어와 영어로 간단하게 정의하고 사전 편찬 및 발간
4) 국제측량역사기구 : 측량사의 업적, 측량방법 및 기술의 발전, 측량장비의 평가 등에 관한 연구

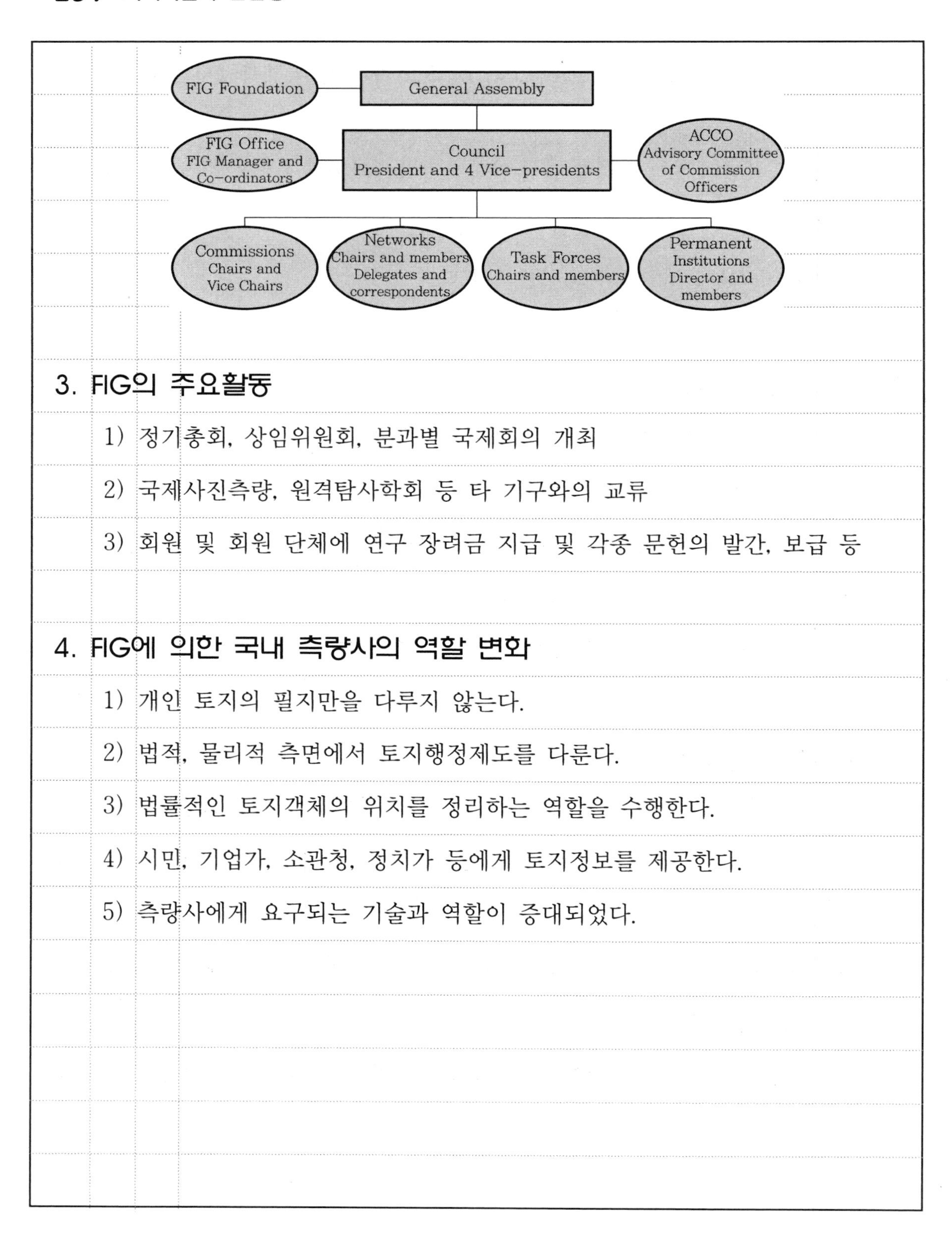

3. FIG의 주요활동

1) 정기총회, 상임위원회, 분과별 국제회의 개최

2) 국제사진측량, 원격탐사학회 등 타 기구와의 교류

3) 회원 및 회원 단체에 연구 장려금 지급 및 각종 문헌의 발간, 보급 등

4. FIG에 의한 국내 측량사의 역할 변화

1) 개인 토지의 필지만을 다루지 않는다.

2) 법적, 물리적 측면에서 토지행정제도를 다룬다.

3) 법률적인 토지객체의 위치를 정리하는 역할을 수행한다.

4) 시민, 기업가, 소관청, 정치가 등에게 토지정보를 제공한다.

5) 측량사에게 요구되는 기술과 역할이 증대되었다.

(1.16) 대위신청

답)

토지이동에 따른 신청의 주체는 토지소유자이고 등록의 주체는 지적소관청이나 「공간정보의 구축 및 관리 등에 관한 법률」 제 87조에 의거 토지소유자를 대신하여 지적공부 정리를 신청하는 행위를 대위신청이라 한다.

1. 토지이동의 주체

1) 신청의 주체(토지소유자)

토지이동의 사유가 발생한 때에는 토지소유자는 관련 서류를 첨부하여 토지이동 정리를 신청한다.

2) 등록의 주체(지적소관청)

지적소관청은 토지표시사항에 잘못이 발견된 때에는 직권으로 이를 정정할 수 있다.

2. 대위신청권자의 범위

1) 사업시행자 : 공공사업 등으로 인하여 학교용지, 도로, 철도용지, 수도용지 등의 지목으로 된 토지의 경우

2) 국가 또는 지방자치단체의 장 : 국가 또는 지방자치단체가 취득한 토지의 경우

3) 집합건물의 소유 및 관리에 관한 법률에 의한 관리인 : 공공주택 부지의 경우 관리인이 없는 경우는 공유자가 선임한 대표자 또는 사업시행자

4) 민법 제404조에 의한 채권자

3. 대위신청의 장단점

1) 장점

① 일괄적인 공부정리 신청으로 사업의 조기 수행이 가능하다.

② 채권자가 채무자에게 권리를 행사할 수 있도록 도움을 준다.

2) 단점

① 토지소유자가 원하지 않는 토지 분할이 이루어질 수 있다.

② 토지 세분화로 지적공부 관리에 어려움이 발생할 수 있다.

(1.17) 등기촉탁

답)

등기촉탁이라 함은 토지의 분할, 합병, 지목 변경, 등록사항 정정 등 토지의 이동 및 변경이 있을 경우 지적공부 정리를 완료하고 지적소관청이 소유자를 대신하여 관할등기소에 등기신청을 하는 것을 말한다. 이 경우 등기촉탁은 국가가 국가를 위하여 하는 등기로 본다.

1. 등기촉탁 대상의 변동 연혁

구분	대상
지적법 2차 개정(1975.12.31.)	지번 변경, 축척 변경, 행정구역 변경, 직권에 의한 등록
지적법 3차 개정(1986.05.08.)	지목변경, 등록사항 정정이 추가됨
지적법 3차 개정(1995.01.05.)	분할, 합병이 추가됨
현재	신규등록을 제외한 모든 토지의 이동

2. 등기촉탁의 방법

1) 등기부상 토지표시 사항에 등기 내역을 확인한다.
2) 토지(임야) 대장과 등기부 등본의 토지표시사항과 일치 여부를 확인한다.
3) 불일치할 경우, 구토지대장, 토지(임야)대장을 활용, 첨부하여 과거 내용에 대한 등기촉탁을 우선 실시한다.
4) 토지표시 변경 등기가 누락되지 않은 경우에는 현재의 토지이동 및 변경사항 발생 시에만 등기촉탁을 실시한다.

3. 등기촉탁의 절차(플로차트 작성)

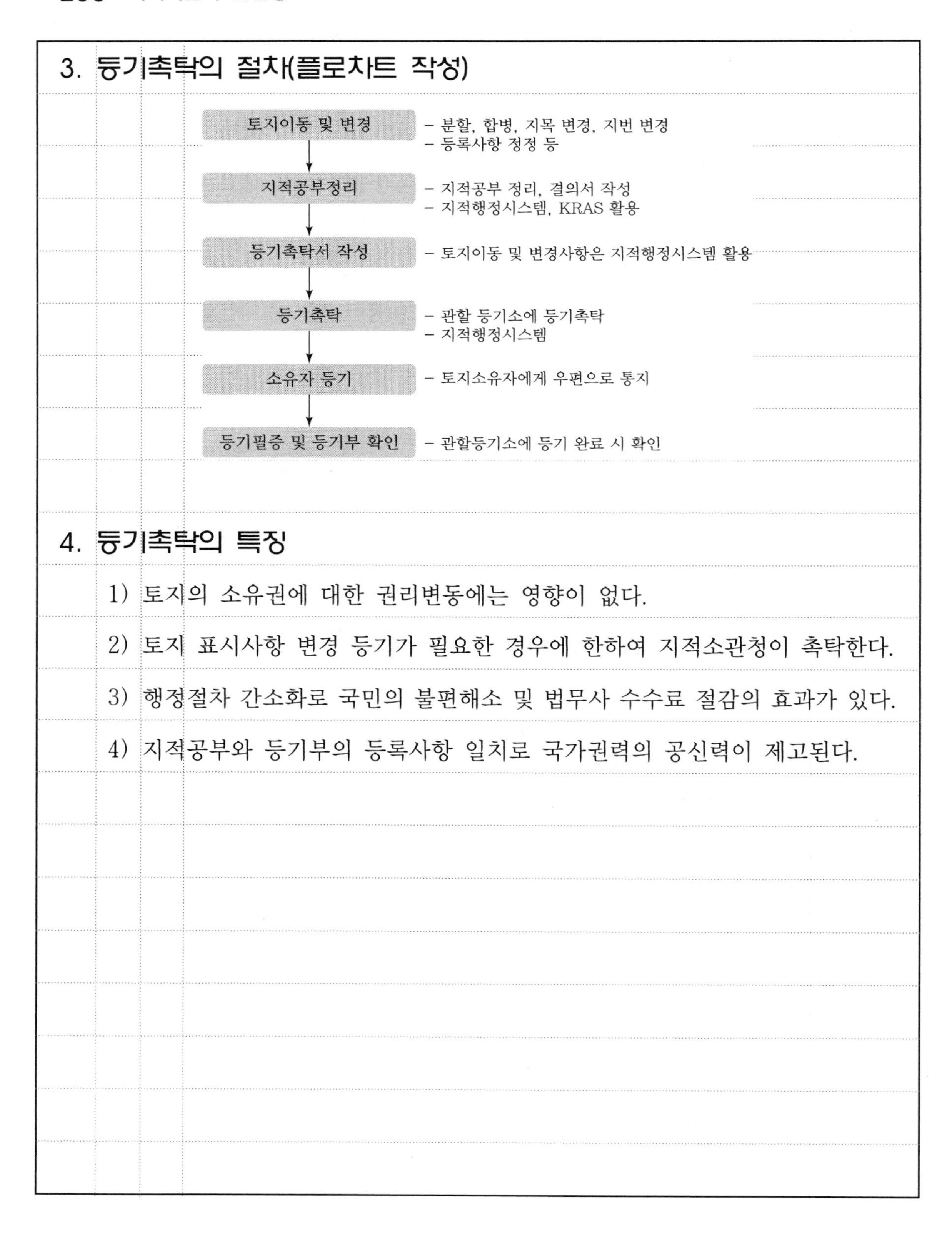

4. 등기촉탁의 특징

1) 토지의 소유권에 대한 권리변동에는 영향이 없다.

2) 토지 표시사항 변경 등기가 필요한 경우에 한하여 지적소관청이 촉탁한다.

3) 행정절차 간소화로 국민의 불편해소 및 법무사 수수료 절감의 효과가 있다.

4) 지적공부와 등기부의 등록사항 일치로 국가권력의 공신력이 제고된다.

(1.18) 포락지

답)

포락지는 지적공부에 등록된 하천 연안의 토지가 홍수 및 기타 원인으로 물에 침식이 되어 수면 밑에 잠긴 토지를 말한다.

1. 포락지와 이생지

1) 포락지 : 공유수면관리법에 따르면 '포락지'는 지적공부에 등록된 토지가 물에 침식되어 수면 밑으로 잠긴 토지를 의미한다.

2) 이생지 : 하천 연안에서 홍수 등의 자연현상으로 기존의 하천 부지에 새로 형성된 토지를 말한다.

2. 포락지와 이생지의 특징

1) "대전회통"의 조문에 의하면 강변의 과세지가 강락되어 하천부지가 된 토지는 면세하고 새로 생긴 토지는 과세한다고 되어 있다.

2) 공유수면관리법에서는 포락지를 토지로 조성하고자 할 경우에는 공유수면관리청과 협의 또는 승인을 받아야 한다고 명시하고 있다.

3) 포락지는 면세하고 이생지는 과세한다.

3. 현행 법률에 따른 포락지와 이생지의 관계

1) 토지의 침몰, 해수의 침식 등으로 지적공부에 등록된 토지가 바다가 되어 원상회복을 할 수 없을 때에는 지적공부의 등록을 말소한다.

2) 토지가 하천이 된 경우에는 지적공부의 등록을 말소하지 않고 지목변경으로

처리되지만 등기는 토지를 말소하기 때문에 토지등록 공시의 국가장부가 서로 상이하게 적용되는 모순이 발생한다.

3) 일필지 중 일부가 멸실된 경우 지적공부는 분할 후 바다로 된 토지만 말소 처리한다.

(1.19) 지상경계점등록부

답)

지상경계점등록부란 토지의 이동에 따라 지상경계를 새로 결정한 경우 지상경계점의 위치 등을 작성 관리하는 대장을 말한다. 지상경계에 대한 결정기준과 등록방안을 마련하여 국민의 재산권 보호 및 국토의 효율적 이용에 기여할 수 있다.

1. 법적 근거

「공간정보의 구축 및 관리 등에 관한 법률」 제65조에 의거 지적소관청은 토지의 이동에 따라 지상경계를 새로 정한 경우에는 지상경계점등록부를 작성 · 관리해야 한다.

2. 지상경계점등록부의 등록사항

1) 토지의 소재 및 지번
2) 경계점 좌표(경계점좌표등록부 시행지역에 한정)
3) 경계점 위치 설명도 및 부호도
4) 경계점 위치 설명도 및 경계점 사진 : 부호에 해당하는 경계점 위치 설명도 작성 및 도북방향으로 사진 촬영

3. 지상경계점등록부의 활용 및 발전방향

1) 후속 측량의 기초자료로 활용
2) 시계열 자료 확보로 4차원 지적의 기초자료 및 민원업무에 활용
3) 지적측량시스템과 연계하여 실시간 갱신체계 마련
4) 지적측량수수료 산정 시 지상경계점등록부 작성 품셈 마련

(1.20) 부동산 공시제도

답)

부동산 공시제도는 일정한 절차를 통해 적법성을 추정받고 실지와 부합 여부가 확인되어 등록된 사항을 공적 장부를 통해 공개하는 것을 말하며 우리나라 부동산 공시제도에는 지적공부와 등기부라는 공적 장부를 이용하는 지적제도와 등기제도가 있다.

1. 부동산 공시제도의 분류

1) 지적제도 : 등기제도의 모체로서 국가의 모든 토지를 지적측량으로 필지별 구획하여 지적공부에 등록하고 각종 토지정보를 제공하는 제도

2) 등기제도 : 지적공부의 내용을 기초로 등기부라는 공적 장부에 토지에 대한 법적 권리 관계를 공시하는 제도

2. 부동산 공시제도별 현황

1) 지적제도

① 지적은 행정부인 국토교통부에서 관장하고 있다.

② 지적에 수반되는 지적측량은 국가에서 대행기관(특수법인)과 지적측량 업자가 수행한다.

③ 행정조직 : 국토교통부, 시·도의 지적과, 시·군·구의 지적소관청

④ 지적공부 관리 : 지적소관청(시·군·구)

⑤ 업무담당구역은 법정단위 위주로 관리하고 있다.

2) 등기제도

① 등기는 사법부인 법무부에서 관장한다.

② 행정조직 : 법무부, 관할 지방법원 등기과, 등기소

③ 등기업무 및 등기부의 관리 : 관할 지방법원, 등기소

④ 등기소의 설립, 폐지 및 관할 구역은 대법원 규칙으로 정한다.

3. 지적제도와 등기제도의 비교

구 분	지적제도	등기제도
기능	사실관계 공시	권리관계 공시
기본이념	국정주의, 형식주의, 공개주의, 실질적 심사주의, 직권등록주의	형식주의
등록방법	직권등록, 단독신청주의	당사자 신청 공동신청주의
심사방법	실질적	형식적
편성방법	물적 편성주의	연대적, 물적 편성
처리방법	신고, 직권	신청주의
신청방법	단독신청	공동신청주의
담당부서	국토부, 시・도, 시・군・구	법무부, 대법원, 지방법원
공부	토지대장 등 6개	토지, 건물 등기부
담당구역	행정구역 중심	재판 관할구역

(1.21) 시효취득

답)

시효취득은 타인의 물건을 일정기간 계속하여 점유하는 자에게 그 소유권을 취득하거나, 소유권 이외의 재산권을 일정기간 계속하여 사실상 행사하는 자에게 그 권리를 취득하게 하는 제도이다.

1. 시효제도의 설정 이유

1) 어떠한 사실의 상태가 장기간 계속되면 이를 기초로 사회법률 관계가 조성되지만 만약 장기간 경과 후 진실한 권리자가 이 사실의 상태를 전복한다면 사회질서가 혼란해진다.

2) 장기간 자신의 권리를 행사하지 않는 자는 이를 보호할 가치가 없다.

2. 시효취득의 요건

1) 지주 점유 : 소유의 의사로서 점유하고 있어야 하며, 무단 점유는 해당하지 않는다.

2) 평온 · 공연 : 부동산 취득시효는 평온 · 공연하게 점유해야 한다.

3) 선의, 무과실 : 등기부는 선의, 무과실이어야 한다.

4) 점유기간 : 부동산의 점유기간은 20년이어야 하며, 등기부는 소유자가 등재되어 10년간 점유하여야 한다.

3. 점유로 인한 부동산 소유권의 취득(민법 제245조)

1) 20년간 소유의 의사로 평온·공연하게 부동산을 점유한 자는 등기함으로써 그 소유권을 취득한다.

2) 부동산을 소유자로 등기한 자가 10년간 소유의 의사로 평온·공연하게 선의이며, 과실 없이 그 부동산을 점유한 때에는 소유권을 취득한다.

4. 점유로 인한 동산의 소유권 취득(민법 제246조)

1) 10년간 소유의 의사로 평온·공연하게 동산을 점유한 자는 등기함으로써 그 소유권을 취득한다.

2) 위 사항의 점유자가 선의이며, 과실 없이 개시된 경우에는 5년을 경과함으로써 그 소유권을 취득한다.

2. 토지등록제도

(2.1) 토지등록의 주체

답)

토지의 등록이란 국가기관인 소관청이 토지 등록사항의 공시를 위해 토지에 관한 공부를 비치하고 토지소유자나 이해관계인에게 필요한 정보를 제공하기 위한 행정행위이다. 우리나라는 지적국정주의, 직권등록주의, 실질적 심사주의 등을 채택하고 있어 국가만이 등록의 주체가 될 수 있으며, 토지소유자는 신청의 주체가 된다.

1. 토지등록의 객체

1) 지적에서 말하는 토지란 특정한 목적에 의해 인위적으로 구획된 토지의 단위 구역을 의미한다.

2) 법적으로는 등록의 객체가 되는 "일필지"를 의미한다.

2. 토지등록의 주체

1) 지적국정주의로 본 토지등록의 주체

① 지적공부의 등록사항인 토지소재, 지번, 지목, 면적, 경계 등은 국가만이 결정할 수 있는 권한을 가진다.

② 토지등록의 획일성, 일관성, 통일성 확보

③ 국가가 능동적으로 모든 토지를 조사하여 의무적으로 등록하는 제도이다.

: 구속력 · 공정력 · 확정력 · 강제력

2) 직권등록주의 관점

① 원칙적으로 토지의 등록은 신청에 의하나 신청이 없을 시 국가가 강제로 등록한다.

② 1950년대 미등록 국공유지 등록(도로, 구거, 하천, 제방 등)

③ 1980년대 미등록 도서(섬 지방) 등록

3. 토지등록의 효력

1) 구속력 : 법정요건을 갖추어 행정행위가 행해진 경우에는 상대방과 행정청을 구속한다.

2) 공정력 : 토지등록에 하자가 있는 경우라도 취소될 때까지 적법성을 추정받는다.

3) 확정력 : 토지등록이 된 후, 일정기간이 경과한 뒤에는 그 누구도 효력을 다툴 수 없다.

4) 강제력 : 행정행위의 실현을 위해 사법부에 의존하지 않고 행정청 자체의 권한으로 집행한다.

(2.2) 토지등록제도의 법률적 효력과 문제점

답)

토지의 등록은 국가기관인 소관청이 토지등록사항의 공시를 위하여 토지에 관한 공부를 비치하고 토지소유자나 이해관계인에게 필요한 정보를 제공하기 위한 행정행위이다. 우리나라에서 실정법상 토지의 등록이라 하면 "지적관리"만을 의미하고 사법부에서의 토지공시인 토지등기를 포함하지 않는다.

1. 토지등록의 효과(특징)

1) 개인적 측면

① 토지소유권의 안정성이 증대된다.

② 토지에 대한 개인의 투자가 용이하다.

③ 토지거래의 용이성과 경제성이 확보된다.

④ 토지분쟁 해결을 위한 경비와 시간이 절약(신속성)된다.

2) 사회적 측면

① 토지평가와 과세자료로서의 기능

② 토지 분배정책 수행과 토지 이용 효율화

③ 토지의 공개념 실현(토지규제, 이용, 소유 등)

④ 공공계획에 이용(도시, 주택, 교통)

⑤ 통계와 사회적 기초자료 제공 → 국토센서스 이용(GEO-Census)

2. 토지등록제도의 법률적 효력

1) 구속력 : 법적 요건을 갖추어 행정행위가 행해진 경우에는 상대방과 행정청을 구속한다.

2) 공정력 : 토지등록에 하자가 있는 경우라도 취소될 때까지 적법성을 추정받는다.

3) 확정력 : 토지등록이 된 후, 일정기간이 경과한 뒤에는 그 누구도 효력을 다툴 수 없다.

4) 강제력 : 행정 행위의 실현을 위해 사법부에 의존하지 않고 행정청 자체의 권한으로 집행

3. 토지등록제도의 문제점

1) 국가 손실보장제도의 부재

① 지적공부의 내용에 따라 손해가 발생되는 경우 그 손실을 보상하는 법률적 장치가 없다.

② 등록사항에 하자가 발생한 경우 단순 오류정정 처리로 끝난다.

2) 공신의 원칙을 부정

① 국가가 공신의 원칙을 부정함으로써 토지에 대한 지적 공시의 효력을 부정하고 있다.

② 지적은 물론 등기의 효력까지도 문제가 되고 있다.

3) 물권 공시제도의 이원화

① 지적과 등기제도의 이원화로 지적공부와 등기부의 등록사항 불일치로 인하여 공신력이 저하되고 있다.

(2.3) 연속형 지적도(Serial Map)

답)

지적도의 작성방법은 크게 연속형 지적도와 고립형 지적도가 있으며, 연속형 지적도는 일괄등록제도에서 채택하고 있는 등록방식으로서 도곽별로 도면을 작성하여 인접 도면과의 접합이 가능하도록 작성된 지적도이다.

1. 연속형 지적도 작성방법

1) 일정 지역 내의 모든 필지를 일시에 체계적으로 조사·측량하여 작성한다.

2) 도곽별로 작성하여 인접 도면과의 접합이 가능하도록 작성한다.

3) 도면 구성을 한눈에 파악할 수 있는 일람도와 지번색인표를 작성 → 보조도면 필요

2. 연속형 지적도의 장단점

장점	단점
• 토지등록의 연속성(접합 가능)이 있다. • 통일된 좌표에 의한 측량이 가능하다. • 광범위한 도시개발의 기초자료로 활용한다. • 국토의 효율적 이용, 도면관리에 용이하다.	• 초기 구축비용이 고가이다. • 신속한 구축이 어렵다. • 보조도면(일람도, 지번색인표)이 필요하다. • 최신기술 도입 및 적용에 어려움이 있다.

3. 연속형 지적도의 토지등록방법

1) 일괄등록제도를 채택하고 있다.

2) 비교적 국토의 면적이 좁고 인구가 많은 나라에서 채택한다.

3) 일시에 모든 토지를 조사·측량하여 종합적, 체계적으로 지적공부에 등록한다.

4. Serial Map과 Island Map의 비교

구분	연속형 지적도	고립형 지적도
등록 대상	전국	인구 밀집지역
등록 방법	일괄등록제도	분산등록제도
국가	한국, 일본	미국, 호주
기본도(Base Map)	지적도	지형도
초기 비용	고가	저렴
정보 분석	가능	불가능
접합	가능(도곽별)	불가능
부속도면	일람도, 지번색인표	없음

(2.4) 고립형 지적도(Island Map)

답)

지적도의 작성방법에 따라 고립형 지적도와 연속형 지적도가 있으며, 고립형 지적도는 도로, 구거, 하천 등 지형, 지물에 따라 지적도를 작성하며, 인접 도면과의 접합이 불가능한 도면으로 분산등록제도에서 채택하는 등록방식이다.

1. 고립형 지적도의 작성방법

1) 토지의 거래 또는 소유자의 요청에 의해 필요시 작성, 국지적인 좌표에 의한 측량이 수반된다.

2) 도로, 구거 등 지형 · 지물에 따라 지적도를 작성한다.

3) 도곽을 구분하여 작성하지 않는다.

4) 토지의 용도에 따라 축척별로 작성한다.

2. 고립형 지적도의 장단점 또는 서술(특징)

장점	단점
• 구축비용이 저렴하다. • 신속하게 구축이 가능하다. • 인구가 집중된 지역(도시)에 유용하다. • 면적이 넓은 지역에 유리하다.	• 토지 등록의 연속성이 없으며, 접합이 어렵다. • 광범위한 도시개발의 기초자료로 사용이 어렵다. • 필지당 등록비용이 고가이다. • 도면 관리가 불편하다.

3. 고립형 지적도의 토지등록방법

1) 분산등록제도를 채택하고 있다.

2) 국토의 면적이 넓고 인구가 비교적 적은 지역에 유리하다.

3) 도시에 집중하여 거주하는 지역에서 채택한다.

4) 산악, 산업단지 등은 지적도를 사용하지 않고 도시지역에만 지적도를 작성한다.

5) 지형도를 Base Map으로 사용한다.

4. Island Map과 Serial Map 비교

구분	연속형 지적도	고립형 지적도
등록 대상	전국	인구 밀집지역
등록 방법	일괄등록제도	분산등록제도
국가	한국, 일본	미국, 호주
기본도(Base Map)	지적도	지형도
초기 비용	고가	저렴
정보 분석	가능	불가능
접합	가능(도곽별)	불가능
부속도면	일람도, 지번색인표	없음

(2.5) 일괄등록제도

답)

토지의 등록방법은 토지소유자의 신청에 의해 등록하는 분산등록주의와 일괄등록제도가 있으며 일괄등록제도는 모든 토지를 국가에서 일시적으로 조사·측량하여 지적공부에 등록하는 제도이다.

1. 등록방법(순서대로)

1) 일정한 지역 내에서 필지를 구획한다.

2) 국가가 일제조사와 지적측량을 실시한다.

3) 지적공부에 종합적으로 등록·공시하여 영구적으로 관리한다.

4) 통일된 좌표계에 의해 측량 및 등록한다.

5) 연속형 지적도를 작성한다.

2. 장단점

1) 장점

① 국토의 종합계획 수립의 기초자료로 지적도를 사용하며, 국토의 효율적 이용이 가능하다.

② 소유권의 안전한 관리와 토지거래의 안전성이 확보된다.

③ 토지 분쟁이 사전에 예방된다.

④ 토지정보체계 구축이 용이하다.

⑤ 3차원 지적, U-지적의 도입이 용이하다.

2) 단점

① 초기 비용이 많이 소요된다.

② 사업의 장기화로 지적의 불부합 가능성 존재 → 신속한 구축이 어렵다.

③ 최신 측량기술의 도입 및 적용이 어렵다.

④ 일람도 및 지번색인표 등 보조도면 작성이 필수적이다.

3. 지적재조사에 활용 가능한 등록제도

1) 지적국정주의, 직권 등록주의로 미루어볼 때 일괄등록제도 도입이 필요하다.

2) 비교적 인구가 많고 국토가 좁은 것으로 볼 때 일괄등록제도 도입이 필요하다.

3) 현재 구축된 지적도면의 활용성을 고려할 때 일괄등록제도 도입이 필요하다.

4) 입체지적의 도입과 국토 공간정보의 기초 인프라 구축을 위하여 일괄등록제도가 필요하지만 토지 관련 많은 민원 발생, 토지거래 중단 등의 문제점이 발생할 수 있다.

(2.6) 분산등록제도와 일괄등록제도

답)

토지를 등록하는 대표적인 방법은 분산등록제도와 일괄등록제도 2가지이며, 인구·토지면적·환경 등의 기준에 의해 각 국가별 실정에 맞는 토지등록제도를 채택하고 있다. 이에 분산등록제도와 일괄등록제도를 비교하고 현재 시행하고 있는 지적재조사사업에 적합한 등록제도와 적용방안에 대해 살펴보겠다.

1. 분산등록제도

1) 등록방법 → 지형, 지물

① 토지의 매매 또는 소유자의 신청에 의해서 공적장부에 등록·관리한다.

② 도곽을 구분하지 않고 토지의 용도에 따라 등록한다.

2) 특징

① 국토의 면적이 상대적으로 넓고 인구가 적은 지역에 사용한다.

② 고립형 지적도(Island Map)를 채택한다.

③ 산악, 산업단지 등은 지적도를 사용하지 않고 도시지역(밀집)만 지적도를 작성한다.

④ 일시에 많은 예산이 소요되지 않는다.

⑤ 지적공부 추가 등록에 대한 예측 및 통계 작성이 불가능하다.

2. 일괄등록제도

1) 등록방법

① 일정한 지역 내에서 필지를 구획한다.

② 국가가 일제 조사와 지적측량을 실시한다.

③ 통일된 좌표계에 의해 지적공부에 등록·공시하고 영구적으로 관리한다.

2) 특징

① 국토의 면적이 상대적으로 작고 인구가 많은 국가에서 채택한다.

② 연속형 지적도(Serial Map)를 채택하여, 보조도면이 필요하다.

③ 초기 등록에 많은 예산과 인력이 소요된다.

④ 소유권의 안전한 관리와 국토의 효율적 이용이 가능하다.

⑤ 사업의 장기화로 불부합 가능성이 커진다.

3. 분산등록제도와 일괄등록제도 비교

구분	분산등록제도	일괄등록제도
지적도	고립형/분산형	연속형
Base Map	지형도	지적도
초기 비용	저렴	고가
관리 비용	고가	저가
채택 국가	미국, 호주 등	한국, 일본, 대만
국토관리	부분적 관리	종합적, 체계적
부속도면	없음	일람도, 지번색인표

4. 지적재조사에 활용할 등록제도

1) 지적재조사에 활용 가능한 등록제도 분석

① 우리나라 지적의 기본이념인 지적국정주의와 직권등록주의로 미루어 볼 때, 일괄등록제도가 필요하다.

② 국토의 면적이 상대적으로 좁고 인구가 밀집한 것으로 볼 때 일괄등록제도가 필요하다.

③ 디지털 지적으로의 전환과 국가 공간정보의 기본도로 지적도를 활용하기 위해서 일괄등록제도가 필요하다.

2) 지적재조사사업에 등록제도 적용방안

① 단기적 방안

ㄱ. 신청에 의한 정리 방식을 채택하여 분산등록제도를 도입한다.

ㄴ. 도면의 연계성을 고려해서 도곽 단위의 구분이 필요하다.

ㄷ. 업무 추진의 효율성과 사업의 홍보효과를 고려하여 사업지구를 선정하고 등록한다.

② 장기적 방안

ㄱ. 연속형 지적도를 채택하여 국토를 체계적, 종합적으로 활용하는 일괄등록제도를 실현한다.

ㄴ. 축척의 구분이 없고 도곽 개념이 없는 경계점좌표등록부에 전국의 토지를 등록한다.

5. 결론

토지등록제도는 크게 분산등록제도와 일괄등록제도로 나눌 수 있으며, 우리나라는 토지의 면적이 좁고 인구가 밀집하여 일괄등록제도의 활용이 적합하다고 판단된다. 하지만 지적재조사사업을 추진함에 있어 일괄등록제도를 바로 도입하면 토지거래가 일정 기간 정지되고 토지행정의 비효율성이 발생될 수 있으므로 분산제도의 지속적인 추진과 홍보를 통해 국토의 종합적·체계적 관리가 용이하고 3차원, U-지적의 기반자료로 활용할 수 있는 일괄적인 토지제도를 완성해야 할 것으로 사료된다.

(2.7) 부동산 등기제도

답)

1. 부동산 등기의 개념

물권의 공시에 관한 제도로서 국가공무원인 등기공무원이 등기부라는 공적장부에 법적인 절차에 따라 부동산의 표시 또는 권리관계 등을 기재하는 것을 말한다.

2. 부동산 등기제도의 기능

1) 부동산 물권변동의 공시방법이다.

2) 법률행위에 의한 부동산 물권변동의 성립요건이다.

3) 법률규정에 의한 부동산 물권변동의 대항요건이다.

3. 지적제도와 등기제도의 비교

구분	지적제도	등기제도
기본 이념	국정주의, 형식주의 공개주의	형식주의 성립요건주의
등록방법 신청방법	직권등록주의, 단독신청주의	당사자 신청 공동신청주의
심사방법	실질적 심사주의	형식적 심사주의
처리방법	신고의 의무, 직권조사	신청주의
공신력	인정	불인정
편성 방법	물적 편성주의	인적 편성주의
기능	토지의 물리적 현황 등록 공시	법적 관리관계 등 등록 공시
등록사항	대장 : 토지의 소재, 지번, 면적, 소유자 도면 : 토지의 소재, 지번, 경계	표제부 : 토지의 소재, 지번, 지목, 소유권 소유권 이외의 권리사항

4. 등기의 대상

등기사항은 실체법과 절차법적 등기사항으로 구분되며 실체법적 등기사항은 등기에 필요한 사항으로 등기를 하지 않으면 사법상 효력이 발생하지 않는다. 실제법상 등기사항은 모두 절차법적 등기사항이지만 절차법적 등기사항은 실체법적 등록사항이 아닌 것도 포함한다.

1) 토지 : 지적법상의 1필지가 되는 토지

2) 건물 : 1개의 건물, 1동 건물을 구분소유권으로 구분(1등기 1용지)

3) 특별법상 등기의 대상

(2.8) 토렌스시스템

답)

토지의 등록이란 국가가 운영하는 공적장부에 토지를 필지별로 구획, 등록하여 소유자 및 이해관계인 등에게 필요한 정보를 제공하고 소유권을 공시하는 행정처분을 말하며 토렌스시스템은 적극적 등록제도의 발달된 형태로 최초의 등록을 중요시하고 철저한 권원심사를 실시하는 제도이다.

1. 토지등록제도의 유형

1) 날인증서 등록제도 : 문서의 공적등기를 보전하는 제도이다.
2) 권원등록제도 : 날인증서 등록제도의 결점을 보완한 것으로서 소정의 등기부를 만든 제도이다.
3) 소극적 등록제도 : 거래 문서를 등록, 보전하는 제도이다.
4) 적극적 등록제도 : 지적공부에 등록하지 않은 토지는 어떠한 권리도 인정되지 않으며 등록은 강제적이고 의무적이다.
5) 토렌스시스템 : 적극적 등록제도의 발달된 형태로 최초의 등록을 중요시하고 철저한 권리심사를 실시한다.

2. 토렌스시스템의 3가지 이론

1) 거울이론 : 소유권 증서와 관련된 현재의 모든 사실이 소유권의 원본에 확실히 반영된다는 이론
2) 커튼이론 : 현재의 소유권 증서는 안전한 것이며 이전의 증서를 추적할 필요가 없다는 이론

3) 보험이론 : 권원증명서에 의해 등록된 모든 내용은 정부에 의해 보장된다는 이론이다.

3. 토렌스시스템의 특징

1) 토지의 권원을 명확히 하고 있다.

2) 토지거래에 따른 변동사항 파악을 용이하게 한다.

3) 소유권의 안전성을 확보한다.

4) 권리증서 발행이 쉽다.

5) 적극적 등록제도의 발달된 형태이다.

6) 공신력이 인정되며 국가 배상제도를 채택하고 있다.

(2.9) 보험이론

답)

토지등록제도의 유형 중 토렌스시스템은 3가지 이론을 가지고 있으며, 이 중 보험이론은 선의의 제3자는 토지계약에 있어 토지소유자와 동일한 권리를 인정받으며 등록으로 인한 피해는 국가가 책임을 진다는 이론이다.

1. 토렌스시스템의 3가지 이론

1) 거울이론 : 소유권 증서와 관련된 현재의 모든 사실이 소유권의 원본에 확실히 반영된다는 이론

2) 커튼이론 : 현재의 소유권 증서는 완전한 것이며 이전의 증서는 추적할 필요가 없다는 이론

3) 보험이론 : 권원증명서에 의해 등록된 모든 내용은 국가에 의해 보장된다는 이론

2. 보험이론의 특징

1) 책임성과 관련이 있으며 토렌스시스템의 3가지 이론 중 하나이다.

2) 토지등록이 토지의 권리를 정확하게 반영하는 것이다.

3) 등록의 하자로 인해 생기는 피해는 국가에서 모든 책임을 진다는 것이다.

4) 선의의 제3자에 대한 권리보호에 중점을 둔 이론이다.

5) 금전적 보상을 위한 이론이다.

3. 거울이론의 특징

1) 등기부는 실제 법적 상태를 대표한다.
2) 소유권에 관한 현재의 법적 상태는 오직 등기부에 의해서만 이론의 여지없이 완벽하게 보여준다.
3) 권원증명서에 기재된 내용은 국가에 의해 적법성을 보장받는다.
4) 등기부에는 모든 법적 권리 상태를 완벽하고 투명하게 등록, 공시하여야 한다.

(2.10) 특정화의 원칙

답)

토지등록의 원칙에는 등록의 원칙, 신청의 원칙, 특정화의 원칙, 국정주의 및 직권등록주의, 공시의 원칙, 공신의 원칙이 있으며, 이 중 특정화의 원칙이란 토지등록제도에 있어 권리의 객체로서 모든 토지는 반드시 특정적이면서도 단순하고 명확한 방법에 의해 인식될 수 있도록 개별화함을 의미한다.

1. 특정화 원칙의 성격

1) 지번은 특정화를 위한 효과적 식별인자이다.

2) 토지를 특정화하여 표시하는 방법에는 지번 이외에 경계, 소유자에 의해서 가능하다.

3) 지적과 등기제도를 성공시키는 열쇠이다.

2. 특정화 원칙에 의한 지번 부여

1) 현행 지번 부여방법

① 지번 부여지역별로 필지마다 하나의 지번을 부여한다.

② 지번은 토지의 지리적 위치와 고정성 및 개별성을 확보한다.

③ 각각의 필지와의 구분을 위하여 중복되지 않은 고유번호를 부여한다.

2) 향후 입체지번에서의 지번 부여방법

① 3차원 입체지번 도입으로 특정화 원칙에 의한 지번부여체계를 개선해야 한다.

② 입체지번 부여 시 도로명 및 건물번호명과 연계하여 부여한다.

3. 특정화의 원칙 적용사례

1) 국내사례

① 토지등록 시 특정화 원칙에 의해 지적에서 지번을 부여한다.

② 개별 필지를 식별할 수 있도록 필지식별인자(PNU)를 사용하고 있다.

2) 국외사례

① 국가별 토지법에 특정화의 원칙을 규정하고 있다.

② 확실한 구분이 없는 경우 등록할 수 없도록 규정하고 있다.

(2.11) 날인증서 등록제도

답)

날인증서 등록제도라 함은 토지등록제도의 하나이며, 토지의 이익에 영향을 미치는 문서의 공적등기를 등록하고 보전하는 제도로서 토지에 대한 권원조사가 필요한 토지등록제도를 말한다.

1. 토지등록제도의 유형

1) 날인증서 등록제도 : 문서의 공적 등기를 보전하는 제도이다.
2) 권원등록제도 : 날인증서 등록제도의 결점을 보완한 것이며, 소정의 등기부를 만든 제도이다.
3) 소극적 등록제도 : 거래 문서를 등록하고 보전하는 제도이다.
4) 적극적 등록제도 : 지적공부에 등록하지 않은 토지는 어떠한 권리도 인정되지 않으며 등록은 강제적이고 의무적이다.
5) 토렌스시스템 : 적극적 등록제도의 발달된 형태로 최초의 등록을 중요시하며, 철저한 권리심사를 실시한다.

2. 날인증서 등록제도의 특징

1) 토지의 이익에 영향을 미치는 토지의 공적등기를 보전하는 제도이다.
2) 등록날짜의 전, 후에 따라 우선순위가 결정된다.
3) 전 세계적으로 사용된다.
4) 토지에 대한 권원조사가 필요하고 그 조사는 거래 문서를 조사하는 방법으로 이루어진다.

3. 날인증서 등록제도의 장단점

1) 장점

① 제도 운영을 위한 조직 구성이 간단하다.

② 등기 보전방법에 따라 다양한 효과를 갖는다.

2) 단점

① 공적등기 자체가 소유권을 입증하지 못한다.

② 토지거래를 위해서는 권원조사가 필요하며 비용이 많이 든다.

③ 법적 유효성을 입증하지 못한다.

Professional Engineer Cadastral Surveying

3. 지적측량

(3.1) 험조장

답)

우리나라는 국토 높이의 기준이 되는 원점을 설치하기 위해 1913년부터 1916년까지 청진, 원산, 진남포, 목포, 인천 5개소에 험조장을 설치하였고 평균해수면을 계산하여 표고의 기준으로 삼았다.

1. 험조장의 구조

구조는 조석 간만의 차, 유속 등에 따라 다르다.

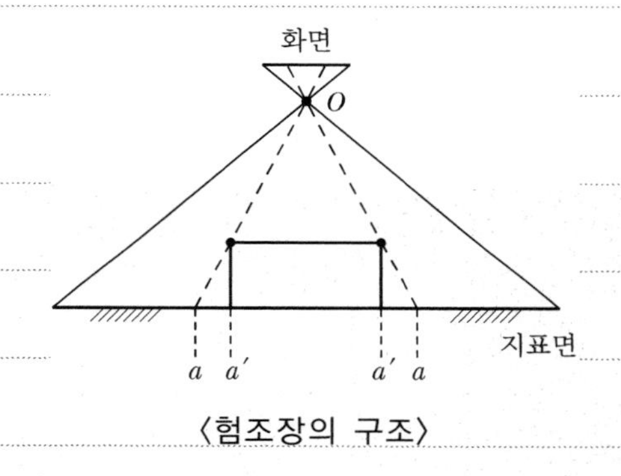

〈험조장의 구조〉

2. 험조장의 특징

1) 험조작업은 간단하므로 상근하는 직원이 필요 없어 근처의 관아직원이 감시하였다.
2) 매일 오후 1시에 측정하고 자동 기록지는 월 2회 수정하였다.
3) 종사원은 각 험조장에 1명씩 근무하였고 매일 평균해수면을 계산하고 1년분을 평균하여 이를 전국의 수준측량 기준으로 삼았다.
4) 기선측량은 수평위치를 관측하고 수준측량은 험조장을 통해 수직위치를 구하는 것이다.

5) 험조장의 위치는 전국을 대상으로 선정했으며 그 지점의 최저, 최고 조위의 변화를 조사하였다.

3. 대한민국 수준원점

1913년부터 인천 앞바다의 밀물과 썰물에 대한 높이값을 약 3년간 각각 관측하여 평균한 값을 Zero(0.0m)로 정하고, 이 값을 직접 수준측량이 가능하도록 육상인 현재의 위치에 연결·설치(1963년)한 것이며, 그 고정값은 26.6871m이다.

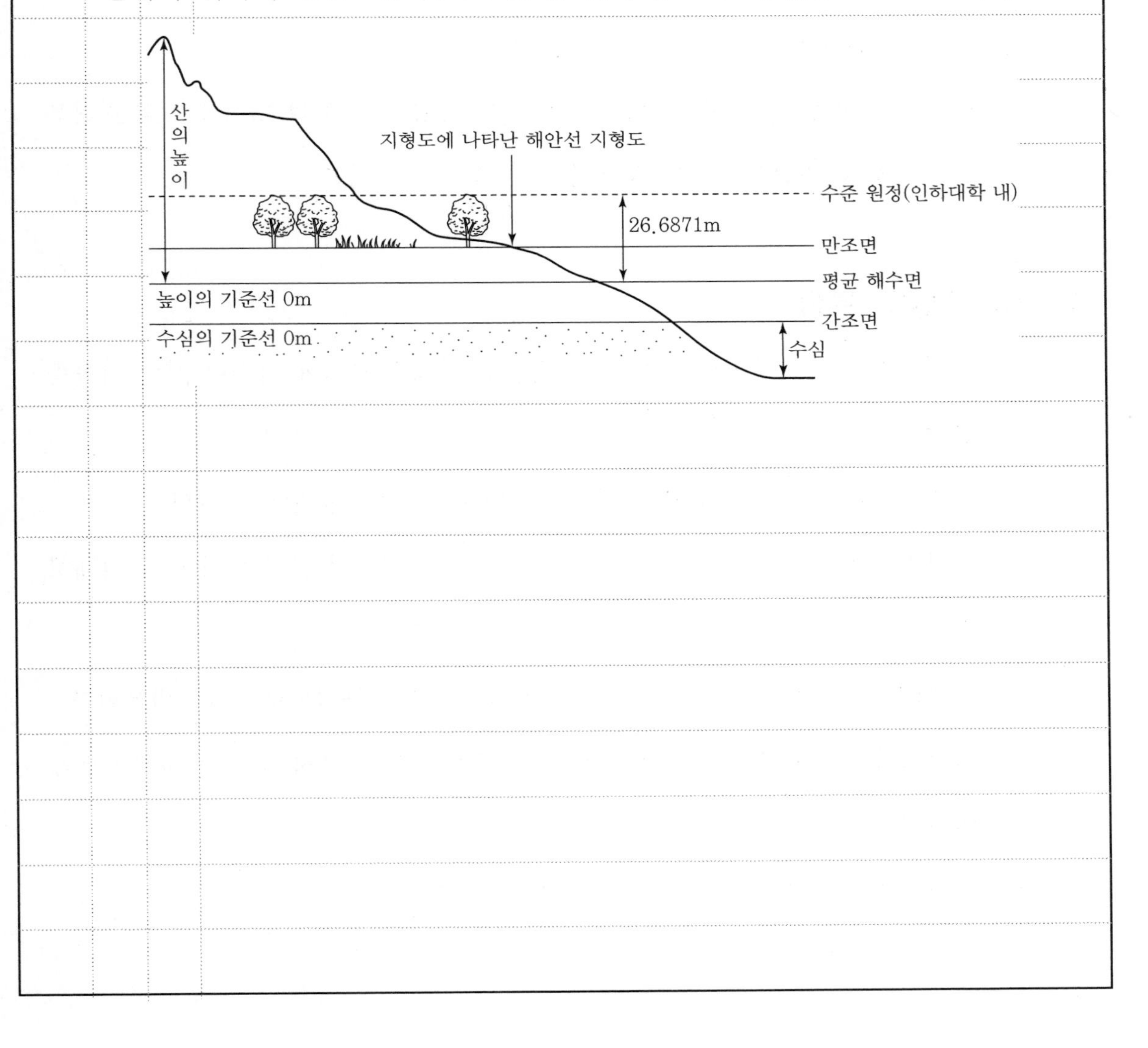

(3.2) 기속측량

답)

기속측량은 측량사의 주관이 배제되고 객관적이고 공정한 법률로 정해진 규정에 따라 실시하는 측량이다. 지적측량은 사법측량과 기속측량의 성격을 지닌다.

1. 기속측량의 목적

1) 지적측량 성과의 일관성 유지로 인한 공신력 제고
2) 토지의 효율적 관리와 토지소유권 보호
3) 국가가 일관성 있고 객관적인 지적측량성과를 등록하여 영속적으로 효력을 발생시키기 위함이다.(즉, 물권공시 안정화를 말함)

2. 기속측량의 특징

1) 지적측량은 측량방법과 절차 등이 법률로 정해진 규정에 따라야 하는 기속측량이다.
2) 엄격히 통일된 규범 속에서 국가가 실시하는 행정행위에 속한다.
3) 지적측량 성과작성에 따른 축척, 점, 선, 면 등의 크기와 규격 등이 법에 상세히 기록됨
4) 지적측량 성과는 지적공부에 등록·공시되므로 영구적으로 보존, 활용된다.
5) 지적측량은 기술적으로 경계복원의 능력을 가지며 공적 장부인 지적공부에 의해서만 가능
6) 측량사의 주관적인 의사개입이 배제되는 측량이다.

3. 기속측량의 한계

1) 최신의 측량기술이 개발되어도 법률이 정한 방법과 다르게 적용하여 측량성과를 결정할 수 없다.

2) 측량기술은 신속하게 고도화되어 가고 있지만 법률과 제도가 뒷받침되지 못한다.

3) 측량장비의 현대화에 따른 측량방식을 다양하게 적용할 수 없다.

4) 일반측량과 지적측량의 차이가 발생할 수 있다.

(3.3) 전자평판 측량

답)

전자평판 측량이란 ① 토털스테이션과 ② 전자평판 운영 프로그램 등이 설치된 컴퓨터를 연결한 후 측량준비도 파일을 이용하여 업무를 수행하는 측량을 말하며, 현장에서 측량을 실시하고, 이를 실시간 처리 및 관측데이터의 저장, 운용을 효율적으로 관리하는 시스템이다.

1. 측판(평판) 측량과 전자평판 측량의 비교

구분	평판 측량	전자평판 측량
측량도면	지적도	전산 파일(cif)
사용지역	도해지역, 소규모	도해지역, 수치지역
속성정보 열람	불가능하다.	가능하다.
가격	저렴하다.	고가이다.
성과결정	도상에서 결정	컴퓨터 상에서 결정
결과도 작성	숙련된 수작업 필요	자동제도기를 이용
출력도면	아날로그 도면	디지털 도면
자료관리	방대한 양의 자료로 관리가 어려움	전자 자료로서 관리가 용이함
공부정리	수작업	수치파일로 정리(. dat)
측량오차	개인적 오차 발생	오차가 거의 없음
특징	(외업)시간과 노력 소요	신속·정확

2. 전자평판 측량의 원리

1) 시스템 구성

① 인적 구성 : 3명

ㄱ. T/S 및 전자평판 운영 : 1명, 프리즘 폴 설치 : 2명

ㄴ. TS 운영 : 1명, 전자평판 운영 1명, 프리즘 폴 설치 1명

② 장비 구성

ㄱ. T/S : 세부측량의 실측에 사용되는 장비

ㄴ. 전자평판 : 전자평판 운용 프로그램이 설치된 컴퓨터

ㄷ. 프리즘 폴 및 기타(무전기)

2) 전자평판 측량방법

① 설치 및 표정

지적측량 기준점 또는 평판 보조점 위에 T/S를 설치한 후, 후시점을 시준하고 수평각을 0°00′00″ 세팅

② 세부 측량방법

ㄱ. 면적 측정 : 좌표면적 계산법

ㄴ. 거리 측정단위 : 1cm

ㄷ. 방향선의 도상길이 : 30cm 이하

3) 전자평판 측량 작업 절차

① 측량준비 : 부동산종합공부시스템(KRAS)에서 CIF파일 추출, 측량정보관리센터(SIMC) 자료조사

② 현지측량 : 기계 설치 → 기지사핵 → 성과결정 → 경계점 표시

③ 내업 : 측량결과도 및 성과도 작성, Data파일 업로드

④ 도면정리 : 측량성과 파일(.dat) 정리(KRAS)

3. 장단점

1) 장점 : 공간 Data, 3차원 자료 수립

① 정밀한 측량 가능 : 정확하고 동일한 성과를 결정한다.

② 작업시간 및 작업인력의 감소 : 파일 실측자료 형태의 GDB 자료를 활용한다.

③ 통합 전산자료 관리 : 자료 관리의 활용성과 효율성 증대로 민원 발생을 최소화한다.

④ 넓은 지역의 측량 가능 → 도곽 간 접합이 편리하다.

⑤ 오측 및 오기 감소 : 관측 결과를 실시간 확인(온라인)할 수 있다.

⑥ 재출력 및 갱신이 편리하다.

⑦ 기후 영향이 적으며 3차원 높이 측정이 가능하다.

2) 단점

① 사용 장비가 고가이며 이동이 불편하다.

② 장비 운용에 대한 지식이 필요하다.

③ 기존 측판측량 성과와의 차이로 인한 민원 발생 소지가 있다.

- 거리 측정 범위 : 측판 측량 10cm, 전자평판측량 1cm

④ 운영 프로그램이 다양하다.

⑤ 전자 파일의 특성상 자료 유출의 위험성 → DRM(정보보안)이 존재한다.

4. 개선방안

1) 법·제도적 측면

① 오차범위 세분화

도해지역 : $\frac{3}{10}$M(mm), 전자평판 시행지역 : 0.10m

② 정비(도면) 규정 신설

도해지역의 성과결정 범위인 $\frac{3}{10}$M(mm)를 적용하여 근본적인 문제인 도면 정비를 할 수 있는 근거 마련이 시급하다.

③ 최신 기술에 따른 법률 개정

보조점 간 거리 한계, 전자결제 검사시스템 도입(소관청) 등의 근거를 마련해야 한다.

2) 기술적 측면

① 운영 프로그램의 표준화

한국국토정보공사, 지적측량업자, 지적측량 검사자가 공동으로 활용할 수 있는 프로그램 개발이 필요하다.

② DB 보완 프로그램 개발 적용 및 체계적인 인증관리

공간정보 및 속성정보 등이 불법유출되지 않도록 DRM과 같은 보안 SW 및 블록체인 기반의 지적공부 관리방안 마련이 시급하다.

(3.4) 지적기준점

답)

지적기준점은 시·도지사 또는 지적소관청이 지적측량을 정확하고 효율적으로 시행하기 위해 국가기준점을 기준으로 새로이 설치하는 측량기준점이다. 지적측량은 「공간정보의 구축 및 관리 등에 관한 법률 시행령」 제8조 제1항 제3호에 따른 지적기준점을 정하기 위한 기초측량과 1필지의 경계와 면적을 정하는 세부측량으로 구분한다.

1. 지적기준점의 특징

1) 1976년부터 설치된 기준점 성과에 일괄 적용된다.

2) 측량성과의 불변성 : 등록 당시 성과를 유지하고 있다.

3) 높은 밀도로 설치되어 세부측량에 사용되고 있다.

4) 지적측량에만 사용된다.(기속측량)

2. 종류

1) 지적삼각점

① 설치목적 : 지적측량 시 수평위치의 기준으로 사용하기 위해 국가기준점을 기준으로 정한 기준점

② 측량방법 : 경위의, 전파기(광파기), 위성측량

③ 계산 : 평균계산법, 망평균계산법

2) 지적삼각보조점

① 설치목적 : 지적측량 시 수평위치의 기준으로 사용하기 위해 국가기준

점과 지적삼각점을 기초로 하여 정한 기준점

② 측량방법 : 경위의, 전파기(광파기), 위성측량

③ 계산 : 교회법, 다각망도선법

3) 지적도근점

① 설치목적 : 세부측량을 위해 국가기준점, 지적기준점을 기초로 하여 정한 기준점

② 측량방법 : 경위의, 전파기(광파기), 위성측량

③ 계산 : 도선법, 교회법, 다각망도선법

3. 설치 및 관리(지적측량 시행규칙 제2조 지적기준점의 설치 및 관리)

1) 설치기준

구분	지적삼각점	지적삼각보조점	지적도근점
점간 거리	평균 2~5km 이내	평균 1~3km 이내	평균 50~300m 이내

2) 성과관리

① 지적삼각점 : 시 · 도지사

② 지적삼각보조점, 지적도근점 : 지적소관청

③ 지적소관청은 연 1회 이상 기적기준점 표지의 이상 유무를 조사해야 한다.

④ 이 경우 멸실되거나 훼손된 기준점 표지를 계속 보존할 필요가 없을 때에는 폐기한다.

(3.5) 통합기준점

답)

통합기준점이란 평탄지에 설치 · 운용하여 측지, 지적, 수준, 중력 등 다양한 측량 분야에 통합 활용할 수 있는 다차원 · 다기능 기준점으로서 경위도(수평위치), 높이(수직위치), 중력 등을 통합 관리 및 제공, 영상기준점 역할을 한다.

1. 설치목적

1) 무분별한 높은 밀도의 측량기준점 중복 설치에 따른 비용 최소화, 동일한 측량 성과 유지
2) 국가기준점 서비스 확대 및 고도화
3) 지적재조사사업의 효율적 추진

2. 설치계획 → 전국 통합 네트워크를 구축(기존 통합기준점과 연결)

1) 기준 : 위성기준점, 수준점, 중력점
2) 설치간격 조밀화 : 10km → 3~5km
3) 형상을 소형화 : 70cm×70cm → 부지확보 및 매설의 효율성 확보
4) 지적 분야의 세계측지계 전환사업 지원

3. 통합기준점 측량

1) 통합기준점망을 근거로 복수의 위성기준점을 기지점으로 한 GNSS 측량 · 수준측량 · 중력측량 등을 실시하여 통합기준점의 지리학적 경위도, 높이 및 중력값을 정하기 위해 실시하는 측량을 말한다.

2) 통합기준점망이라 함은 통합기준점에 의해 전국에 일정한 밀도로 형성되는 복수의 단위다각형과 위성기준점으로 구성되는 망을 말한다.

4. 기대효과

1) 지진 변화량을 분석한다.(일본 대지진)
2) 평면과 높이가 일원화된 3차원 위치정보 제공이 가능하다.
3) 중력관측을 통해 "지구 물리적 요소" 등 다양한 정보를 제공한다.
4) 유지·관리가 용이하며 정보의 정확성, 최신성, 신속성을 확보할 수 있다.
5) 국가 기준점 효율성을 극대화한다.
6) 기존 기준점 체계의 문제점들을 보완하여 이를 기반으로 다양한 연구 및 산업 부분에 기초 자료를 제공할 수 있다.
7) 효율적인 지적재조사사업 추진이 가능하다.

(3.6) 평면직교좌표 원점

답)

평면직교좌표의 원점은 방위각과 거리를 계산하여 결정하는 위치 기준을 말하며 지표상의 위치를 도상의 위치로 표시(X, Y)하는 데 널리 사용된다. 지적측량에서는 구소삼각원점, 특별소감각원점, 통일원점으로 분류할 수 있다.

1. 통일원점(가상의 원점)

1) 1910년 토지조사사업을 위하여 임시토지조사국에서 3대 가상원점을 사용
2) 모든 삼각점 좌표(X, Y)의 기준
3) 현재의 통일원점

구분	서부	중부	동부	동해(2003년 신설)
위도	38°	38°	38°	38°
경도	125°	127°	129°	131°

4) 원점의 좌표를 X=0, Y=0으로 한다.
5) X=50만 m(제주도 55만), Y=20만 m를 가산(좌표수치)한다.
6) 우리나라 삼각점의 위치표시에 사용되고 있는 좌표(계)는 평면직각좌표에 의한 좌표이다.

2. 구소삼각원점

1) 토지조사사업 이전에 구한말 대한제국시대에 실시하였다.
2) 대삼각측량을 실시하지 않고 경인지역과 대구·경북지역에서 부분적으로 실시한 소삼각측량을 말한다.

3) 경인 및 대구·경북지역에 11개 원점(거리단위는 간(間))

① 경인지역 : 계양, 가리, 망산, 조본, 등경, 고초(6개)

② 대구·경북지역 : 율곡, 소라, 금산, 현창, 구암(5개)

4) 원점의 수치는 X=0, Y=0으로 하였기 때문에 종횡선 수치에 +, -의 부호가 있다.

5) 거리 단위는 m단위로 수정(1975년 지적법 개정)하였다.

6) 천문측량을 바탕으로 하였다.

3. 특별소삼각(측량) 원점

1) 1972년 임시토지조사국에서 시가지세를 시급하게 징수하기 위해서 특별소삼각 측량 실시

2) 이후, 통일원점의 삼각점과 연결하였다.

3) 19개 지역에 한 점씩 측량 원점을 설치하였다.

4) 종선 1만 m, 횡선 3만 m의 가상 수치를 이용하였다.

5) 현재 원점의 위치는 성과표에 남아 있지 않다.

6) 구과량을 고려하여 실시하였다.

(3.7) 축척변경

답)

축척변경이란 지적도에 등록된 경계점의 정밀도를 높이기 위해 작은 축척을 큰 축척으로 변경하여 등록하는 것을 말한다.

1. 축척변경 승인 신청(토지이동의 절차적 요건)

1) 소관청의 축척 변경이 필요하다고 인정 시 시행지역 내의 토지소유자 2/3 이상의 동의를 얻어야 한다.

2) 축척변경위원회의 의결을 거쳐 시・도지사의 승인을 얻어 시행한다.

2. 축척변경의 대상

1) 빈번한 토지의 이동으로 인해 소축척의 도면으로는 정밀한 지적측량의 성과를 등록 또는 결정하기 곤란한 때

2) 동일 지번 부여지역 안에 서로 다른 축척의 지적도가 비치되어 있을 때

3. 축척변경의 시행절차

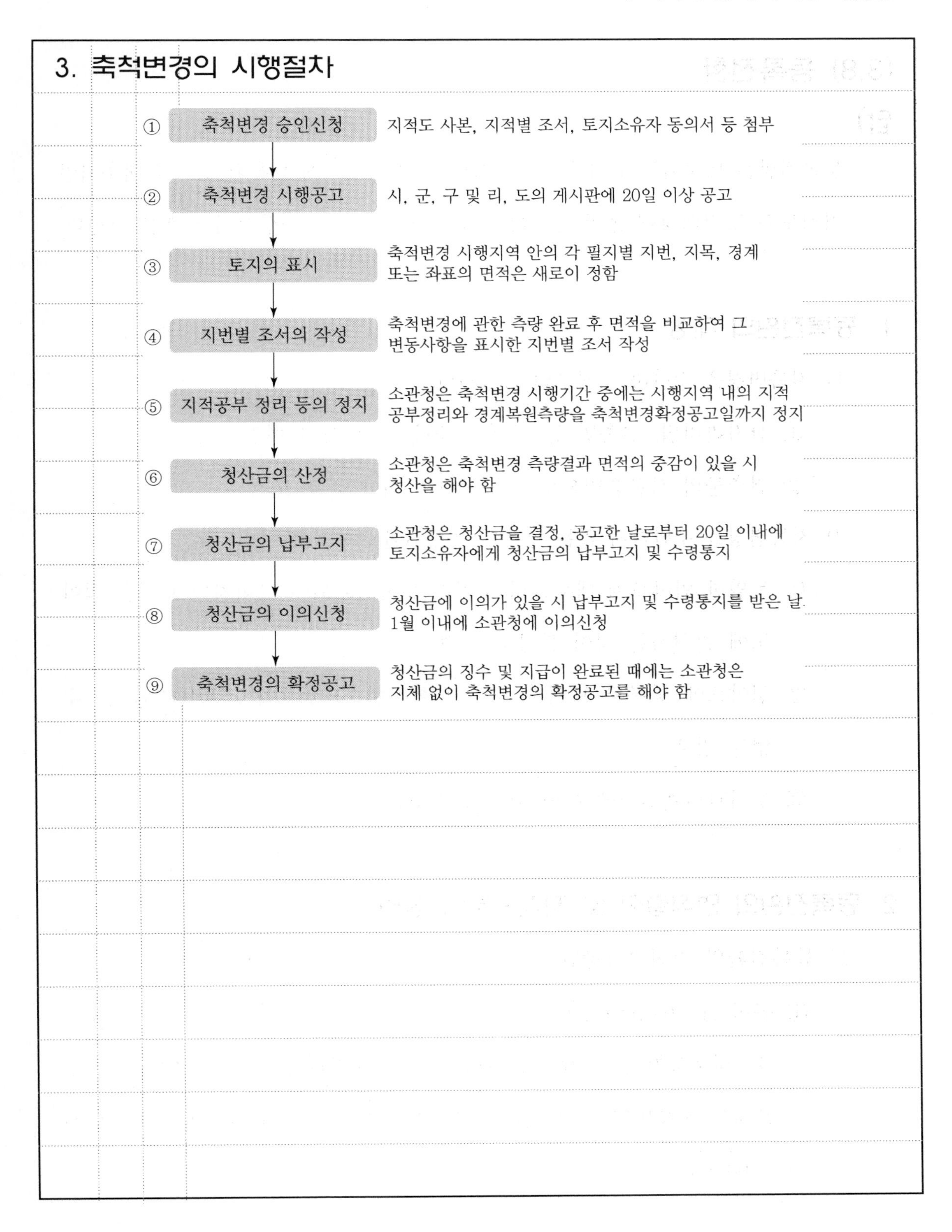
① 축척변경 승인신청
지적도 사본, 지적별 조서, 토지소유자 동의서 등 첨부
② 축척변경 시행공고
시, 군, 구 및 리, 도의 게시판에 20일 이상 공고
③ 토지의 표시
축척변경 시행지역 안의 각 필지별 지번, 지목, 경계 또는 좌표의 면적은 새로이 정함
④ 지번별 조서의 작성
축척변경에 관한 측량 완료 후 면적을 비교하여 그 변동사항을 표시한 지번별 조서 작성
⑤ 지적공부 정리 등의 정지
소관청은 축척변경 시행기간 중에는 시행지역 내의 지적 공부정리와 경계복원측량을 축척변경확정공고일까지 정지
⑥ 청산금의 산정
소관청은 축척변경 측량결과 면적의 증감이 있을 시 청산을 해야 함
⑦ 청산금의 납부고지
소관청은 청산금을 결정, 공고한 날로부터 20일 이내에 토지소유자에게 청산금의 납부고지 및 수령통지
⑧ 청산금의 이의신청
청산금에 이의가 있을 시 납부고지 및 수령통지를 받은 날 1월 이내에 소관청에 이의신청
⑨ 축척변경의 확정공고
청산금의 징수 및 지급이 완료된 때에는 소관청은 지체 없이 축척변경의 확정공고를 해야 함

(3.8) 등록전환

답)

등록전환은 토지이동의 일종으로 임야대장 및 임야도에 등록된 토지를 대축척인 지적도와 토지대장에 옮겨 등록하여 토지의 정밀도를 향상시키는 것을 말한다.

1. 등록전환의 대상

1) 지목변경을 수반하는 경우의 등록전환

① 산지관리법, 건축법 등 관계 법령에 의한 형질 변경

② 건축물의 사용승인으로 지목변경을 해야 하는 토지

2) 지목변경을 수반하지 않는 경우의 등록전환

① 동일한 임야도에 대부분의 토지가 등록전환되어 나머지의 토지를 임야도에 존치하는 것이 불합리한 경우

② 임야도에 등록된 토지가 사실상 형질변경되었으나 지목변경을 할 수 없는 경우

③ 도시관리계획선에 따라 토지를 분할하는 경우

2. 등록전환의 면적결정 및 지적공부의 정리

1) 등록전환의 면적결정방법

① 공식 $A = 0.026^2 M\sqrt{F}$

A : 허용오차면적, M : 축척분모, F : 등록전환될 토지의 면적

오차의 허용범위를 계산할 때 축척이 3,000분의 1인 지역의 축척분모는 6,000으로 한다.

② 오차 허용범위 이내 : 등록전환될 토지의 면적으로 결정

③ 오차 허용범위 초과 : 임야대장의 면적 또는 임야도의 경계를 지적소관청이 직권으로 정정

3. 등록전환의 성과 향상 방안

1) 지적공부의 정리방식을 도해에서 수치로 전환한다.

2) 사업의 효과, 국민 편익을 고려하여 소유자별 등록전환, 직접측량, 좌표변환 등 적용지역을 구분한다.

(3.9) 등록사항 정정

답)

등록사항 정정은 지적공부의 등록사항에 잘못이 있는 토지를 바르게 정정하여 지적공부에 정리하는 것으로 정정유형에는 면적정정, 경계정정, 위치정정, 오기정정이 있다.

1. 발생원인 및 유형

1) 발생원인

① 토지조사사업 당시 잘못된 토지의 사정

② 지적측량 수행자의 기술적 착오 및 과실

③ 척관법에서 미터법으로 환산 등록 시 착오

④ 도면전산화 사업 수행과정에서 도곽접합의 문제

⑤ 지적공부 정리 시 오기 및 착오

2) 등록사항 정정의 유형

① 경계정정 : 면적에 변동 없이 경계만 변경되는 경우

② 면적정정 : 경계와 위치의 변동 없이 면적만 변경되는 경우

③ 위치정정 : 면적의 변경 없이 위치만 변경되는 경우

④ 오기정정 : 지적공부 정리 중에 잘못 정리된 경우

2. 등록사항 정정 처리방법

1) 직권에 의한 정정

① 토지이동 정리 결의서의 내용과 다르게 처리된 경우

② 도면에 등록된 필지가 면적 증감 없이 경계의 위치가 잘못된 경우

③ 도곽선으로 양분된 토지가 서로 접합되지 않아 지상경계에 맞추어 도면상 경계를 정정하는 경우

④ 지적공부의 작성, 재작성 당시 잘못 처리된 경우

⑤ 지적측량 성과와 다르게 정리된 경우

⑥ 지적위원회 의결에 따른 지적공부의 정정

⑦ 척관법에서 미터법으로 환산 등록 시 착오

⑧ 부동산등기법의 규정에 의한 통지가 있는 경우

2) 소유자 신청에 의한 정정

① 경계, 면적의 변경 : 등록사항 정정 측량성과도 제출

② 그 밖의 등록사항 정정

3. 등록사항 정정 대상 토지의 관리

1) 등록사항 정정에 필요한 서류 및 측량성과도 작성

2) 관리대장을 작성 및 비치하고 그 내용을 기재하여 관리한다.

3) 토지이동정리 결의서 작성 후 사유에 '등록사항 정정 대상 토지'라 기재한다.

4) 등본 발급 시 '등록사항 정정 대상 토지'라 기재한 부분을 붉은색으로 표시한다.

(3.10) 지적측량의 책임

답)

지적측량은 토지의 효율적 관리와 국민의 소유권 보호를 목적으로 하는 국가의 고유 업무로서 사법측량, 기속측량의 성격을 지니며 구속력, 공정력, 확정력, 강제력 등의 법률적 효력이 발생하는 측량이다. 따라서 지적측량은 신뢰성을 지켜야 하는 국가업무이기 때문에 그 측량결과에 책임이 따른다.

2. 지적측량의 성격과 효력

1) 지적측량의 성격

① 기속측량 : 지적측량은 그 방법과 절차 등을 법률에 정해진 규정에 따라 국가가 시행하는 기속측량이다.

② 사법측량 : 토지에 대한 물권이 미치는 범위와 면적을 등록·공시하기 위한 사법적 측량이다.

③ 측량성과의 영구성 : 국가는 지적측량 성과를 등록하여 영구적이고 지속적인 효력을 발생시킨다.

④ 공공성과 공익성 : 지적측량은 공공성과 공익성을 추구하는 공공행정의 일부이다.

2) 지적측량의 효력

① 구속력 : 지적측량의 결과에 대해 소유자 및 이해관계인, 소관청을 기속하는 효력을 가진다.

② 공정력 : 등록에 하자가 있더라도 절대 무효인 경우를 제외하고는 권한 있는 기관에 의하여 취소될 때까지 적법성을 추정받는다.

③ 확정력 : 유효하게 성립된 지적측량에 대해서는 누구도 효력을 다투거나 변경할 수 없다.

④ 강제력 : 소관청의 자력에 의한 집행력이 있다.

3. 지적측량의 책임

1) 형사책임

① 사실행위에 대한 비난이다.

② 법률 규범에 반하여 위법행위를 행한 경우의 책임이다.

③ 고의에 대한 책임 원칙을 따른다.

④ 지적측량은 공적인 지적공부에 의하여 행하는 업무로 공문서 취급에 따른 위법행위가 많은 부분을 차지한다.

⑤ 위법행위 사례 : 지적공부 위조, 변조, 지적공부 허위작성, 지적측량 수수료 횡령, 지적측량의 업무집행 방해, 경계표의 손괴 또는 이동

2) 민사책임

① 권리와 이익을 위법하게 침해한 가해자가 피해자에게 지는 사법상 책임이다.

② 피해자가 지적측량 수행자의 고의 또는 과실을 입증해야 한다.

③ 지적측량 수행자는 그 행위에 대하여 민사상의 손해배상을 해야 한다.

④ 지적측량수행자의 사용자(특수법인) 및 감독자(국가)에게도 손해배상 청구가 가능하다.

⑤ 사용자 및 감독자는 구상권 행사도 인정된다.

⑥ 민사책임의 대상행위

ㄱ. 고의 또는 과실로 수목 제거, 시설물 파괴

ㄴ. 오측으로 인한 타인의 재산피해

ㄷ. 지적기술 자격의 부정 취득

ㄹ. 고의·중과실로 인한 지적측량의 잘못

3) 징계책임

① 업무에 대하여 그 업무의 담당자로서 직무 관련 법령의 규정을 위반한 경우의 책임이다.

② 징계책임의 대상행위

ㄱ. 부정한 자격 취득

ㄴ. 지적측량성과의 외부 반출

ㄷ. 측량업의 대여, 2곳 이상의 중복 소속

ㄹ. 부정한 성능검사

4) 도의적 책임 : 지적측량의 신뢰성에 대한 양심의 가책

4. 결론

신뢰성이 요구되는 지적측량에 따른 형사책임, 민사책임, 징계책임 등이 있는 것은 당연하나 현 지적제도와 기능에도 일부 책임이 있다. 따라서 모든 책임을 측량 수행자에게 부과하는 것은 측량자의 업무 가치, 지적측량 성과의 소신 제시 억제 등의 문제점이 야기되므로 보험제도 등 법적 보완장치의 도입이 필요하다고 사료된다.

(3.11) 지적측량 검사제도

답)

지적측량은 토지의 효율적 관리와 국민의 소유권 보호를 목적으로 하는 국가의 고유 업무로서 국가가 직접 수행하는 것이 원칙이나 효율적인 집행을 위해 지적측량 수행자가 대행하고 검사는 성과의 공공성과 안전성, 적합성 등을 확인하는 과정으로 시・도지사 또는 지적소관청이 담당하고 있다. 향후 측량시스템, 전자도면, 전자결재 등과 연동한 스마트 검사시스템이 도입되어야 할 것이다.

1. 지적측량 검사제도의 목적

1) 지적측량 성과의 정확성 확보

2) 지적제도의 공신력과 안전성 유지

3) 통일적이고 표준화된 지적측량 수행

4) 효율적인 업무분담 및 국가의 재정적 부담 경감

2. 지적측량 검사방법

1) 검사방법에 따른 분류

① 현지검사

ㄱ. 현지측량검사 : 측량자와 다른 방법으로 검사를 실시하여 정확성을 판단한다.

ㄴ. 현지검사 : 측량을 수반하지 않고 현지에서 경계점 설치 여부, 현실지목 등을 검사한다.

② 도상검사(사무처리 규정) : 현지측량 검사를 생략하고 지적측량결과도,

면적측정부, 부속서류 등을 가지고 행하는 검사이다.

2) 토지이동 수반 여부에 따른 분류

① 이동지 측량 : 분할, 등록전환 등 토지이동을 수반하는 측량은 시·도지사 또는 소관청의 검사를 받아야 한다.

② 비이동지 측량 : 경계복원, 현황측량과 같이 토지이동을 수반하지 않는 측량은 소관청의 검사를 받지 않는다.

3. 지적측량 성과검사 절차

1) 「지적측량 시행규칙」 제28조(지적측량성과의 검사방법 등) : 지적측량 수행자는 측량부·측량결과도·면적측정부, 측량성과 파일 등 측량성과에 관한 자료를 지적소관청에 제출하여 그 성과의 정확성에 관한 검사를 받아야 한다.

2) 지적측량 검사절차

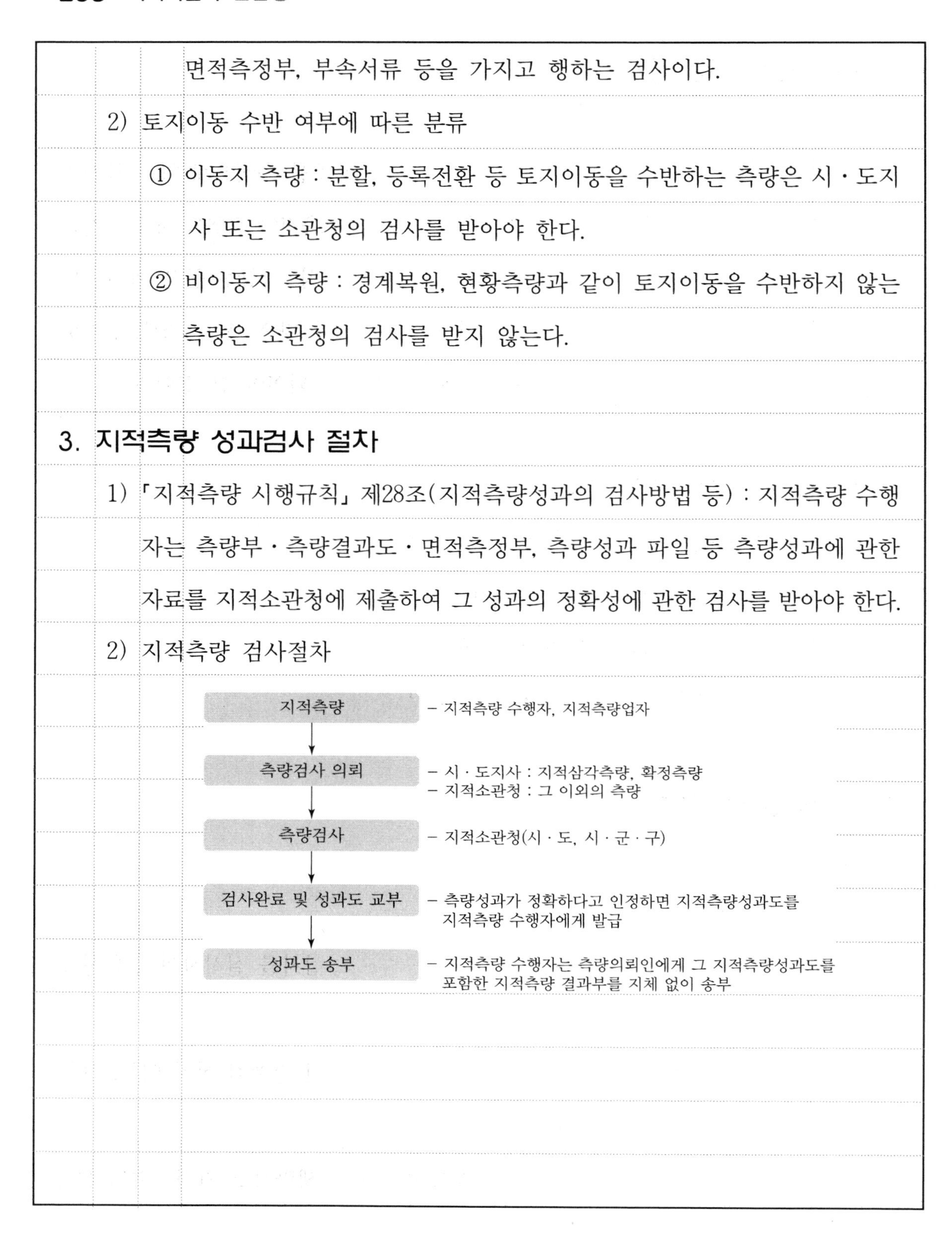

(3.12) 지적측량 적부심사

답)

토지경계는 사법상 권리 등의 한계로서 매우 중요한 역할을 하고, 우리나라는 도상경계를 법정경계로 사용함으로써 지적측량에 따른 경계분쟁이 빈번히 발생하고 있는 현실이다. 이를 신속·정확하게 해결함으로써 국민의 재산권 보호와 정확한 지적측량 성과 제시를 위해 「공간정보의 구축 및 관리 등에 관한 법률」 제29조에 의거 지적측량 적부심사제도를 운영하고 있다.

1. 제도의 변천

조직명	관련 규정
지적측량 심의회	지적측량사 규정(1960.12.31.)_2심제
지적위원회	지적법 제2차 개정(1975)_1심제
지적위원회	지적법 제7차 개정(1995)_2심제

1) 1975년 지적법을 전문 개정하여 처음으로 법에 지적측량 적부심사제도 규정

2) 현재 2심제를 도입하여 민원처리의 공공성·공정성·객관성 제고

2. 법적 기준(현황) 및 처리절차

1) 적부심사 청구대상

① 관련법상 : 토지소유자, 이해관계인 또는 지적측량 수행자가 지적측량 성과에 다툼이 있는 경우

② 질의 회신(2002년 행정자치부) : 1회 측량에 의한 결과에 불만이 있는 경우에도 지적측량 적부심사 청구 가능 → 청구건수 증가

2) 심사권자(위원회 구성)

구분	중앙지적위원회	지방지적위원회
설치 기관	국토교통부	시 · 도
위원장	지적업무 담당국장	
부위원장	지적업무 담당과장	
위촉자	국토교통부장관	시 · 도지사
위원의 수	5~10인	
위원 임기	2년	

3) 처리절차

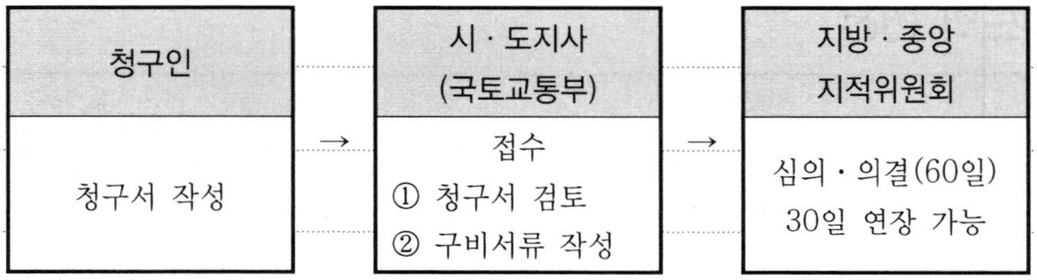

청구인	→	시 · 도지사 (국토교통부)	→	지방 · 중앙 지적위원회
청구서 작성		접수 ① 청구서 검토 ② 구비서류 작성		심의 · 의결(60일) 30일 연장 가능

〈처리절차, 처리과정〉

① 시 · 도지사는 제4항에 따라 의결서를 받은 날부터 7일 이내에 지적측량 적부심사 청구인 및 이해관계인에게 그 의결서를 통지하여야 한다.

② 지방지적위원회의 의결에 불복하는 경우에는 그 의결서를 받은 날부터 90일 이내에 국토교통부장관을 거쳐 중앙지적위원회에 재심사를 청구할 수 있다. 이 경우 "시 · 도지사"는 "국토교통부장관"으로, "지방지적위원회"는 "중앙지적위원회"로 본다.

(3.13) 지적불부합

답)

지적불부합지란 지적공부에 등록된 사항과 실제 현황이 일치하지 않은 필지가 집단적으로 발생하고 있는 지역을 말한다. 지적불부합지는 토지의 분쟁과 토지거래 질서의 문란, 주민의 권리행사 지장 초래, 지적 행정의 불신을 초래하는 등 많은 문제점이 있다.

1. 지적불부합의 발생원인

1) 측량에 따른 불부합

① 다양한 원점체계와 측량기준점의 통일성 결여

② 잦은 토지이동으로 발생된 오류

③ 세부측량 과정에서 오차의 누적

④ 망실된 측량기준점 복구과정의 오류

2) 도면에 따른 불부합

① 도면 축척의 다양성 및 축척 간 불일치

② 면적의 부정확성(불확실성)

ㄱ. 면적의 허용오차를 인정, 오차범위 다원화

ㄴ. 공식에 따라 척관법을 미터법으로 변환

③ 도해지적의 한계성 : 종이도면 사용 및 현형법에 의한 성과 결정

④ 지적복구, 재작성 과정에서 발생되는 오차

⑤ 도면전산화 과정에서 발생되는 오차 : 작업자의 미숙

⑥ 도면의 신축량을 일률적으로 보정

2. 지적불부합지의 유형

1) 중복형 : 일필지의 일부가 다른 필지와 중복되는 형태

① 원점이 만나는 지역에서 많이 발생한다.

② 토지, 임야의 중복, 축척별, 도곽별, 행정구역별 접합에서 겹치는 유형이다.

③ 도상경계는 이상이 없으나 지상경계가 중복되는 경우

2) 공백형 : 접합지역에서 벌어지는 유형

① 도선의 배열이 상이한 경우에 많이 발생한다.

② 행정구역별, 도곽별, 축척별 접합에서 발생한다.

3) 편위형 : 어느 한쪽으로 치우치거나 회전된 형태

① 현형법으로 측량했을 때 많이 발생한다.

② 국지적인 현형을 이용하여 결정하는 과정에서 측판점의 오류로 발생한다.

③ 등록사항 정정을 위한 행정처리가 어렵다.

4) 불규칙형 : 형태가 일정하지 않고 산발적인 형태

① 토지조사사업 당시 발생한 오차가 누적되어 발생한다.

② 원인 파악과 분석이 어렵다.

5) 위치 오류형 : 토지의 형상과 면적은 일치하나 지상의 위치가 상이한 유형

① 산림 속의 경작지에서 주로 발생한다.

② 위치정정만 하면 되므로 행정처리가 간단하다.

6) 경계 이외의 불부합

① 지적공부 표시사항 오류

② 대장과 등기부 간의 불일치

③ 불부합의 원인 중 가장 미비한 부분

(3.14) 중앙지적위원회

답)

중앙지적위원회라 함은 지적측량 수행자의 자질향상을 도모하고 지적행정의 원활한 운영을 위하여 국토교통부에 설치된 기구로서 과거 토지조사사업 당시 고등토지조사위원회와 그 성격이 유사하다고 볼 수 있다.

1. 지적위원회의 변천과정

① 1906년 : 지적측량사 규정 – 지적측량 심의회, 지적측량사 징계위원회
↓
② 1970년 : 지적측량사 규정 – 내무부 중앙심의회, 시 · 도 지방심의회
↓
③ 1975년 지적법 전면 개정 – 내무부 지적위원회
↓
④ 1995년 지적법 7차 개정
- 내무부 : 중앙지적위원회
- 시도 : 지방지적위원회

2. 중앙지적위원회의 구성

1) 위원장 : 국토교통부 지적업무 담당국장
2) 부위원장 : 국토교통부 지적업무 담당과장
3) 위원 : 1인 이상 10인 이내, 임기는 2년
4) 위원의 자격 : 지적에 관한 학식과 경험이 풍부한 자 중에서 국토교통부장관이 임명, 위촉한다.

3. 중앙지적위원회의 심의, 의결 사항

1) 2013년 개정 전

① 지적측량 기술의 연구, 개발 및 보급

② 지적측량 적부심사에 대한 재심사

③ 지적측량기술자의 양성에 관한 사항

2) 2013년 개정 후 추가된 내용

① 지적 관련 정책개발 및 업무개선에 관한 사항

② 지적기술자의 업무정지 처분 및 징계 요구

4. 중앙지적위원회의 회의

1) 위원장은 회의를 소집하고 그 의장이 된다.

2) 위원장이 부득이한 사유로 직무를 수행할 수 없을 때에는 위원장이 미리 지정한 위원이 그 직무를 대행한다.

3) 의결은 과반수 출석으로 개의하고 출석위원 과반수의 찬성으로 의결한다.

(3.15) 다각망도선법

답)

다각망도선법은 지적측량시행규칙에서 명시한 지적측량 방법 중 지적삼각보조점 및 지적도근점 측량 후 평면직각좌표 산출을 위한 계산방법으로서 도선법에서 발생하는 오차를 최소화하기 위하여 지적확정측량 시행지역의 지적도근점 설치에 많이 활용되고 있는 계산방법이다.

1. 다각망도선법의 법적 근거

「지적측량 시행규칙」 제7조 2항 및 3항 : 지적도근측량은 위성기준점, 통합기준점, 삼각점 및 지적기준점을 기초로 하여 경위의 측량방법, 전파기 또는 광파기 측량방법, 위성측량방법 및 국토교통부장관이 승인한 측량방법에 따르되, 그 계산은 도선법, 교회법, 다각망도선법에 따를 것

2. 지적기준점측량의 계산방법

1) 도선법 : 도선에서 발생한 오차를 당해 도선에 배부하여 성과를 결정함으로써 다른 도선과 연결하였을 때, 각 도선 간의 오차가 서로 달라 동일한 성과를 얻기에는 불합리하다.

2) 교회법 : 지적삼각보조측량과 도근측량에서 시행되며 교회점은 1개 또는 2개의 삼각형으로부터 방위각 또는 내각을 관측하고 관측 방향성을 수치적으로 교차시켜 기준점의 위치를 결정하는 방법이다.

3) 다각망도선법 : 각 도선에서 발생된 오차를 전체적으로 묶어 상호 관련이 있는 도선과의 관계를 종합하여 오차를 소거시키는 방법이다.

3. 다각망도선법의 망의 형태 및 복합망 구성

1) 기본망 : X망, Y망, A망, H망

① X망 : 기지점 4개와 교점 1개, 4개의 도선

② Y망 : 기지점 3개와 교점 1개, 3개의 도선

③ A망 : 기지점 3개와 교점 2개, 5개의 도선

④ H망 : 기지점 4개와 교점 2개, 6개의 도선

2) 복합망 구성 및 관측방법

① 지적삼각점, 지적삼각보조점 등의 기지점으로부터 지적도근점인 교점, 교점으로부터 다른 지적도근점인 교점을 연결하여 구성한다.

② 복합망 관측 시 각 노선에서 폐쇄가 가능하도록 3점 이상의 기지점을 포함한 결합다각방식에 의한다.

③ 도선별 각 관측은 배각법에 의하여 3배각으로 관측을 실시한다.

④ 교점에서 폐쇄할 점은 각 노선에서 공통으로 관측할 수 있는 피뢰침과 같은 고정된 임의의 점을 선택한다.

⑤ 교점과 교점이 만나 한 도선을 이루는 경우에는 계획에 따라 관측방향을 설정한다.

⑥ 도선이 다르더라도 같은 교점에서 각을 폐색시키는 방향은 반드시 같아야 한다.

(3.16) 유심다각망

답)

삼각측량이란 지구의 표면상에 있는 여러 점을 삼각형으로 연결하여 삼각형 내각을 관측하고 길이를 측정하여 상호관계 위치를 결정하기 위한 기초측량을 말하며, 유심다각망은 지적삼각측량 시 소구점에 대한 평면좌표를 산출하기 위한 계산방법 중 하나이다.

1. 지적삼각측량의 망구성 유형

1) 유심다각망 : 측량지역이 원형에 가까우며 넓은 지역의 측량에 적합한 방식이다.

2) 삽입망 : 관측결과의 평균 계산이 가장 합리적이고 기지경계점과의 부합을 목표로 하는 지적삼각측량에 가장 많이 사용되는 방식이다.

3) 사각망 : 가장 이상적인 망의 형태로서 주건식의 수가 많아 정확도가 가장 높은 방식이다.

4) 삼각쇄 : 출발점에서 도착점을 직접 관측할 수 없으며, 양쪽에 기선을 둔 망의 형태이다.

5) 정밀 삼각망 : 소구점을 중앙에 두고 주변에 기지점을 두는 망의 방식으로 엄밀조정을 필요로 할 때 적합한 망의 형태이다.

2. 유심다각망의 특징

1) 측량지역이 원형에 가깝고 넓은 지역의 측량에 적합한 방식이다.

2) 삼각측량의 성과 정밀도를 보장할 수 있는 지역에서 많이 사용한다.

3) 동일 측점 수에 비하여 포함면적이 가장 넓고 정확도는 삼각쇄보다 높으나

사각망보다는 낮다.

4) 1개의 기선에서 확대하기 때문에 기선이 확고해야 한다.

5) 삼각형의 기하학적 성질과 중심각 조건을 만족하는 각조건과 변조건에 대한 조정을 시행한다.

3. 유심다각망의 조정 및 계산

1) 각 규약 조정

① 삼각규약 : 망을 구성하고 있는 각각의 삼각형 내각의 합은 180°가 되어야 한다.

② 망규약 : 삼각규약 조정 후 발생하는 미세한 오차를 균등하게 배부해야 한다.

2) 변 규약 조정 : 점간거리를 얻는 조건식으로서 미지변 대각의 sin값을 모두 곱한 값과 기지변 대각의 sin값을 모두 곱한 값은 항상 동일해야 한다.

3) 변 오차 조정 : 변 규약 식 오차 조정에 의한 α, β각의 삼각함수 값의 결과에 대한 총합에는 미세한 오차가 포함되어 있다.

4) 변장 및 방위각 계산 : 각 조정과 변 조정이 모두 끝나면 조정각과 기지변에 의해 각 변의 거리를 구하는데, 미지변의 계산은 sin법칙에 따라 산출할 수 있다.

5) 종횡선 좌표계산 : 기지점에서 소구점으로 향하는 방위각과 거리를 이용하여 최종 좌표를 산출한다.

(3.17) 지구계측량

답)

지구계측량은 지적확정측량 수행 시 중요한 작업절차로서 기준점 성과와 지구계점의 좌표를 전개하여 지구내와 지구외의 지역을 결정하는 경계선을 정하는 측량이며, 기지경계선과 지구계점을 측정하여 그 부합 여부를 도해식으로 확인하는 측량이다.

1. 지적확정측량의 작업 절차

1) 측량계획 및 준비 : 사업 시행사로부터 관련 자료를 인수하고 현지답사와 사업내용을 조사하여 지적소관청과 업무협의 등을 거쳐 측량을 포함한 종합적인 계획을 수립하는 단계이다.
2) 지적기준점측량 : 세부측량 시행을 위해 국가기준점 및 지적삼각점을 기준으로 사업지구를 종합적으로 포함하는 지적삼각보조점 및 지적도근점을 설치하여 평면직각좌표를 산출하는 작업이다.
3) 지구계측량 : 기준점 성과와 지구계점의 좌표를 전개하여 지구내와 지구외의 지역을 결정하는 경계선을 정하는 작업 절차이다.
4) 가로중심점측량 : 기준점에 의하여 현황을 관측하여 가로중심선의 제원과 중심점의 좌표를 구하는 측량이다.
5) 가구측량 : 기초점을 기준으로 하여 사업계획에 따라 시공된 현황과 측설된 경계점을 측정하는 작업이다.
6) 성과품 작성 : 사업완료 신고 시 첨부해야 할 각종 서류 및 도면 등 최종 성과물을 작성하는 단계이다.

2. 지구계측량의 원칙 및 유형

1) 지구계 결정의 원칙

① 확정지구 지구계는 부득이한 경우를 제외하고는 동일한 측량성과로 결정해야 한다.

② 확정지구계는 종전 토지의 측량방법에 의하여 결정하고 기존 경계점좌표등록부 시행지역은 수치측량방법으로 결정한다.

③ 전파평판측량에 의하여 성과를 결정하고 지구계 경계점 설치 후 경위의 측량방법으로 측량하여 좌표를 산출한다.

2) 지구계 결정의 유형

① 지적측량기준점에 의한 성과 결정

② 현형성과(기준점 가감)에 의한 성과 결정

③ 현형성과(회전)에 의한 성과 결정

3. 지구계 결정 시 고려사항

1) 기준점 성과와 기 등록지 성과가 차이가 나는 경우에는 분석 후 지적소관청과 협의하여 지구계를 결정한다.

2) 잔여 토지의 면적이 적거나 형태의 협소에 따라 토지를 활용할 수 없게 되는 경우에는 사업시행자와 협의하여 지구내로 편입한다.

3) 기 등록지와 성과 차이에 따라 한편으로 남거나 부족한 형태로 밀리는 경우에는 부분적으로 부합이 안 되는 경우에 따라 분석이 필요하다.

Professional Engineer Cadastral Surveying

4. 지목/경계

(4.1) 지목

답)

지목이란 토지관리의 효율화를 위하여 일정한 규정을 정하여 토지의 주된 사용목적에 따라 토지의 종류를 구분하여 지적공부에 등록한 것을 말한다.

1. 지목의 변천과정

1) 제1단계(1907~1910년) : 17개 지목
   ① 대구시가지 토지측량에 관한 타합(打合)사항 제3조
2) 제2단계(~1918년) : 18개 지목
   ① 토지조사사업에 근거
   ② 전답이 전과 답으로 분리
3) 제3단계(~1943년) : 19개 지목
   ① 개정 지세령 제1조
   ② "유지"를 신설
4) 제4단계(~1976년) : 21개 지목
   ① 제정 지적법 제3조
   ② 염전과 광천지 신설
5) 제5단계(~2002년) : 24개 지목
   ① 제1차 전문개정(1975. 12. 31.)
   ② 6개 지목을 3개로 통합하고 5개 지목의 명칭 변경
   ③ 6개 지목을 신설 : 과수원, 운동장, 유원지, 목장용지, 학교용지, 공장용지

6) 제6단계(~현재) : 28개 지목

① 제2차 전문개정(제10차 개정)

② 주차장, 양어장, 주유소, 창고용지 신설

2. 지목의 유형(분류)

1) 토지현황에 의한 분류(지 · 토 · 용)

① 지형지목 : 토지에 관한 지표면의 형태, 토지의 고저, 수륙 분포상태 등에 따라 분류

② 토성지목 : 토지의 성질, 지질, 토질에 따라 분류

③ 용도지목 : 토지의 용도 및 사용목적에 따라 분류하며, 우리나라의 지목설정 방식

2) 구성 내용별 분류

① 단식 지목 : 1필지에 1개의 용도지목 설정

② 복식 지목 : 1필지에 2개 이상의 용도기준에 따라 지목 설정

3) 산업별 분류

① 1차 산업형 지목 : 농업 및 어업 위주의 용도로 이용되는 지목

② 2차 산업형 지목 : 제조업 중심으로 이용되고 있는 지목

③ 3차 산업형 지목 : 서비스산업 위주로 이용되는 도시형 지목

3. 지목의 설정방법(원칙)

1) 지목 법정주의 : 지목의 종류 및 명칭을 법률로 규정

2) 일필일목의 원칙 : 1필지에 1개의 지목을 설정

3) 주지목추종의 원칙 : 작은 면적의 도로, 구거 등의 지목은 주된 토지의 사용목적 또는 용도에 따라 설정

4) 등록 선후의 원칙 : 지목이 서로 중복된 때에는 먼저 등록된 토지의 사용목적에 따라 지목을 설정

5) 일시변경 불가의 원칙 : 일시적, 임시적 용도 사용 시 지목변경 불가 규정

6) 용도경중의 원칙 : 지목이 중복된 때에는 중요한 토지의 사용목적 또는 용도에 따라 지목 설정

7) 사용목적 추종의 원칙 : 도시개발사업 등의 공사가 준공된 토지는 그 사용목적에 따라 지목 설정

4. 지목의 표기방법

1) 지적공부에 표현하는 방법

① 지목 명칭의 전체 표기 : 토지대장, 임야대장

② 지목 명칭의 부호를 표기 : 지적도, 임야도

2) 지목을 뜻하는 부호를 표기하는 방법

① 두문자 표기 : 첫 번째 글자를 사용(현행 29개 중 24개 지목이 해당)

② 차문자 표기 : 중복을 피하기 위해 2번째 문자를 사용(공장용지, 주차장, 하천, 유원지)

5. 지목 분류의 용도

1) 관리적 측면 : 한정된 토지를 효율적으로 이용 · 보전하여 토지관리를 과학화

2) 경제적 측면 : 토지세를 공평하게 부여하기 위한 과세자료로 활용

3) 사회적 측면 : 토지 이용의 공공성이라는 공개념에 입각한 지목의 분류

4) 정보화 측면 : 축적된 지목정보의 활용과 공공 및 민간 부분의 자산분류에서 효율성과 호환성 제공

(4.2) 용도지목

답)

지목은 토지 관리의 효율화를 위하여 토지의 주된 사용목적에 따라 토지의 종류를 구분하여 지적공부에 등록한 것으로 토지 현황에 따라 지형지목, 토성지목, 용도지목으로 분류되며 우리나라에서는 용도지목을 채택하고 있다.

1. (용도)지목의 변천 과정

1) 제1단계(1907~1910년) : 17개 지목
   ① 대구시가지 토지측량에 관한 타합사항 제3조
2) 제2단계(~1918년) : 18개 지목
   ① 토지조사사업에 근거
   ② 전답이 전과 답으로 분리
3) 제3단계(~1943년) : 19개 지목
   ① 개정 지세령 제1조
   ② "유지"를 신설
4) 제4단계(~1976년) : 21개 지목
   ① 제정 지적법 제3조
   ② 염전과 광천지 신설
5) 제5단계(~2002년) : 24개 지목
   ① 제1차 전문개정(1975. 12. 31.)
   ② 6개 지목을 3개로 통합하고 5개 지목의 명칭 변경
   ③ 6개 지목 신설 : 과수원, 운동장, 유원지, 목장용지, 학교용지, 공장용지

6) 제6단계(～현재) : 28개 지목

① 제2차 전문개정(제10차 개정)

② 주차장, 양어장, 주유소, 창고용지 신설

2. 토지 현황별 지목 분류

1) 지형지목 : 지표면의 형태, 토지의 고저, 수륙의 분포상태 등에 따라 분류

2) 토성지목 : 토지의 성질, 지질, 토질에 따라 분류

3) 용도지목 : 토지의 용도, 사용목적에 따라 분류하며, 우리나라의 지목설정방식이다.

3. 특징

1) 토지 이용의 효율화를 위해 지목을 설정한다.

2) 장기적이고 직접적인 이용에 따라 지목을 설정한다.

3) 임시적 용도변경은 지목변경이 아니다.

4) "맹지"의 경우 지적도의 지목상 도로가 존재하지 않기 때문에 도로 건설 전 "도로사용승낙서"를 받아야 한다.

(4.3) 토성지목

답)

지목이란 토지관리의 효율화를 위하여 토지의 주된 사용목적에 따라 토지의 종류를 구분하여 지적공부에 등록한 것으로 토지현황에 따라 지형지목, 토성지목, 용도지목으로 분류된다.

1. 지목의 유형(분류)

1) 토지현황별 분류
   - ① 지형지목 : 지표면의 형태, 토지의 고저, 수륙의 분포상태 등에 따라 분류
   - ② 토성지목 : 토지의 성질, 지질, 토질에 따라 분류
   - ③ 용도지목 : 토지의 용도, 사용목적에 따라 분류

2) 구성내용별 분류
   - ① 단식 지목 : 1필지에 1개의 용도지목 설정
   - ② 복식 지목 : 1필지에 2개 이상의 용도기준에 따라 지목을 설정

2. 토성지목

1) 토지의 성질, 지질, 토질에 따라 분류한다.
2) 국토의 종합계획, 토목공사, 농업계획 등에 이용하기 편리하다.
3) 단점으로는 관리가 어렵다.
4) 우리나라에서는 채택하지 않고 있다.
5) 현재 우리나라는 용도지목을 채택하고 있으나 "지형지목"이나 "토성지목"을 보완하는 복식지목체계와 입체지목을 도입해야 할 것이다.

6) 토지피복(국토지리정보원, 환경부) : 지표면의 물리적 현황

3. 용도지목

1) 토지의 주된 사용 용도에 따라 결정되는 지목이다.

2) 현재 지적법에서 채택하고 있는 지목의 형태이다.

(4.4) 점유설

답)

지상에서 경계를 결정하는 방법으로는 점유설, 평분설, 보완설이 있으며, 이 중 점유설은 토지소유권의 경계는 불분명하지만 점유하는 지역이 명확한 1개의 선으로 구분되어 있는 때에는 그 선을 소유자의 경계로 확정한다는 학설을 말한다.

1. 경계의 종류

1) 경계의 특성에 따른 분류 : 일반경계, 고정경계, 보증경계

2) 물리적 경계에 따른 분류 : 자연적 경계, 인공적 경계

3) 법률적 효력에 따른 분류 : 민법상 경계, 형법상 경계, 지적법상 경계

2. 지상경계의 결정방법(현지경계의 결정방법)

1) 점유설

① 지적공부에 의한 경계복원이 불가능한 경우의 지상경계 결정에 가장 중요한 원칙이다.

② 민법 제197조 "점유자는 소유의 의사로 선의, 평온·공연하게 점유한 것으로 추정한다."

③ 민법 제245조 "20년간 소유의 의사로 평온·공연하게 부동산을 점유한 자는 등기함으로써 소유권을 취득한다."

④ 민법 제245조 "부동산의 소유자로 등기한 자가 10년간 소유의 의사로 평온·공연하게 선의이며 과실 없이 그 부동산을 점유한 때에는 소유권을 취득한다."

⑤ 현재 점유하고 있는 상태에 따라 경계를 결정한다.

2) 평분설

① 경계가 불분명하고 점유상태를 확정할 수 없는 경우에는 분쟁지를 물리적으로 2등분하여 쌍방에 귀속시킨다.

② 쌍방의 소유자가 다르게 주장하는 경우, 이에 대한 해결은 평등·배분하는 것이 합리적이다.

3) 보완설

① 새로 결정된 경계가 다른 확정된 자료에 비추어 볼 때 형평·타당하지 못할 때에는 경계를 보완해야 한다.

② 현 점유선에 의하거나, 경계를 결정하고자 할 때 조사된 신뢰할 만한 다른 자료와 일치하지 않을 경우 공정한 방법에 따라 경계를 보완해야 한다.

: 성과수정, 지적측량성과협의회(지적측량 시행규칙 제24조)

③ 우리나라는 (토지조사령에 의한) 토지조사사업 당시부터 토지의 경계 설정 기준을 정하여 관습적으로 사용하고 있다.

(4.5) 일반경계

답)

일반경계는 토지의 경계가 도로, 벽, 구거, 하천, 해안선, 울타리 등 지형지물로 설정된 것을 말한다.

1. 경계의 특성에 따른 분류

1) 일반경계 : 토지의 경계가 자연적인 지형・지물로 설정된 경계
2) 고정경계 : 정밀한 조사측량에 의한 경계
3) 보증경계 : 정밀 지적측량이 수행되고 소관청에 의해 확정된 경계이다.

2. 일반경계의 특징

1) 1875년 영국의 거래법에서 규정하고 있다.
2) 경계가 도로・벽・울타리・하천 등으로 이루어져 있다.
3) 토지의 경계가 담장 중앙부를 연결하는 선으로 이루어져야 한다.
4) 장점은 측량기준이 명확하지 않아도 된다.
5) 경계의 위치상 작은 변화는 무시되며, 소유권이 인접한 소유자와 협의절차가 필요하다.

3. 일반경계와 고정경계의 비교

구분	일반경계	고정경계
경계 설정	자연적인 지형·지물	정밀측량에 의함
경계 표시	도로, 구거, 울타리 등	지적법에서 규정한 표지, 표식
정확도	낮다.	높다.
사용 지역	농촌, 산림지역	도시지역
국가 보증	인정되지 않음	인정되지 않음

4. 현재 지적에서의 경계

1) 현재 지적에서 경계의 일반적 개념은 고정경계에 가깝다.

2) 지적확정측량에서의 경계는 보증경계 개념이다.

3) 지적재조사사업은 다툼이 없는 경우 현실경계, 즉 일반경계를 우선한다.

(4.6) 경계불가분의 원칙

답)

경계불가분의 원칙은 경계 설정의 원칙 중 하나로서 경계는 유일무이한 기하학적 인 선이므로 어느 한쪽에 소속되지 않으며, 인접 토지에 공통으로 작용하므로 분리할 수 없다는 원칙이다.

1. 경계 설정의 원칙

1) 축척종대의 원칙(정확도 향상)

① 동일한 경계가 축척이 다른 도면에 각각 등록되어 있을 때에는 축척이 큰 것에 따른다.

② 도해지적에만 존재하는 원칙으로 선 등록 우선의 원칙과 대립하는 경우가 있다.

③ 경계의 정확도 향상을 위하여 설정된 원칙이다.

2) 선 등록 우선의 원칙 : 동일한 경계가 지적공부에 등록한 시기가 다를 경우 먼저 등록한 경계가 우선시된다는 원칙이다.

3) 직선주의 원칙 : 지적도와 임야도의 경계는 굴곡점을 직선으로 연결한 폐합다각형의 형태로 등록한다는 원칙이다.

2. 경계불가분 원칙의 특징

1) 경계선은 위치와 길이만 있을 뿐 면적과 넓이는 없는 기하학적 선이다.

2) 경계는 인접 토지에 공통으로 작용하므로 분리할 수 없다는 원칙이다.

3) 경계는 유일무이한 것으로 어느 한쪽에 소속되지 않는다.

3. 현실 적용사례

지적도와 임야도, 수치지역과 도해지역, 축척별 경계가 각각 등록되어 있으나 현실에서의 경계는 하나의 선으로 표시한다.

4. 경계의 기능과 특징

1) 경계의 기능

① 토지소유권의 범위를 표시한다.

② 면적측정 및 경계복원의 기준이다.

③ 지적공개주의 실현의 기본이다.

2) 경계의 특징(특성)

① 폐합된 다각형 형태로 인위적인 구획선이다.

② 위치와 길이는 있으나 면적과 넓이는 없다.

(4.7) 경계의 특성에 따른 분류

답)

경계는 토지소유권 등 사법상 권리의 범위를 표시하는 구획선으로 경계의 특성에 따라 일반경계, 고정경계, 보증경계로 구분할 수 있다.

1. 경계의 분류

1) 경계의 특성에 따른 분류 : 일반경계, 고정경계, 보증경계

2) 물리적 성질에 따른 분류 : 자연적 경계, 인공적 경계

3) 법률적 경계에 따른 분류 : 민법상 경계, 형법상 경계, 지적법상 경계

4) 일반적인 분류 : 지상경계, 법정경계, 도상경계, 사실경계

2. 경계의 특성에 따른 분류

1) 일반경계(General Boundary)

① 1875년 영국의 토지거래법에서 규정한 경계로 토지의 경계가 자연적인 지형지물로 설정된다.

② 경계가 도로, 하천, 구거, 울타리, 담장 등으로 이루어진다.

③ 토지의 지가가 높지 않은 농촌지역에서의 토지 등록방법이다.

④ 정확도가 낮고 일필지 경계로서 부족한 점이 있다.

2) 고정경계(특정경계, Fixed Boundary)

① 정밀한 지적측량에 의하여 특정된 경계이다.

② 법률적 효력은 일반경계와 유사하나 정확도는 높다.

③ 토지 경계선에 대한 국가보증은 인정되지 않는다.

④ 고정경계의 결정방법 : 자연지형, 정부에서 규정한 표지 및 표석 설치, 측량성과에 따른 표항, 점유 등

3) 보증경계(Guaranteed Boundary)

① 지적측량사에 의하여 정밀 지적측량이 수행되고 소관청으로부터 사정이 완료되어 확정된 경계이다.

② 정확도에 대한 특별한 보장은 없다.

③ 지적확정측량 등을 통해 구획된 경계이다.

(4.8) 경계복원측량의 방법, 절차, 효력

답)

경계복원측량은 지적도나 임야도에 등록된 경계 또는 경계점좌표등록부의 좌표에 의하여 경계를 지표상에 표시하여 소유권의 한계를 구분하여 주는 측량을 말하며, 구 지적법에는 경계감정측량이란 용어로 사용되었으며, 지적법 제2차 개정(1975.12.31.)에서 경계복원측량이란 용어가 새로이 규정되었다.

1. 토지 경계복원측량의 원리(경계의 등록, 일필지 등록)

1) 도해지적 경계 등록방법

① 국가가 지표상에 설정된 경계를 정해진 축척에 따라 측정하고 그 성과를 지적(임야)도에 선으로 등록 → 안전성 유지

② 소유자의 합의에 의해 설정된 경계표지를 지적측량에 의하여 결정 · 등록함으로써 공시되는 것이다.

2) 수치지적 경계 등록방법(경계점좌표등록부 시행지역의 경계등록)

① 경계의 굴곡점을 평면직각좌표(X,Y)로 경계점좌표등록부에 등록하는 방법

② 측량기준점의 관리가 절대적으로 보장되어야 한다.

2. 경계복원측량의 방법과 절차

1) 경계복원측량의 대상 및 신청

① 경계를 지표상에 복원함에 있어 측량이 필요할 때 신청할 수 있다.

② 현 법률은 처리기한을 5일로 정하고 있다.

2) 경계복원측량의 방법

① 도해지역의 경계복원측량

ㄱ. 지적측량 기준점 및 기지점에 의한다.

ㄴ. 측량결과도 등 명백한 자료가 존재할 때에는 측정점 위치설명도에 의한 복원을 실시한다.

ㄷ. 명백한 자료가 없을 때에는 대상필지 및 주위 토지에 대하여 필계와 관계있는 현황물, 구획지물 등을 기초로 하여 측량을 실시한다. → 현형법

ㄹ. 대상토지의 구조물 및 점유현황을 측정한다.

② 수치지역의 측량방법

ㄱ. 3점 이상의 기준점과 기지점을 기준으로 등록 당시 방법으로 시행한다.

ㄴ. 경계점 좌표에 의하여 거리, 면적 등을 산출하고 기준점으로부터 경계점 간의 거리와 방위각을 역계산하여 지상에 복원하는 방법이다.

ㄷ. 거리는 cm, 방위각은 초단위로 계산한다.

ㄹ. 수평거리로 환산한다.

3) 경계복원 측량의 절차

경계복원 측량의 작업과정은 크게 접수(경계복원측량 의뢰/측량), 준비과정(측량팀 배정, 수행계획서 제출, CIF파일 수령, 과거 자료조사), 현지측량(과거자료, 기준점, 기지점 확인, 경계점 표지 설치), 성과작성, DB등록, 성과도 교부 단계로 구분

3. 경계복원측량 효력

1) 행정처분 구속력 : 지적측량 내용에 대하여 소관청은 물론 상대방까지지도 기속하는 효력으로 경계복원측량의 완료와 동시에 발생한다.

2) 공정력 : 경계복원측량에 의해 경계표지를 설치하면 그 행위는 적법성을 추정받고 누구도 효력을 부인하지 못한다.

3) 확정력 : 유효하게 성립된 지적측량은 일정기간이 경과한 뒤 누구도 그 효력을 다툴 수 없고 변경할 수 없다.

4) 강제력 : 행정청 자체의 힘으로 실현할 수 있는 효력이다.

5) 경계 복원 효력의 멸실 : 경계점 표지가 멸실된 경우에는 그 처분도 멸실된다.

(4.9) 법률적 경계(법률적 효력에 따른 분류)

답)

법률적 경계는 일종의 관념적 경계로서 도상경계의 범주에 속하며, 물리적 경계를 지적공부에 등록하거나 부동산 등기 등에 의하여 확정된 경계로 일정한 법률적 효력이 부여된다.

1. 민법상 경계

1) 토지에 대한 소유권이 미치는 범위

2) 현지 지상에 설치된 지형지물에 의하여 구획된 지표상의 경계

3) 민법 제237조 : 경계표나 담의 설치에 대한 소유권 조문

4) 민법 제239조 : 경계에 설치된 경계표, 담, 구거 등은 상린자의 공유로 추정한다.

2. 형법상 경계

1) 사법상 토지경계와 시, 도, 군 등 행정구역상 경계도 포함한다.

2) 형법상 경계는 소유권 등 권리의 장소적 한계를 나타내는 표시를 말한다.

3) 물리적 경계에 법률적 효력을 부여한다.

4) 경계는 객관적으로 통용될 수 있으며 주관적인 형법상 경계는 보호되지 않는다.

5) 형법상 경계표지를 훼손하거나 제거한 자는 3년 이하의 징역 및 500만 원 이하의 벌금에 처한다.

3. 지적법상 경계

1) 지적도 또는 임야도에 등록·공시한 구획선이다.
2) 경계점좌표등록부에 등록된 좌표의 연결이다.
3) 합병을 제외하고 지적공부에 등록한 선은 반드시 지적측량을 실시하여 결정한다.
4) 지적법상 경계는 민법이나 형법에서 정의하는 경계가 아니라 지적공부에 등록된 경계이다.
5) 도상경계는 도면 또는 지도상에서 인식할 수 있는 경계이다.
6) 지적에서 경계는 일정한 법적 효력이 부여되어 있으므로 임의로 물리적 경계에 맞게 법률적 경계를 변경하거나 수정할 수 없다.(확정력)

Ⅲ. 측지학

1. 측지일반
2. 각/거리
3. 타원체
4. 좌표계
5. 투영법/오차
6. 사진측량

1. 측지일반

(1.1) 경도와 위도

답)

경위도좌표계는 경도(λ), 위도(ϕ), 표고(h)를 이용하여 3차원 위치를 표시하는데 지오이드를 기준으로 구한 경위도를 천문경도, 천문위도라 하고 준거타원체를 기준으로 구한 경위도를 측지경도, 측지위도라 한다.

1. 경도(Longitude)

1) 경도의 특징

① 본초 자오선과 적도의 교점을 원점으로 한다.

② 본초 자오선을 기준으로 동쪽으로 180°를 동경, 서쪽으로 180°를 서경이라 한다.

③ 동경과 서경이 만나는 경도선을 날짜변경선, 즉 본초자오선이라 한다.

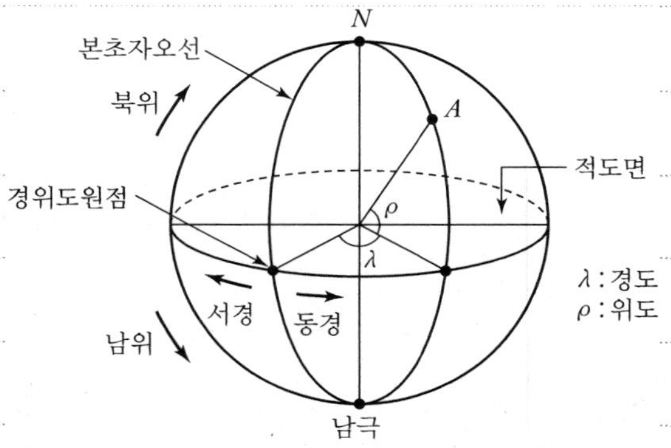

〈경위도 좌표계〉

2) 경도의 종류

① 측지경도(Geodetic Longitude) : 본초자오선과 타원체상의 임의의 자오선이 이루는 적도상 각거리

② 천문경도(Astronomical Longitude) : 본초자오선과 지오이드상의 임의의 자오선이 이루는 적도상 각거리

2. 위도(Latitude)

1) 위도의 특징

① 지표면상의 한 점에서 세운 법선이 적도면과 이루는 각

② 남북위 0~90°로 표시

③ 적도와 평행하게 그은 선을 위도선이라 한다.

2) 위도의 종류

① 측지위도 : 지구상의 한 점에서 회전타원체(수직선) 법선이 적도면과 이루는 각

② 천문위도 : 지구상의 한 점에서 지오이드의 연직선이 적도면과 이루는 각

③ 지심위도 : 지구상의 한 점과 지구 중심을 맺는 직선이 적도면과 이루는 각

④ 화성위도 : 지구 중심으로부터 장반경(a)을 반경으로 하는 원과 지구상 한 점을 지나는 종선의 연장선과 지구 중심을 연결하는 직선이 적도면과 이루는 각

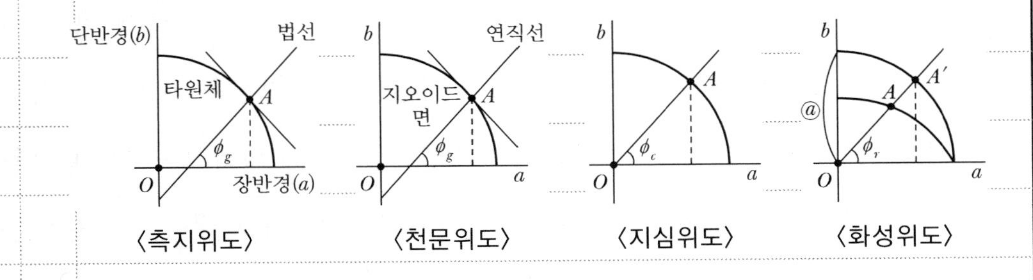

〈측지위도〉 〈천문위도〉 〈지심위도〉 〈화성위도〉

3. 위도의 활용

1) 측지위도를 기준으로 위치를 표시한다.

2) GNSS 측량에서는 지심위도를 이용한다.

3) 측지위도와 천문위도를 이용하여 연직선 편차를 구한다.

(1.2) 경위도 원점

답)

대한민국 경위도 원점은 1981년부터 1985년까지 정밀 천문측량을 실시하여 국립지리원(현 국토지리정보원) 고시 제57호로 그 값을 정하였고 2002년 2월 4일 측량법이 개정되어 측량의 기준으로 세계측지계를 채용하고 최신 우주측지기술을 이용하여 새로운 경도, 위도, 방위각을 결정하였다.

1. 경위도 원점의 법적 근거

1) 「공간정보의 구축 및 관리 등에 관한 법률」 제6조(측량기준)
   위치는 세계측지계에 따라 측정한 지리학적 경위도와 높이로 표시한다.
2) 측량의 원점은 대한민국 경위도 원점 및 수준 원점으로 한다.

2. 경위도 원점의 특징

1) 원점은 국토지리정보원(수원시 팔달구 원천동 111번지) 내에 위치하고 있다.
2) 우리나라의 측지기준망은 일본 동경천문대의 원점을 기초로 구성한다.
4) 최근에 설치된 경위도 원점은 2002년 1월 1일에 관측하여 2003년 1월 1일에 고시하였으며 원방위각 위치는 서울과학기술대학교 내 위성측지기준점이다.
5) 한 나라의 모든 위치의 기준으로서 측량의 출발점이 되는 점이다.
6) 위도는 지표면과 천체 간의 각도로서 남북을 잇는 지축에 직각이 되는 적도를 0도로 하여 남북으로 극을 향해 각각 90도로 구분하여 남북위치를 정한다.
7) 경도는 지축을 따라 교차하는 두 개의 면이 이루는 각도이다.
8) 1884년 영국 그리니치천문대를 지나는 경선(본초자오선)을 경도 0도로 하고

이를 기준선으로 하여 동서로 180등분하여 위치를 표현한다.

3. 경위도 원점의 측량

1) 삼각점의 설치는 일본 대마도의 1등 삼각본점과 우리나라의 절영도와 거제도 삼각점을 사각망 형태로 연결하여 전 국토에 대한 대삼각측량을 실시하였다.
2) 1975년 국토지리정보원에서 1, 2등 삼각점을 기초로 정밀1차 측지망 사업을 시행하였다.(삼변측량에 의함)

위치 : 경기도 수원시 팔달구 원천동
111 국토지리정보원 청사 내
경도 : 127 03 05.1451 E
위도 : 37.16.58.18.190
원방위각 : 170.58.18.190

(1.3) 10.405″(초)

답)

1907년 일본 관동 대지진으로 동경 원점의 자오환이 파괴되고 단파산, 비차산의 삼각점 수평위치가 변화하였다. 1918년 문부성 고시에 의하여 대자오 중심의 경도차가 10.405″인 것으로 나타나 모든 삼각점의 경도에 +10.405″를 더한 것이다.

1. 10.405″의 배경(유래, 원인)

1) 일본은 근대적 측지측량에 착수함에 따라 동경의 국토지리정보원 국내에 원점을 설치하고 1885년에 관측을 완료하여 결과를 발표하였다.

2) 이후, 관동 대지진으로 동경 원점의 자오환이 파괴되고 단파산, 비차산의 삼각점 수평위치가 변화하였다.

3) 짓트만점의 경도를 대자오 중심값으로 보정한 경도와 문부성 고시에 의한 대자오 중심값의 경도차가 10.405″인 것으로 나타났다.

2. 10.405″의 발생

1) 우리나라의 삼각점은 일본의 경위도 원점을 기준으로 한 삼각망에 연결하여 성과를 산출하였다.

2) 우리나라의 1등 삼각점은 1등 삼각망의 방위표점을 위한 중력편차의 영향이 고려되지 않아 한국 삼각점과 만주 삼각점의 성과를 비교한 결과 남으로 약 29cm, 동으로 약 400m 차이가 발생한다.

3) 10.405″ 보정을 우리나라 삼각점에 가산 사용한다.

4) 우리나라 TM 투영원점의 오차보정

서부원점 : 경도 125도 ⇒ 경도 125도 10.405초

중부원점 : 경도 127도 ⇒ 경도 127도 10.405초

동부원점 : 경도 129도 ⇒ 경도 129도 10.405초

3. 10.405″ 해결방법

1) 세계측지계를 전국적으로 사용한다.

2) 지적삼각점과 삼각점의 일원화 : 통일된 원점체계

3) 독자적인 한국 원점과 측지기준계를 확립한다.

4) GNSS 상시관측소를 활용해 실시간 데이터를 분석하고 지각변동을 체크한다.

(1.4) 매개변수방정식

답)

매개변수방정식이란 지적측량의 좌표 산출 시 베셀타원체와 세계타원체(GRS80 타원체)를 기준한 좌표계를 상호 변환하기 위하여 두 좌표계의 위치를 3차원 직교좌표계(X, Y, Z)로 변환하는 것을 말한다.

1. 좌표변환 모델

1) Bursa-wolf(부르사울프) 모델

두 3차원 직교좌표계 간의 좌표계 원점에 대한 이동량 및 좌표축의 회전량을 구하는 방식이다.

2) Molodensky(몰로덴스키) 모델

3차원 직교좌표계의 임의의 한 점(경도, 위도, 높이)을 고정시키고 이에 대한 이동량, 회전량을 구하는 방식이다.

3) Veis(베이스)모델

측량지역 중심의 점(경도, 위도, 높이)을 중심으로 좌표성과를 국소지평좌표계에서 방위각과 경위도의 미세 변화량인 연직선 편차를 추출하는 방식이다.

2. 매개변수방정식의 좌표변환 원리

1) 7개의 변환 파라미터를 이용 A좌표계 상의 위치를 B좌표계 상의 위치로 좌표변환하는 원리를 말한다.

2) 우리나라 지역좌표계와 세계좌표계 간의 변환방정식은 3D-Helmet(3D-헬멧)변환을 이용한다.

3) 변환요소인 선형 이동량(ΔX, ΔX, ΔZ), 회전 이동량(ω, ϕ, κ)과 축척계수 S를 이용하여 최소제곱법으로 산출하여 변환한다.

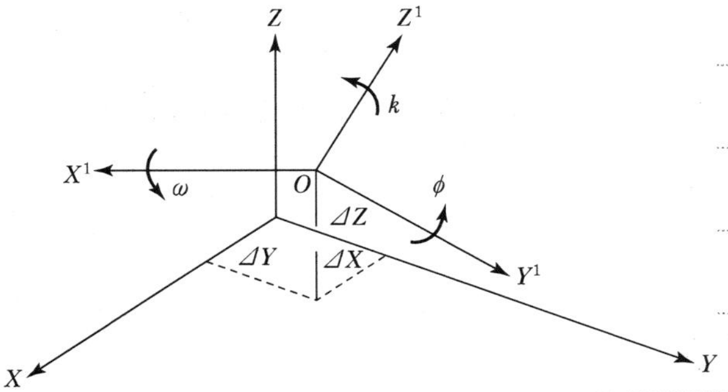

〈매개변수방정식의 좌표변환 원리〉

3. 좌표변환의 절차

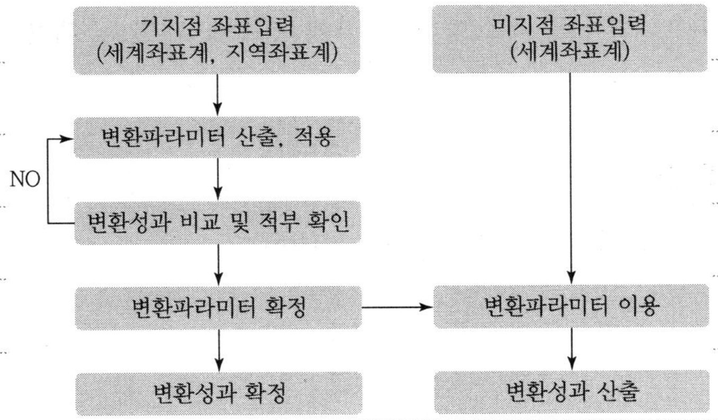

기지점 좌표입력 (세계좌표계, 지역좌표계)
변환파라미터 산출, 적용
NO
변환성과 비교 및 적부 확인
변환파라미터 확정
변환성과 확정
미지점 좌표입력 (세계좌표계)
변환파라미터 이용
변환성과 산출

〈좌표변환의 절차도〉

(1.5) 축척계수(SF : Scale Factor)

답)

기준면상에서 측정한 곡면길이를 평면직각좌표에 따라 평면거리로 환산하는 것을 투영이라 하며 이러한 과정에서 발생되는 왜곡을 보정하기 위해서 적용하는 것을 축척계수라 한다.

1. 축척계수의 산출

1) 기준면상 거리(구면) → 평면상 거리

$$\text{축척계수(SF)} = \frac{\text{평면거리}}{\text{구면거리}}$$

2) 투영에 따른 오차를 최소화하기 위해 Y축에 대한 증대율을 산출한다.

$$K = 1 + \frac{(Y_1 + Y_2)^2}{8R^2}$$

K : 축척계수

Y_1, Y_2 : 원점에서 삼각점 횡선거리(km)

R : 지구의 반경

2. 축척계수의 특징

1) 타원체면 또는 구면상의 거리와 평면거리의 비를 말한다.

2) 원점에서 축척계수 1을 주면 정확한 좌푯값을 갖게 되고 원점에서 멀어질수록 왜곡이 발생한다.

3) 지도 투영면이 기준면(구면) 아래 있으면 1보다 작은 값을 가진다.

4) 지도 투영면이 기준면(구면) 위에 있으면 1보다 큰 값을 가진다.

5) 축척계수가 작을수록 투영범위가 넓어진다.

6) 축척계수가 2.0이면 지도상 거리가 2배가 된다.

$$\text{축척계수} = \frac{\text{평면거리}}{\text{구면거리}} = \frac{\text{평면지도 축척}}{\text{지구본 축척}}$$

3. 축척계수의 적용

1) 우리나라는 지도 제작 관리의 효율성, 공간정보 활용을 촉진하기 위하여 기본 공간정보의 경우 단일원점체계(UTM-K), 수치지형도의 경우 서부, 중부, 동부, 동해 4원점체계의 TM 투영을 채택하고 있다.

매개변수	국가기본도 평면직각좌표계	단일평면직각좌표계
투영원점	• 경도 : 동경 125°, 127°, 129°, 131° (4개의 권역) • 위도 : 북위 38°	• 경도 : 동경 127°30′00″ • 위도 : 북위 38°
축척계수	1.0	0.9996
False Easting	200,000m	1,000,000m
False Northing	500,000m	2,000,000m
투영법	TM(Transverse Mercator)	

2) UTM의 각 구역의 중앙 자오선에서의 축척계수는 0.9996이며 구역의 경계에서는 약 1.0010 정도이다. 원점에서 동서로 180km 위치에서 축척계수가 1이 되어, 그 이내에서는 축척계수가 1보다 작고, 180km를 벗어나는 지역에서는 축척계수가 1보다 크게 된다.

(1.6) 국제단위계(SI : System of International units)

답)

국제단위계는 미터법으로 불리며 과학기술계에서는 MKSA 단위계라고 불리는 관측단위체계의 최신 형태이다. 미터법 단위계는 1875년 파리에서 체결된 미터조약에 의해 제정된 이래 전 세계에 보급되어 이용되고 있다.

1. 국제단위계의 기본단위

1) 길이의 단위 : 미터(meter : m)

2) 질량의 단위 : 킬로그램(kilogram : kg)

3) 시간의 단위 : 초(second : s)

4) 전류의 단위 : 암페어(Ampere : A)

5) 열역학적 온도단위 : 켈빈(Kelvin : K)

6) 물질의 질량을 재는 단위 : 몰(mol)

7) 광도 단위 : 칸델라(candela)

2. 국제단위계의 보조단위

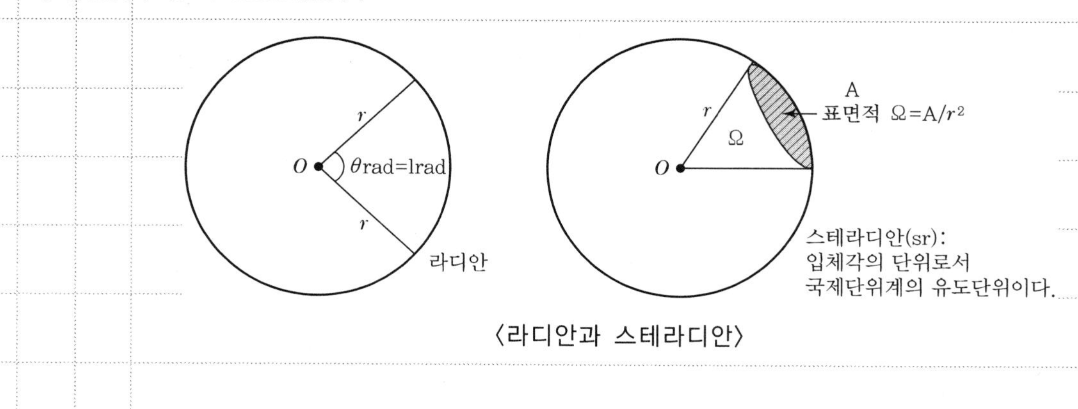

〈라디안과 스테라디안〉

1) 라디안 : 평면각의 단위로서 원의 반지름과 같은 호에 대한 중심각

$$1\text{rad} = \frac{1\text{m}(\text{호의 길이})}{1\text{m}(\text{반경})}$$

$$360° = 2\pi\,\text{rad}$$

$$180° = \pi\,\text{rad}$$

$$1\text{rad} = \frac{180°}{\pi} = 206265''$$

2) 스테라디안 : 공간각(입체각)의 단위로서 반지름이 r인 구에서 표면적이 r^2일 때의 입체각의 크기를 말한다.

$$1\text{sr} = \frac{(\text{구의 일부 표면적 } A)}{(\text{구의 반경의 제곱 } r^2)}$$

3. 국제단위계의 특징

1) 모든 물리량을 나타내는 일관성 있는 체계를 형성하고 있다.

2) 전 세계가 동일한 방법으로 모든 분야에 적용하고 있다.

3) 단위기호는 로마체, 양의 기호는 이탤릭체로 기재한다.

4) 고유명사에서 유래하였다.

5) 첫 글자를 대문자 기호로 사용한다.

6) kg을 제외한 나머지는 물리적 실험에 의해 정의되었다.

4. 이용분야

1) 라디안 : 각속도(rad/s), 각 가속도(rad/s^2) → 분해능 계산, 삼각함수에 이용, 미적분 실숫값 도출

2) 스테라디안 : 복사도(W/sr), 복사휘도($\text{W} \cdot \text{sr}^{-1} \cdot \text{m}^{-2}$) 등

(1.7) EDM의 영점보정(Electronic Distance Measuring)

답)

전자기파에 의한 거리측정장치를 전자파측지기(EDM)라 하며 측정원리는 측점에 설치된 기계에서 발사한 발사파가 반사경에서 반사되어 되돌아오는 위상차를 측정하여 거리를 계산한다.

1. EDM의 특징

1) 전파측거기와 광파측거기로 분류된다.
2) 전자데오돌라이트와 EDM, 마이크로 컴퓨터를 결합한 T/S가 현장에서 널리 사용된다.

2. EDM의 측정원리

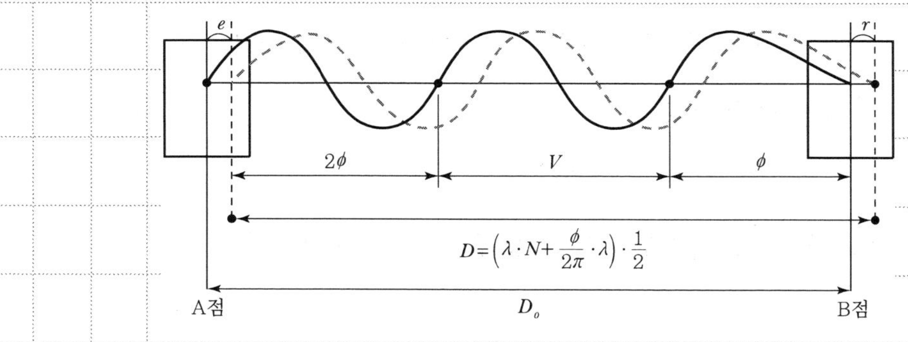

〈광파측거기의 원리〉

실선 : 발사파, 점선 : 반사파, D_o =AB 사이의 거리

D : 측정거리, r : 반사경 정수, e : 기계정수, ϕ : 위상차

두 점 간의 전파 또는 광파가 측정점에 설치된 반사경에서 반사되어 돌아올 때까지의 위상차를 측정하여 계산거리를 산출하는 원리이다.

3. EDM의 특성비교

구분	전파측거기	광파측거기
반송파	극초단파(Micro Wave)	적외선, Laser(빛)
장비 구성	주국과 종국	기계와 반사경
거리	장거리용(30~50km)	단거리용(5km)
장점	장거리 관측에 적합하다. 기상에 영향받지 않는다.	정확도가 높다. 용량이 가볍고 트랜싯과 병용
단점	정확도가 낮다. 교통 반사등에 간섭을 받는다.	기상에 영향을 받는다.

4. EDM에 의한 지적측량

1) 일반측량 : 정밀도에 문제점이 내포된다.

2) 지적측량

① 기초점 측량과 경계점좌표등록부 시행지역

② T/S를 활용한 일필지 측량

③ 지적삼각점 관측 시 표준편차 ±(5mm+5ppm) 이상인 정밀측거기를 사용한다.

④ 원점에서 투영된 평면거리 계산

⑤ 기지각 ±40초 이내

5. EDM 오차발생 원인

1) 거리에 비례하는 오차

① 광속도 오차 : 공기저항에 의한 광속도의 미세 오차

② 광변조 주파수 오차 : 실제 주파수와 이론 주파수의 차이

③ 굴절률에 의한 오차

2) 거리에 비례하지 않는 오차

① 위상차에 의한 오차 : 부정확 기계오차

② 영점오차 : 기계 상수와 반사경 상수 오차

③ 편심오차 : 기계 또는 반사경의 중심이 지상 측점과 불일치하여 발생하는 오차

6. 전자기파의 오차보정

1) 기상보정 → 기상에 따라 민감하므로 반드시 보정해야 한다.

① 기온, 기압, 온도 등의 영향을 받아 오차가 발생하므로 기후를 측정하여 보정해야 한다.

② 기상 상태로 직접 관측이 곤란한 변수에는 강수, 안개, 아지랑이 등이 있다.

③ 직접 측정이 가능한 변수와 불가능한 변수가 있으므로 보정 시 주의한다.

2) 영점보정 → 장기간 사용 후, 새로이 영점 보정량을 결정한다.

① 기계 중심점과 반사경의 중심점이 지상측정과 일치하지 않기 때문에 보정하는 것이다.

② 영점오차는 광파측거기의 경우 2~30mm이나 (일반적으로) 기계마다 그 값이 주어져 있다.

③ 최신 장비는 보정값이 지정되어 있어 자동으로 보정된다.

④ 프리즘은 자체 고유정수가 있으므로 전파측거기와 맞는 프리즘을 사용해야 한다.

⑤ 입사각에 의한 오차를 소거하기 위해서는 프리즘을 연직선으로 세워야 한다.

3) 투영보정

① 전파측거기로 측정한 거리는 경사거리이므로 기준면상의 거리로 변환하는 것을 투영보정이라 한다.

② 우리나라는 가우스 상사 이중 투영법을 사용한다.

③ 구체의 반경은 원점에서 평균 곡률 반경을 사용한다.

④ 평면 직각좌표상의 거리로 계산한 후 좌표계산을 해야 한다.

(1.8) 측지원점

답)

1. 개요

우리나라의 측량원점 체계는 경인지역과 대구·경북지역에 부분적으로 시행된 구소삼각원점과 1912년 조선총독부에서 재정 충당 목적의 시가지세의 조속한 징수를 위하여 설치한 특별소삼각점, 그리고 토지조사사업의 통일원점이 있다. 국토지리정보원에서는 우리나라 삼각점의 성과 확립을 위하여 2차에 걸쳐 측지망 사업을 시행하여 정밀 측지망을 완료하였다.

2. 측지원점의 연혁

1) 구소삼각원점 : 1908년 구한국정부의 양전사업을 목적으로 구소삼각원점을 경기, 인천에 6개, 대구·경북에 5개를 설치하였다.

2) 특별소삼각원점 : 임시토지조사국이 시가지세 우선 징수를 위하여 평양 등 19개 지역에 원점을 정하여 우선 측량을 실시하였다.

3) 통일원점

① 임시토지조사국이 토지, 임야조사사업 실시를 위해 설치하였다.

② 북위 38°와 동경 125°, 127°, 129°선의 각 교차점을 서부, 중부, 동부 원점의 3대 가상원점으로 정하였으며 2003년도에 131°선에 동해원점을 추가하였다.

③ 4대 원점을 기준으로 하여 각 삼각점의 종횡선 수치 계산, 지구표면을 평면으로 정하는 투영식은 가우스 상사 이중 투영법을 적용하고 있다.

4) 대한민국 수준원점

① 임시토지조사국은 국토의 높이 기준과 삼각망의 변장을 투영면상 거리로 환산하기 위하여 검조장을 설치하고 전국에 수준점을 설치하였다.

② 인천 수준기점을 이설하여 대한민국 수준원점을 설치하였다.

5) 대한민국 경위도 원점 : 국토지리정보원은 정밀 천문측량에 의하여 경위도 원점을 설치하였다.

6) 중력원점 : 국토지리정보원 내에 중력기준점 설치

3. 측지원점

1) 경위도 좌표계

① 동경원점 : 관동 대지진에 따른 동경 원점의 파괴로 삼각점의 수평위치가 변화되어 모든 삼각점의 경도에 +10.405″를 더하게 되었으며, 임시토지조사국에서는 일본의 삼각측량과 연결하기 위해 대마도의 어악과 유명산에서 절영도와 거제도의 삼각점을 연결한 사각망 형태의 대마연락망을 신설하였다.

② 대한민국 경위도 원점 : 국토지리정보원의 장기계획에 의거 정밀 천문측량을 실시하여 경위도 원점을 완료하였으며 수원시 팔달구 원천동 국토지리정보원 내에 설치하였다.

2) 구소삼각원점 : 토지조사사업 이전인 대한제국시대에서 양전업무를 실시하여 소삼각측량을 통해 경인지역과 대구·경북지역에서 부, 군 규모를 하나의 측량지역으로 하여 실시하였다. 특별소삼각측량과 마찬가지로 지도투영을 적용하지 않고 전 지역을 평면으로 가정하여 시행하였으며, 나중에 일반 삼각측

량과 계산상으로 연결하였다.

3) 통일원점

① 통일원점은 조선총독부 임시토지조사국이 토지조사사업을 위한 "조선토지측량표령"을 공표하면서 삼각측량사업을 착수하였고 3대 가상원점을 기준으로 지구의 표면을 평면으로 정하는 투영식은 가우스 상사 이중 투영법을 적용하였다.

② 평면직각종횡선의 좌표수치를 모두 정수로 계산하기 위하여 각 원점에 종선 500,000m와 횡선 200,000m를 가산하여 사용하고 있으며 제주도지역은 종선만 550,000m를 가산하였다.

③ 동해원점은 2003년에 신설되었다.

4) 특별소삼각원점

① 임시토지조사국이 재정수요를 조기에 충당하기 위하여 시가지세를 신설하고 이를 징수하기 위하여 대삼각측량 미완료지역에 대해 소삼각측량을 실시하고 일반삼각점과 연결하는 방식이다.

② 거리의 단위를 간(間)으로 하고 원점의 수치는 0, 0으로 하였기에 종횡선 수치에 정·부의 부호가 있다.

③ 원점은 당해 측량지역의 삼각점을 종횡선 원점으로 하고 종선에 1만 m, 횡선에 3만 m를 가산하였으며, 일반지역에 비해 기선의 정도가 매우 낮게 나타났다.

5) 수준원점

① 임시토지조사국은 청진, 원산, 진남포, 목포, 인천에 험조장을 설치하여 평균해수면을 관측하고 수준기점을 기준으로 수준점을 설치하였다.

② 검조란 국토의 중등조위를 결정하여 수준측량의 기초에 활용하도록 하는 작업으로 자기험조의를 장착한 후 1년 이상의 관측결과로서 각기 평균중등조위를 산정하였다.

③ 장기간의 경과로 수준점이 망실됨에 따라 인하공업전문대학 구내에 대한민국 수준원점을 설치하였다.(표고 : 26.6871m)

④ 우리나라의 국토 높이를 측정하는 기준점으로 1963년 설치하였다.

(1.9) 측지원자

답)

일반적으로 측량은 기지점을 출발하여 미지점의 위치를 산출하기 위한 것이며, 이때 미지점의 위치를 산출하기 위해서는 측지원점에 대한 경도, 위도, 방위각, 지오이드 높이, 준거타원체 요소들이 필요한데 이것을 측지원자라 한다.

1. 경도(x) → 동·서로 0~180°

본초 자오선과 임의 자오선이 이루는 적도상 각거리

2. 위도(e) → 남·북으로 0~90°

지표면상의 한 점에서 세운 법선이 적도면과 이루는 각

3. 방위각

진북에서 어느 측선까지 우회로 측정한 각

4. 지오이드고(Geoidal Height)

타원체면과 지오이드면과의 차이로 기준이 되는 타원체가 다르면 지오이드고 또한 다르다.

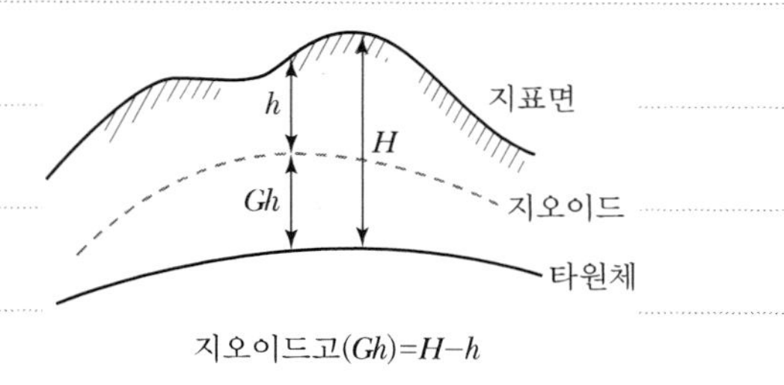

지오이드고(Gh)$=H-h$

5. 준거타원체 요소

1) 준거타원체는 어느 지역의 대지측량의 기준이 되는 타원체로서 우리나라는 Bessel 1841 타원체를 채택하고 있다.

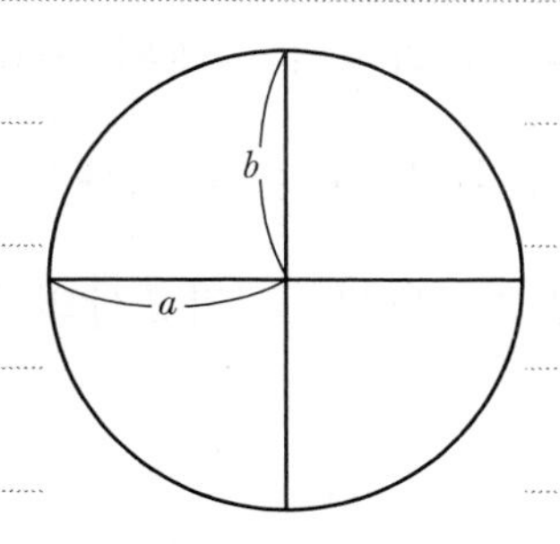

a : 장반경 6,377,397m

b : 단반경 6,356,097m

〈준거타원체 요소〉

① 편평률$(f) = \frac{a-b}{a} = \frac{1}{299.15}$

② 이심률$(e^2) = \frac{a^2-b^2}{a^2}$

2) 한국, 일본, 동남아, 독일 등이 사용한다.

(1.10) 측지선

답)

공간의 2점을 잇는 곡선 중에서 거리가 짧은 것을 말하는데, 유클리드 공간(Euclidean Space)에서는 직선, 구면(球面) 위에서는 대원(大圓)의 호(弧)가 측지선이다. 즉, 지구 타원체상 두 점 간의 최단거리를 나타내는 곡선으로 지심과 지표상 두 점을 포함하는 평면과 지표면의 교선으로 지표상의 두 점을 포함하는 대원의 일부이다.

1. 측지선의 원리

1) 타원체상의 측지선은 평면곡선과 같은 것이 아니고 이중 곡률을 갖는 곡선이다.
2) 정반의 수직절선은 구면상에서 일치하지만 타원체상에서는 일반적으로 서로 다르다.

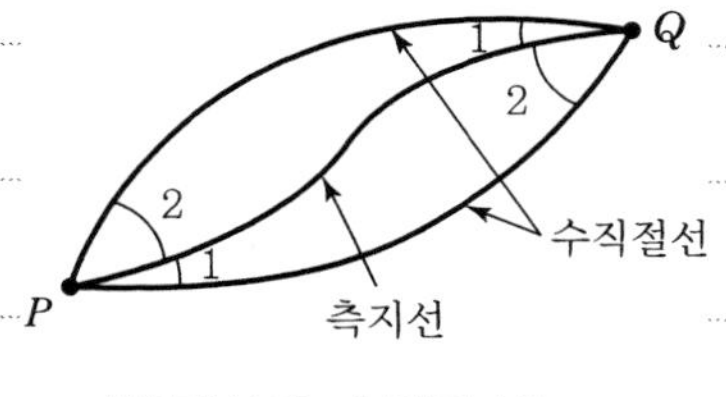

〈측지선과 수직절선〉

2. 측지선의 특징

1) 측지선은 정반의 수직절선 사이에 위치하여 교각을 2 : 1 비로 나누는 곡선이다.
2) 지구타원체의 편평률은 크지 않아서 정반의 수직절선 간격이 매우 근소하다.
3) 측지선은 실측에 의해 구할 수 없고 미분 기하학에 의해 결정된다.(두 점 간 기계거리를 작게 하면 측지선을 구할 수 있다.)

3. 곡면길이 : 곡면선형을 경로로 측량한 길이

1) 측지선(Geodetic Line) : 지표상 두 점을 포함하는 대원의 일부

2) 대원(Great Circle) : 지구 중심을 포함하는 임의 평면과 지표면의 교선

3) 소원(Small Circle) : 그 밖의 평면과 지표면의 교선

4) 자오선(Meridian; 경선) : 양극을 지나는 대원의 절반

5) 평행권(Parallel Line) : 적도와 나란한 평면과 지표면의 교선(위선)

6) 항정선(Rhumb Line) : 자오선과 항상 일정한 각도를 유지하는 지표의 선

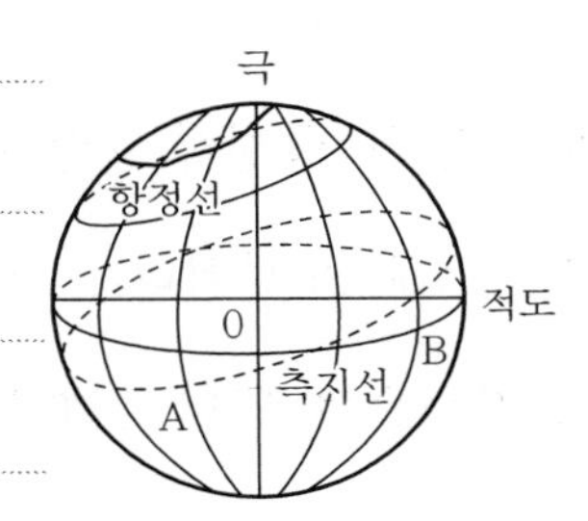

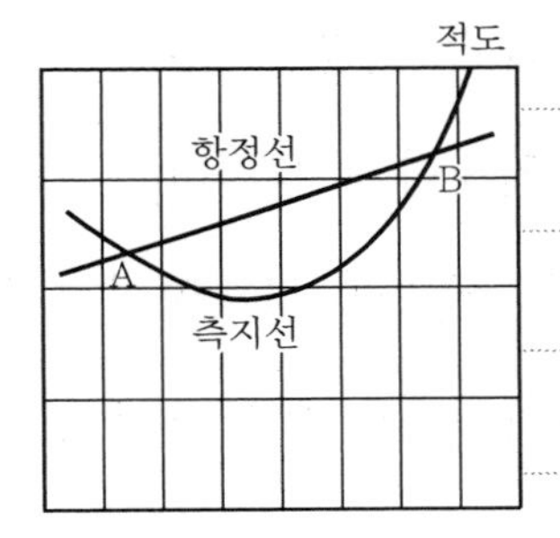

〈측지선과 항정선〉

4. 측지선의 적용

측지삼각망 조정에 있어서는 측지선을 기준으로 하지만, 실제 A에서 B를 시준한 방향은 측지선이 아닌 수직절선 방향이므로 시준선의 방향 보정이 필요하다. 그러나 이 보정은 극히 작으므로 일반적으로 무시한다.

(1.11) 항정선(등방위선)

답)

항정선은 자오선과 항상 일정한 각도를 유지하는 지표의 선으로서 그 선 내 각 점에서 방위각이 일정한 곡선을 말한다.

1. 항정선의 특징

1) 항정선은 방위각이 일정한 곡선으로 등방위선이라고도 한다.
2) 항정선을 계속 연장할 경우, 극지방에 도달한다.
3) 나침반을 일정하게 유지하는 항해에 간편한 항정선 항법이 많이 이용된다.
4) 메르카토르 도법에서는 항정선이 직선으로 표시된다.
5) 적도는 대권이지만 어느 자오선과도 직선으로 만나기 때문에 항정선이다.

2. 항정선과 대응되는 측지선

1) 지구 타원체상 두 점 간의 최단거리를 나타내는 곡선으로 지심과 두 점을 포함하는 평면과 지표상의 두 점을 포함하는 대원의 일부이다.
2) 측지선은 이중곡률을 갖는 곡선이다.
3) 측지선은 정·반의 수직 절선 사이에 위치하며 교각을 2 : 1로 분할하는 성질이 있다.
4) 평면곡선과 측지선의 길이 차이는 극히 미소하여 무시할 수 있다.

3. 항정선과 측지선의 비교

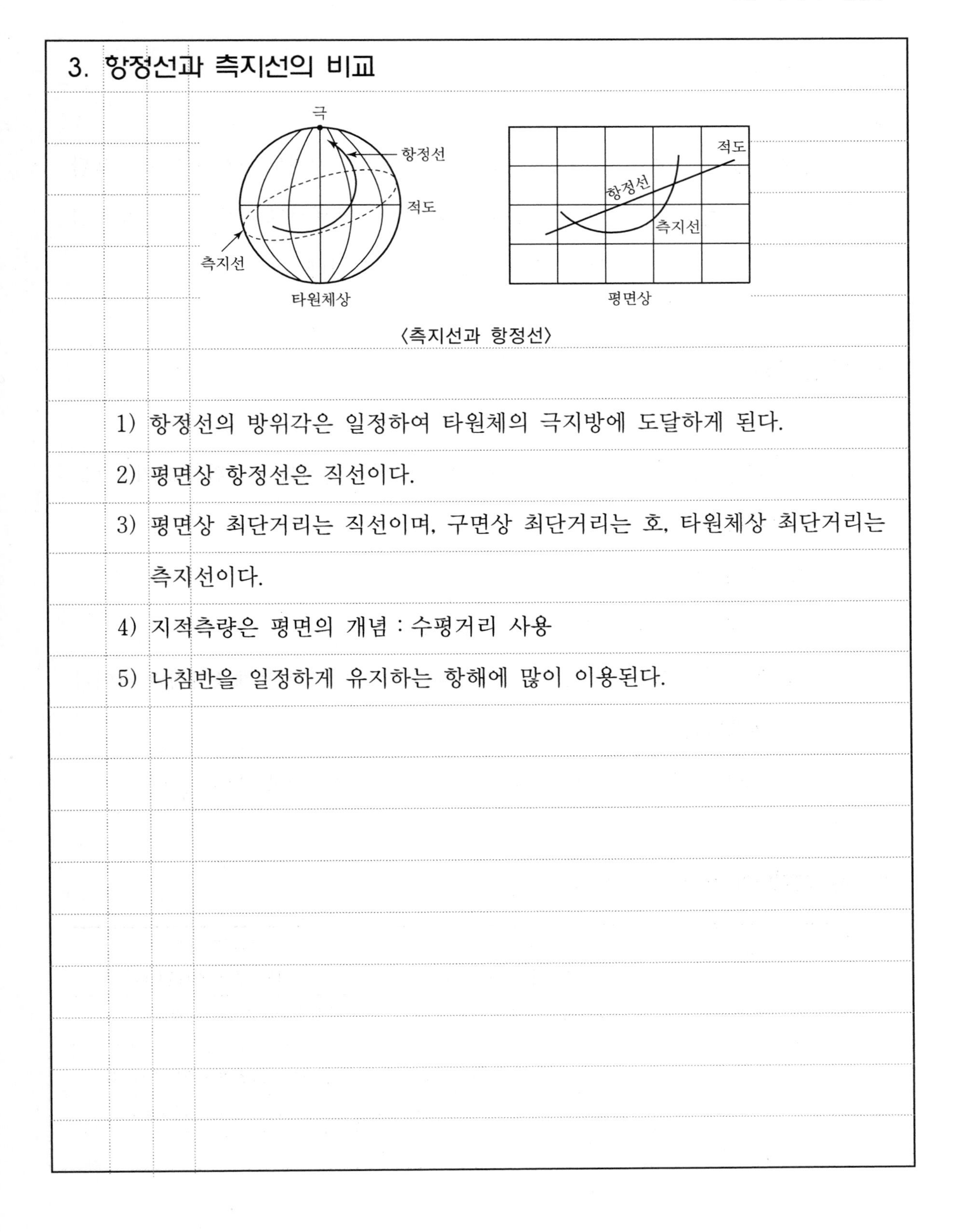

〈측지선과 항정선〉

1) 항정선의 방위각은 일정하여 타원체의 극지방에 도달하게 된다.
2) 평면상 항정선은 직선이다.
3) 평면상 최단거리는 직선이며, 구면상 최단거리는 호, 타원체상 최단거리는 측지선이다.
4) 지적측량은 평면의 개념 : 수평거리 사용
5) 나침반을 일정하게 유지하는 항해에 많이 이용된다.

(1.12) 동경측지계

답)

동경측지계는 1910년대 토지조사사업 당시 지형도와 지적도 작성을 위해 채택된 우리나라 기준 좌표계이며 베셀(Bessel) 타원체를 채택하고 천문관측에 의해 결정된 경위도 원점과 원방위각을 기준으로 구축되었다.

1. 동경측지계

1) 동경측지계의 구축

베셀타원체를 채택하고 천문관측에 의해 경위도 원점과 원방위각을 기준으로 구축하였다.

2) 동경측지계의 특징

① 동경원점계에 의한 지역좌표계이다.

② 경 · 위도를 결정하기 위한 기준의 차이로 인하여 세계측지계와 차이가 발생한다.

③ 우리나라는 거제도와 절영도 삼각점이 원점 역할을 하고 있다.

2. 동경측지계와 세계측지계 비교

측지기준계	한국측지계 (한국 적용 동경측지계)	세계측지계 (ITRF계 세계측지계)
타원체	• Bessel 1841 회전타원체 • 장반경 : 6,377,397.15500m • 편평률 : 1/299.1528128000	• GRS 1980 회전타원체 • 장반경 : 6,378,137.00000m • 편평률 : 1/298.2572221010
데이텀	Korean 1985 데이텀(Tokyo D 데이텀)	ITRF 2000 데이텀

측지기준계	한국측지계 (한국 적용 동경측지계)	세계측지계 (ITRF계 세계측지계)
투영법	TM(Transverse Mercator)	TM(Transverse Mercator)
투영원점	• 서부원점 : 경도 125° 위도 38° • 중부원점 : 경도 127° 위도 38° • 동부원점 : 경도 129° 위도 38° • 동해원점 : 경도 131° 위도 38°	• 서부원점 : 경도 125° 위도 38° • 중부원점 : 경도 127° 위도 38° • 동부원점 : 경도 129° 위도 38° • 동해원점 : 경도 131° 위도 38°
투영원점 가산값	• False Easting : 200,000m • False Northing : 500,000m(단, 제주도의 False Northing은 550,000m)	• False Easting : 200,000m • False Northing : 600,000m
중앙자오선의 축척계수	1.0000	1.0000

3. 한국 좌표계의 문제점

1) 우리나라의 평면직각좌표계는 1910년대 측량에 의하여 결정되었고 조선토지 조사사업이 완료된 1918년에 일본의 동경원점 수치에 오류가 있음을 확인하였다.

2) 공식적으로는 평면직각좌표계의 원점 위치를 우리나라 평면 직각좌표계의 원점으로 하고 있으나, TM 투영공식에 의해 직각좌표를 산출할 때에는 각 구간별 원점의 경도값으로 10.405초를 더한 값을 입력해야 현재 사용하고 있는 평면직각좌표계에 맞는 값을 얻을 수 있다.

3) 여러 개의 직각좌표계를 사용하므로 실제 지역은 다르지만 동일한 직각좌표를 갖는 지역이 여러 군데 발생하는 문제점이 발생한다.

(1.13) 세계측지계

답)

세계측지계란 지구 질량중심을 기준으로 한 타원체상의 좌표계로 세계에서 공통으로 이용할 수 있는 위치의 기준이다.

1. 법률적 근거

「공간정보의 구축 및 관리 등에 관한 법률」 시행령 제7조 "세계측지계" 등

1) 지구를 편평한 회전타원체로 가정하고 다음의 요건을 갖추어야 한다.

① 장반경(a) : 6,378,137m

② 편평률(f) : 1/298.257222101

③ 회전타원체의 중심이 지구질량 중심과 일치할 것

④ 단축이 지구 자전축과 일치할 것

2. 세계측지계의 특징

1) 구축방법에 따라 PZ계, WGS계, ITRF계의 3종류가 있다.

2) 세계 공통으로 이용할 수 있는 위치의 기준이다.

3) 지구 질량 중심의 타원체를 사용한다.

4) 우리나라는 ITRF2000 좌표계와 GRS80 타원체를 채택하여 사용하고 있다.

5) 공간상 위치를 X, Y, Z로 표현한다.

6) 표고는 인천만 평균해수면 기준이다.

7) 수평위치는 VLBI, GNSS를 이용하여 계산한다.

8) 활용

① 측량 법률 : 2010년 1월 1일 전면 사용하고 있다.

② 지적 법률 : 2020년까지 기존 측지계 병행 이후, 전면 세계측지계를 사용하도록 규정하고 있다.

3. 도입 효과

1) 정확하고 통일된 국가 기준망을 구축할 수 있다.

2) 측량성과의 고정밀화 → 경도 10.405초 가산 문제점을 해결할 수 있다.

3) 측량비용 감축, 시간 단축 등으로 효율성이 증대된다.

4) 산업 전반에 걸친 표준화가 용이하다.

5) 정보화 처리 및 가공이 용이하여 관련 산업이 발전한다.

6) 국제표준화에 공헌 → 국제적 자료 호환성이 향상된다.

4. 우리나라의 GRS80 타원체 채택 사유

1) 국제 천문학 연합(IAG), 국제지구회전 관측사업(IERS)에서 사용을 권고하고 있다.

2) 지구중심좌표계를 사용하는 국가에서는 GRS80 타원체를 채택하고 있다.

3) 국제화 추세에 적합하고 WGS84 타원체와 거의 동일한 타원체이다.

(1.14) 국제 지구회전사업(IERS : International Earth Rotation Service)

답)

지구의 회전과 관련된 세차, 극운동, 시간의 변화 등을 결정하는 기관으로 1987년 국제 천문학 연합(International Astronomical Union)과 국제 측지 및 지구물리학 연합(IUGG : International Union of Geodesy and Geophysics)이 설립했다.

1. IERS의 설립목적

1) 범지구적으로 통일된 고정밀 좌표계의 구현
2) 지구 극운동 변화
3) 지구 동역학 연구
4) 지구 회전 및 기준 프레임과 관련된 데이터 및 표준 제공
5) 천문학, 측지학 및 지구 물리학적 공동체 지원

2. IERS 활동 분야

1) VLBI와 LLR, SLR 등으로 구성된 국제적인 관측망을 총괄한다.
2) 인공위성을 이용하는 위성측지 관측망을 주도한다.
3) 한국천문연구원과 국토지리정보원이 GNSS 관측망의 일원으로 활동에 참여하고 있다.
4) 지구 방향, 국제 천체 기준 프레임, 국제 지상 기준 프레임에 관한 데이터를 제공한다.

※ IERS가 사용을 권고하는 타원체는 GRS80 타원체이다.

3. IERS Data

1) 매년 세계 각국 관측망의 좌표와 이동속도를 산출하고 발표한다.

2) 관측망의 좌표는 각 국의 측지 기준점으로 사용한다.

3) 이동속도는 지진 등의 연구자료로 활용된다.

Directing Board | Analysis Coordinator | Central Bureau

Product Centres	ITRS Combination Centres	Working Groups	Technique Cantres
Earth Orientation Centre	DGFI	Site Survey and Co-location	IGS
Rapid Service/Predictions Centre	IGN	SINEX Format	ILRS
Conventions Centre	JPL	Site Coordinate Time Series Format	IVS
ICRS Centre			IDS
ITRS Centre			
Clobal Geophysical Fluids Centre			

Clobal Geophysical Fluids Centre →
- Special Bureau for the Oceans
- Special Bureau for Hydrology
- Special Bureau for the Atmosphere
- Special Bureau for Combination

〈IERS 조직구조〉

(1.15) 정밀도와 정확도

답)

관측값의 오차 해석 시 가장 중요한 개념은 정확도와 정밀도의 차이를 이해하는 것이다. 정밀도는 어느 관측에 대한 관측값의 균질성을 표시하며, 정확도는 관측값이 참값에 일치하는가를 표시하는 척도를 말한다.

1. 정밀도(Precision)

1) 측정값 또는 오차들이 얼마만큼 퍼져있는가를 나타내는 척도, 즉 관측의 "균질성"을 표시하는 척도이다.
2) 관측값의 편차가 작으면 정밀하고 편차가 크면 정밀하지 못하다.
3) 정밀도는 관측과정 및 우연오차와 밀접한 관계가 있다.
4) 관측장비와 관측방법에 크게 영향을 받는다.

2. 정확도(Accuracy)

1) 측정값이 참값에 얼마나 가까운지를 나타내는 척도이다.
2) 측정값이 참값에 가까우면 정확하다.
3) 관측의 정교성이나 균질성과는 무관하다.
4) "정오차"와 "착오"가 얼마나 제거되었는지를 나타낸다.

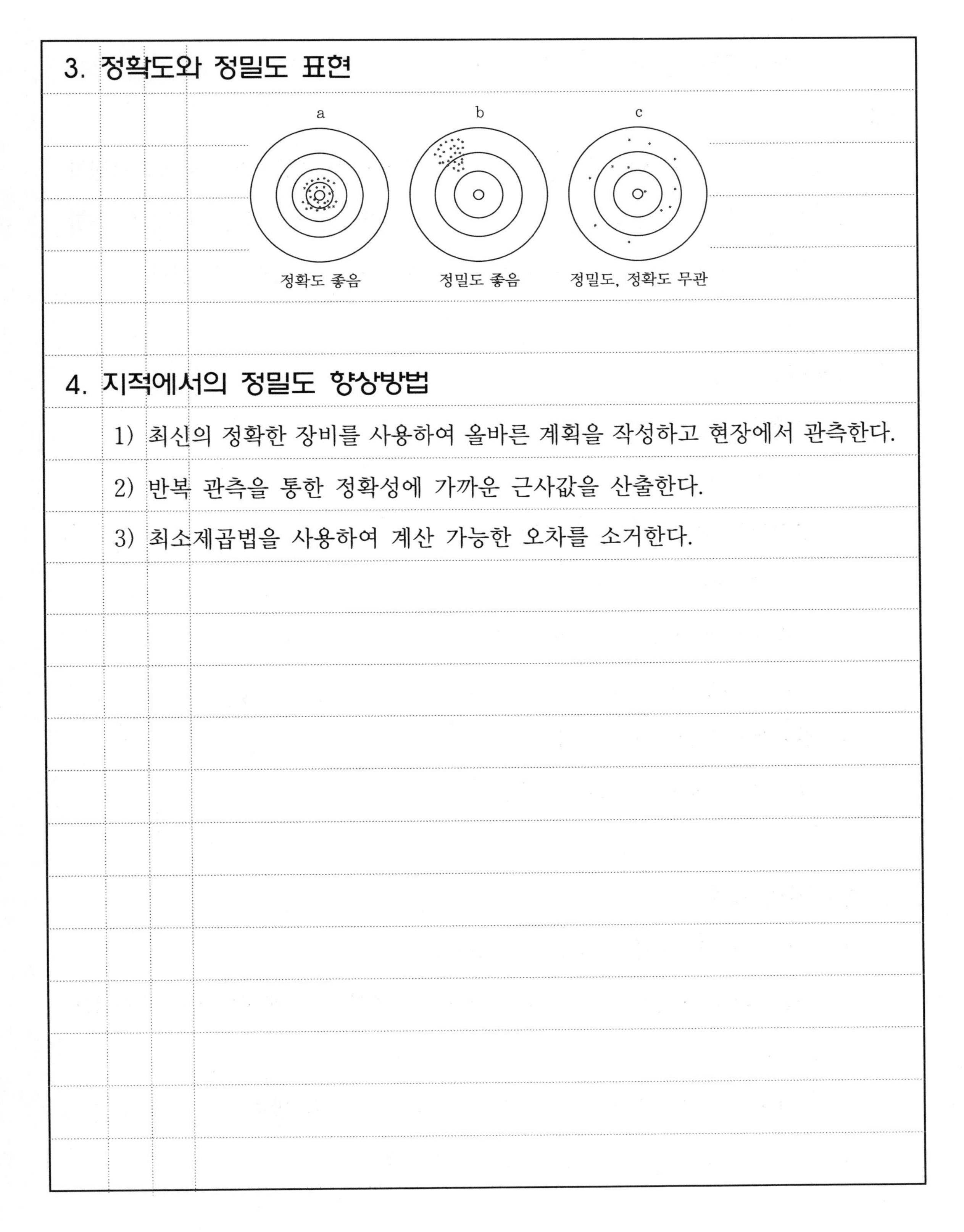

3. 정확도와 정밀도 표현

정확도 좋음 / 정밀도 좋음 / 정밀도, 정확도 무관

4. 지적에서의 정밀도 향상방법

1) 최신의 정확한 장비를 사용하여 올바른 계획을 작성하고 현장에서 관측한다.

2) 반복 관측을 통한 정확성에 가까운 근사값을 산출한다.

3) 최소제곱법을 사용하여 계산 가능한 오차를 소거한다.

(1.16) 경중률(Weight) 오차발생확률

답)

일반적 측정에서 동일한 정밀도로 측정하는 경우와 서로 상이한 정밀도로 측정하는 경우가 있는데, 정밀도를 서로 상이하게 측정하는 경우에는 최확값을 구할 때 정밀도를 고려하는 적용계수를 사용하며, 이를 경중률이라고 한다.

1. 경중률의 성질

1) 경중률은 관측횟수(N)에 비례

$P_1 : P_2 : P_3 = N_1 : N_2 : N_3$

2) 경중률은 정밀도의 제곱에 비례

$P_1 : P_2 : P_3 = \sigma_1^2 : \sigma_2^2 : \sigma_3^2$

3) 경중률은 노선거리에 반비례

$P_1 : P_2 : P_3 = 1/S_1 : 1/S_2 : 1/S_3$

4) 평균제곱근 오차에 반비례

$P_1 : P_2 : P_3 = 1/m_1^2 : 1/m_2^2 : 1/m_3^2$

2. 경중률의 특징

1) 관측값의 신뢰도를 나타내는 척도이다.

2) 측량자의 숙련 정도, 관측 장비의 성능, 기상조건, 측량 목적에 따라 주관적으로 결정한다.

3) 일반적으로 표준편차 또는 분산은 관측의 정밀도를 말한다.

4) 측량값의 경중률이 커지면 정밀도가 우수하다.

5) 표준편차 및 분산값이 작으면 정밀도가 높아진다.

6) 분산값의 역수를 경중률로 이용할 수 있다.

3. 지적도근점 관측 시의 경중률

1) 측점수가 다르고 관측조건이 같다고 할 때, 동일한 조건에서 같은 장비로 한 사람이 관측을 실시하더라도 발생한 오차의 값은 다르다.

2) 오차발생은 측정횟수에 비례하여 도선 오차는 다를 수밖에 없다.

3) 이 경우, 각 도선에 오차를 배부할 보정치를 결정하는 지표를 경중률이라고 한다.

※ 최확값(Most Probable Value, MPV)

1) 정의 : 측량을 반복 관측하여도 참값은 얻을 수 없고 참값에 가까운 값에 도달될 수밖에 없는데, 이 값을 참값에 대한 최확값이라고 한다.

2) 최확값의 산정

① 독립 관측 : 관측값들을 경중률에 따라 평균하여 최확값을 산정한다.

경중률 일정한 경우	경중률 다른 경우
$L_0 = \dfrac{L_1 + L_2 \cdots + L_n}{n}$	$L_0 = \dfrac{P_1L_1 + P_2L_2 \cdots + P_nL_n}{P_1 + P_2 \cdots + P_n}$

L_0 = 최확값, $L_1, L_2, \cdots, L_n$: 관측값

$P_1, P_2, \cdots, P_n$: 경중률

② 조건부 관측 : 어떤 조건에서 수행되며, 관측값과 조건에 따른 이론값의 차이를 경중률에 따라 보정하여 최확값을 산정한다.

경중률이 일정한 경우	경중률이 다른 경우
관측값과 조건에 따른 이론값의 차이, 즉 보정량을 등배분	보정량을 경중률에 비례하여 배분

※ 오차(Error)

1) 오차의 정의

① 오차는 참값과 관측값의 차

② 허용오차 : 어떤 측량에 있어서 요구되는 정확도를 미리 정해 놓은 것 관측값의 오차 < 허용오차

2) 오차의 원인

① 기계적 오차(Instrumental Error)

ㄱ. 사용하는 관측기계에 따라 발생하는 오차

ㄴ. 기계제작의 불량, 기기 조정의 불완전, 눈금의 부정확 등(제거 가능한 오차)

② 자연적 오차(Natural Error)

ㄱ. 주위 환경 및 자연현상(온도, 기상조건 등)에 따라 생기는 오차

ㄴ. 온도변화, 광선의 굴절, 대기압과 습도의 영향 등 보정 계산식에 의해 보정

③ 개인적 오차(Personal Error)

ㄱ. 관측자의 개인차에 따라 생기는 오차

ㄴ. 목표시준 시 관측자의 습관, 시력의 한계 등

3) 오차의 성질에 따른 분류

① 착오, 과실(Mistakes) : 관측자의 미숙, 부주의에 의한 오차

② 정오차, 계통오차, 누차(Systematic Error)

ㄱ. 일정 조건에서 같은 방향과 같은 크기로 발생되는 오차

ㄴ. 오차가 누적되며, 원인과 상태를 알면 제거 가능

③ 부정오차, 우연오차, 상차(Random Error)

ㄱ. 원인이 불명확한 오차

ㄴ. 서로 상쇄되기도 하며, 확률법칙(최소제곱법)에 의해 추정 가능

(1.17) 세계측지계 변환의 평균편차 조정방법

답)

세계측지계 변환의 평균편차 조정방법은 「지적재조사에 관한 특별법」 제4조에 따라 수립하여 고시된 기본계획에 의하여 세계측지계 기준으로 지적공부를 변환하기 위한 방법으로서 공통점을 이용하여 변환된 성과가 지역측지계 지적측량성과와 부합하지 않아 조정이 필요한 지역에서 사용하는 좌표변환 방법이다.

1. 지적공부 세계측지계 좌표변환 방법

1) 평균편차 조정방법 : 세계측지계 관측성과와 대상지역의 변환성과 간 연결교차 이내인 공통점을 이용한 방법으로서 변환된 성과가 지역측지계 지적측량성과와 부합하지 않아 조정이 필요한 지역에 적용하는 방법
2) 현형변환방법 : 지역측지계에서 현형법으로 지적측량 성과를 결정하는 지역에 적용
3) 좌표재계산방법 : 경계점좌표등록부 시행지역에서 지적확정측량 당시의 계산부상 각과 거리를 이용하여 필지경계를 재계산하는 방법

2. 평균편차 조정방법의 절차

1) 변환구역 단위로 선정된 공통점을 이용하여 2차원 헬머트(Helmert) 변환 모델에 의해 변환계수를 산출한다.
2) 산출된 변환계수로 조정이 필요한 변환구역 단위 공통점들의 편차량을 산출한다.
3) 조정이 필요한 변환구역 단위 공통점들의 편차량을 지역측지계 지적측량성과와 부합하도록 평균값을 구하여 조정한다.

3. 좌표변환 성과의 검증

1) 위치 검증

① 검증필지는 변환구역 내 모든 필지를 대상으로 한다.

② 필지별 2개 이상의 경계점을 대상으로 공통점의 지역측지계 성과에서 변환 전 필지의 도상좌표까지 각과 거리를 계산하고 이 값을 사용하여 공통점의 세계측지계 성과를 기준으로 좌표를 산출한다.

③ 검증결과 허용오차는 경계점좌표등록부 시행지역에서는 5cm, 그 밖의 지역에서는 10cm이다.

2) 면적 검증

① 필지의 산출면적은 좌표면적계산법에 의하며, 1천분의 1제곱미터까지 계산하여 결정한다.

② 면적의 비교는 필지의 변환 전과 후의 산출면적을 비교하여 검증한다.

③ 허용면적 공차 계산식 : 좌표변환 전 산출면적×10,000분의 $1m^2$

2. 각/거리

(2.1) 구과량

답)

구의 중심을 지나는 평면과 구면과의 교선을 대원이라 하고, 세 변이 대원의 호로 된 삼각형을 구면삼각형이라 하는데, 이 구면삼각형의 내각의 합과 180°와의 차이를 구과량이라 한다.

1. 구면삼각형

1) 세 변이 대원의 호로 된 삼각형이다.

2) 대규모 지역 측량의 경우 곡면각의 성질이 필요하다.

3) 구면삼각형의 내각의 합은 180°보다 크다.

4) 구면삼각형 공식

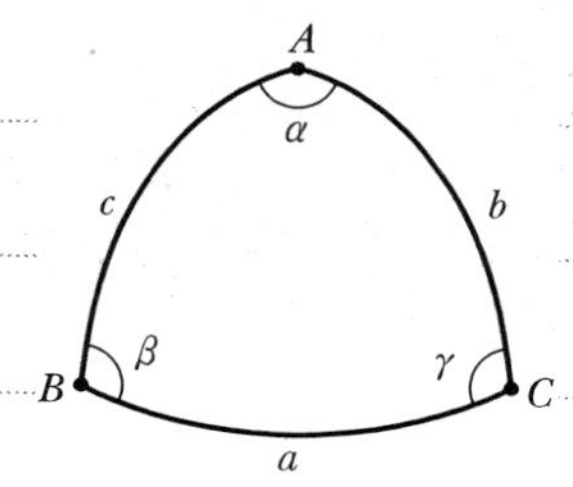

$\alpha = \frac{a}{r}$, $\beta = \frac{b}{r}$, $\gamma = \frac{c}{r}$

반경$(r) = 1$로 가정하면, $\alpha = a$, $\beta = b$, $\gamma = c$가 된다.

역방위각 − 방위각 = 180° + r(자오선수차)

2. 구과량

1) 구면삼각형의 내각의 합과 180°와의 차이이다.

2) 일반측량에서는 미세하므로 평면삼각형의 면적을 사용한다.

3) 구과량$(\varepsilon) = (\alpha + \beta + \gamma) - 180°$

4) 구과량은 구면삼각형 면적에 비례하고 구의 반경의 제곱에 반비례한다.

3. 슈라이버의 정리

1) 슈라이버의 정리

① 대규모 지역에서 적용하여 구과량을 구한다.

② 구면삼각형 공식을 사용하여 변의 길이를 구하는 방법이다.

2) 르 장드르의 정리

① 소규모 지역에 적용하여 구과량을 구한다.

② 평면삼각형 공식을 사용하여 변의 길이를 구하는 방법이다.

(2.2) 르 장드르의 정리

답)

르 장드르의 정리는 구면삼각형을 평면삼각형으로 환산하고 sin 법칙을 이용하여 변의 길이를 구하는 것을 말한다.

1. 구면삼각형과 구과량

1) 구면삼각형은 대원의 호로 된 삼각형이다.

2) 구면삼각형의 내각의 합은 180°보다 크다.

3) 구면삼각형의 내각의 합과 180°와의 차이를 구과량이라 한다.

4) 구과량을 계산해야 할 면적의 한계

- 정밀도 1/1,000,000, 반경 11km, 면적 $400km^2$ 이상 범위

2. 르 장드르의 정리

1) 공식 적용

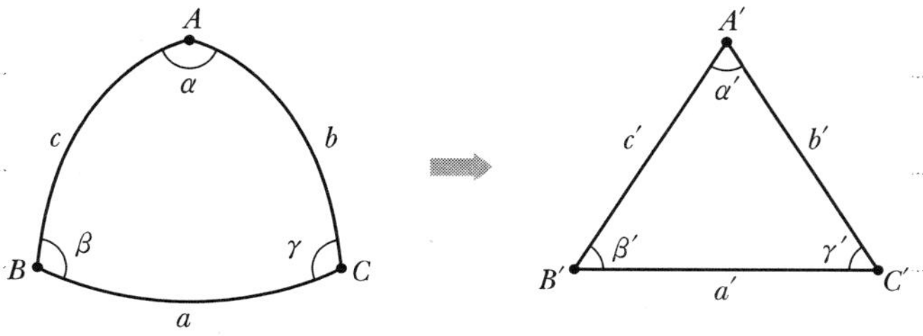

A α c b β γ B C a → A′ α′ c′ b′ β′ γ′ B′ C′ a′

〈구면삼각형을 평면삼각형으로 적용〉

① 구면삼각형의 꼭짓점을 A, B, C, 변 길이를 a, b, c, 내각을 α, β, γ로 정의

② 구과량$(\varepsilon) = \alpha + \beta + \gamma - 180°$

③ 평면삼각형의 내각을 α', β', γ'로 하면

$\alpha' = \alpha - \frac{\varepsilon}{3}$, $\beta' = \beta - \frac{\varepsilon}{3}$, $\gamma' = \gamma - \frac{\varepsilon}{3}$

④ sin 법칙을 이용하여 정리

$$\frac{a'}{\sin\left(\alpha - \frac{\varepsilon}{3}\right)} = \frac{b'}{\sin\left(\beta - \frac{\varepsilon}{3}\right)} = \frac{c'}{\sin\left(\gamma - \frac{\varepsilon}{3}\right)}$$

2) 특징

① 대지 측량에서 구과량을 소거하기 위해 르 장드르의 정리를 사용한다.

② 일반(평면) 측량에서는 미소하므로 평면삼각형 면적을 사용한다.

③ 구면삼각형 계산 시 복잡하므로 평면삼각형 공식을 사용한다.

④ 최근 컴퓨터의 발달로 정확한 계산이 가능하다.

⑤ 1800년경부터 20세기 중반까지 측지측량 결과를 계산하는 데 사용했다.

3. 슈라이버와의 비교

르 장드르의 정리는 소규모 지역에 적용하고 슈라이버 정리는 대규모 지역에 적용하여 구과량을 구한다.

(2.3) 자오선 수차(도편각 = 진북방향각)

답)

자오선 수차란 진북방향각 또는 도편각이라 하며 진북과 도북의 차이를 나타내는 것이다.

1. 방위각의 종류

1) 진북방위각 : 자오선을 기준으로 측정한 각
2) 도북방위각 : 지도상 북쪽을 기준으로 측정한 각
3) 자북방위각 : 나침반 N극을 기준으로 측정한 각

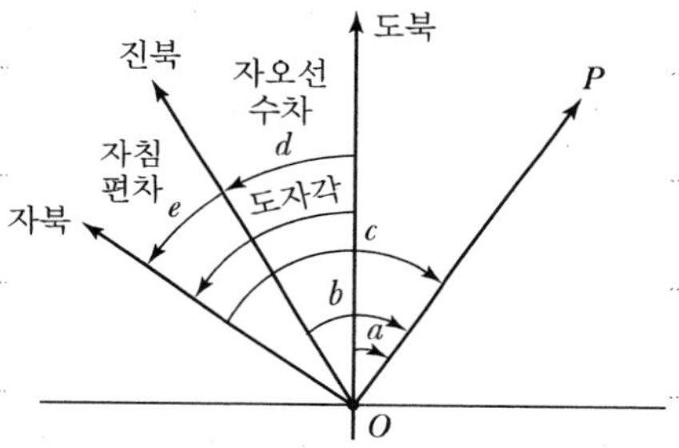

〈방위각의 종류〉

a : 도북방위각
b : 진북방위각
c : 자북방위각
d : 자오선 수차(편차)
e : 자침 편차
p : 임의의 점

2. 자오선 수차의 특징

1) (진북)방위각과 (도북)방향각은 원점에서 일치하지만 원점에서 멀어짐에 따라 증가한다.
2) 도북과 진북방위선의 편차이다.
3) 도북을 기준으로 진북방위각이 서편이면 "−", 동편이면 "+" 값을 갖는다.
4) 원점으로부터 동쪽에 위치할 때는 (−) 값을 가지며 서쪽에 위치할 때는 (+) 값을 갖는다.

5) 자오선 수차(Δd)=(도북)방향각-(진북)방위각

3. 역방위각과 자오선 수차

구면측량과 대지측량일 경우, 자오선 수차를 고려한다.

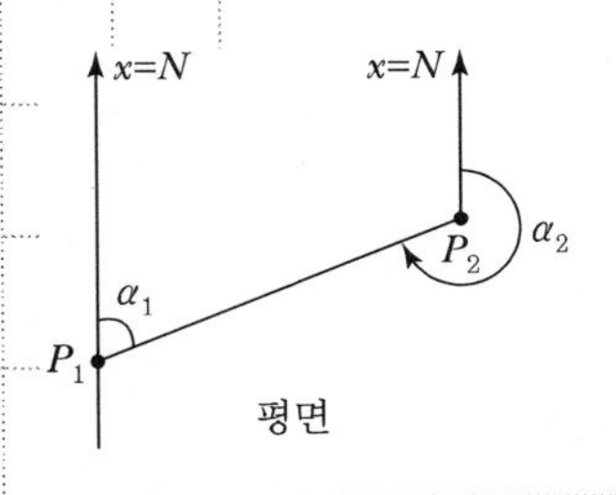

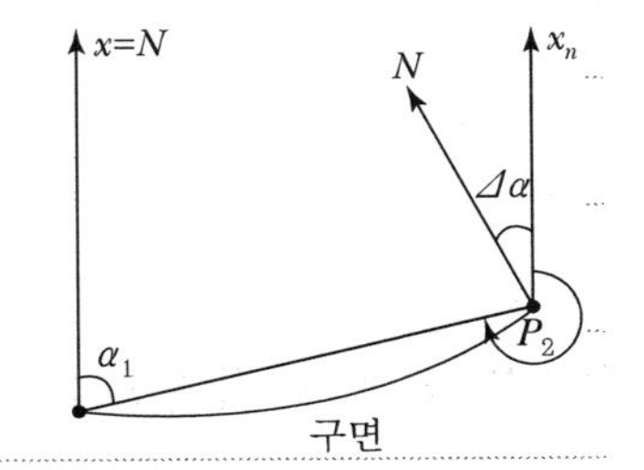

α_1 =정방위각

α_2 =역방위각

$\Delta\alpha$ =자오선 수차

$\alpha_2 = \alpha_1 + 180° + \Delta\alpha$

〈역방위각과 자오선 수차〉

4. 자침 편차(자편각)

1) 진북방위각과 자북방위각의 편차이다.

2) 자북이 동편이면 +, 서편이면 -값을 갖는다.

3) 우리나라는 "서편각(4°~9°w)"이 발생한다.

4) 규칙적인 것과 불규칙적인 것이 있다.

5) 300년 주기로 변한다.

(2.4) 방위각(Azimuth)

답)

방위각은 북을 기준으로 하여 시계방향으로 측정한 각을 말하며 방향 기준에 따라 도북방위각, 진북방위각, 자북방위각으로 구분할 수 있으며 지적측량의 방위각은 도북방위각을 말한다.

1. 방위각의 종류

1) 도북방위각(일반측량 : 방향각, 지적측량 : 방위각)

① 지도상 북쪽을 기준으로 우회하여 측정한 각

② 평면직각좌표계, 삼각/다각 측량좌표계 사용

2) 진북방위각(일반측량 : 방위각)

① 자오선(진북)을 기준으로 우회하여 측정한 각

② 천문측량, 관성측량 등 일반측량에 사용

3) 자북방위각

① 나침판의 N극을 기준으로 우회하여 측정한 각

② 우리나라의 자북은 서편차가 발생한다.

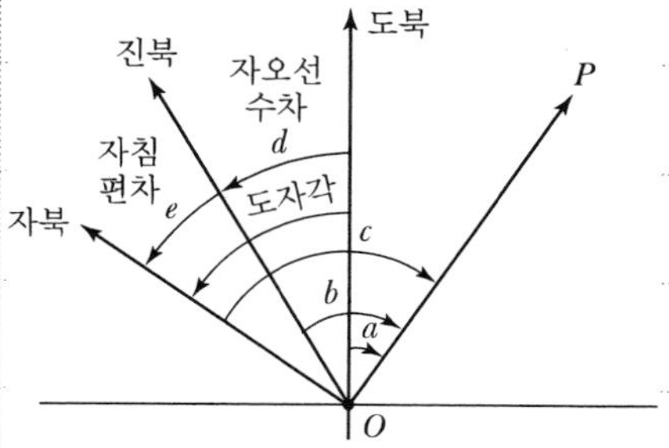

도북
진북
자오선 수차 d
P
자침 편차 e
도자각
자북
c
b
a
O

〈방위각의 종류〉

a : 도북방위각

b : 진북방위각

c : 자북방위각

d : 자오선 수차(편차)

e : 자침 편차

p : 임의의 점

2. 역방위각

1) 진북자오선을 기준으로 하여 시계방향으로 잰 각도에서 180°를 더한 각이다.

① 평면측량의 경우 : $\alpha_2 = \alpha_1 + 180°$

② 구면측량의 경우 : $\alpha_2 = \alpha_1 + 180° + \Delta\alpha$

α_1 : P_1에서 P_2를 관측한 방위각

α_2 : P_1에서 P_2를 관측한 역방위각

$\Delta\alpha$: 자오선 수차

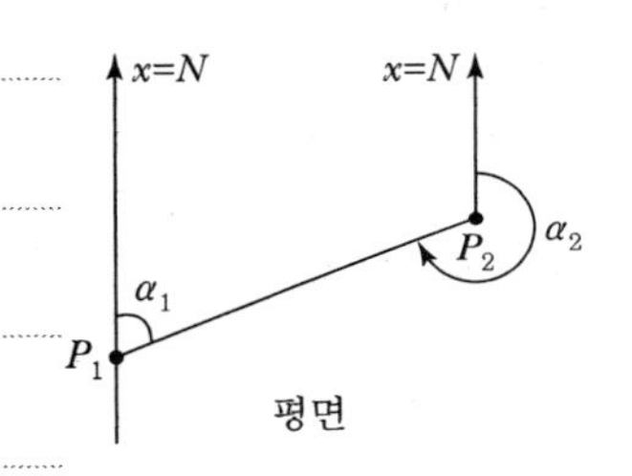

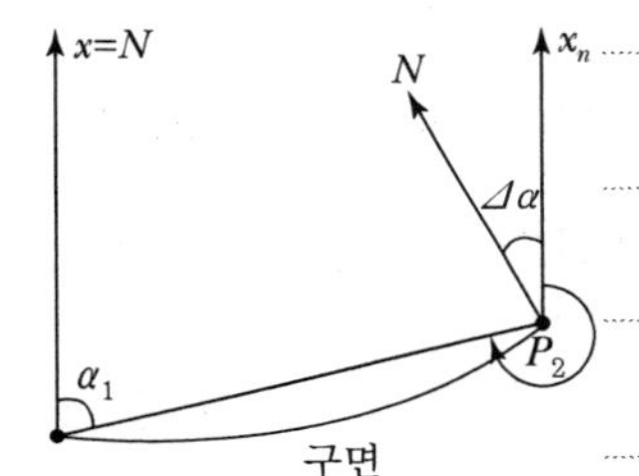

〈역방위각과 자오선 수차〉

2) 정방위각의 반대방향 각을 칭한다.

3. 방위각의 지적측량 적용사례

1) 지적삼각측량의 경우, 삼각점의 평면직각종횡선 수치를 역계산한 방위각을 기준으로 한다.

2) 배각법에서는 교각을 측정하여 방위각을 결정한다.

3) 측량 시작 시, 표정을 할 때 기지점 간 방위각과 거리를 산출한다.

4) 경계측량(경계점 표지 설치)을 할 때 방위각과 거리를 산출하여 경계를 표시한다.

(2.5) 도북, 진북, 자북 방위각

답)

방위각은 북을 기준으로 하여 시계방향으로 측정한 각을 말하며 방향 기준에 따라 도북방위각, 진북방위각, 자북방위각으로 구분할 수 있으며 지적측량의 방위각은 도북방위각을 말한다.

1. 방위각의 종류

1) 도북방위각(일반측량 : 방향각, 지적측량 : 방위각)
   ① 지도상 북쪽을 기준으로 우회하여 측정한 각
   ② 평면직각좌표계, 삼각/다각 측량좌표계 사용

2) 진북방위각(일반측량 : 방위각)
   ① 자오선(진북)을 기준으로 우회하여 측정한 각
   ② 천문측량, 관성측량 등 일반측량에 사용

3) 자북방위각
   ① 나침판의 N극을 기준으로 우회하여 측정한 각
   ② 우리나라의 자북은 서편차가 발생한다.

2. 도북방위각

1) 지도상 북쪽을 기준으로 우회하여 측정한 각
2) 평면직각좌표계, 삼각측량에 사용한다.
3) 지적측량에서는 도북방위각을 방위각이라 하며 일반측량에서는 방향각이라 한다.

4) 지형도에 있는 세로선은 “도북선”이라 할 수 있다.
5) 도북방위각과 진북방위각의 차이를 자오선 수차(편차)라 하며 원점에서 멀어질수록 증가
6) 도북과 자북의 차이를 “도자각”이라 한다.

3. 진북방위각

1) 자오선(진북)을 기준으로 우회하여 측정한 각이다.
2) 천문측량, 관성측량 등 일반측량에 사용한다.
3) 일반측량에서는 진북방위각을 “방위각”이라 하고 지적측량의 방위각은 도북방위각이다.
4) 진북이란 북극성의 방향이다.
5) 도북방위각과 진북방위각의 차이를 자오선수차(편차)라 하며 원점에서 멀어질수록 커진다.
6) 진북과 자북의 차이를 자편각(자침 편차)이라 한다.

4. 자북방위각

1) 나침판의 N극을 기준으로 우회하여 측정한다.
2) 우리나라의 자북은 서편차(서편각)가 발생한다.
   ① 서편각인 경우에는 자북방위각 = 진북방위각 + 자편각
   ② 동편각인 경우에는 자북방위각 = 진북방위각 − 자편각
3) 자북과 진북은 일치하지 않는다.
4) N극에 해당하는 자극점은 “매년” 조금씩 이동하여 위치가 변하고 있다.

(2.6) 평면거리

답)

측량에서 두 점 간의 거리는 최단 측량 수평거리를 말하지만 측정한 거리는 경사거리이므로 변환을 해야 한다. 지적측량과 같이 지구의 곡률을 고려하지 않고 행하는 측량에서는 평면직각좌표의 역계산에 의한 평면거리를 이용한다.

1. 측량에서 거리의 종류

1) 경사거리 : 서로 다른 높이의 위치에 있는 두 점 사이의 거리로 일반적인 관측값이다.
2) 수평거리 : 수평면상의 거리를 의미한다.
3) 기준면상 거리 : 지구타원체상의 거리로 구면거리라고도 한다.
4) 평면거리 : 투영된 지도상에서 측정한 거리로서 기준면상 거리가 평면으로 투영된 거리이다.

2. 평면거리의 특징

1) 기준면상 거리로 환산하고 다시 적절한 원점을 기준으로 투영한 거리가 평면거리이다.
2) 지적측량에서 평면거리 계산은 연직각과 표고에 의한 계산법이 있다.
3) 이를 평균한 값을 평면거리로 사용한다.
4) 지적측량과 같이 지구의 곡률을 고려하지 않고 행하는 측량에서 사용한다.
5) 측지・측량분야에서는 모든 거리를 지구타원체상으로 변환하여 사용(기준면상 거리)한다.

6) 일반적으로 300m 이하는 수평거리, 300m 이상인 경우는 반드시 평면거리로 환산해야 한다.

3. 평면거리의 환산

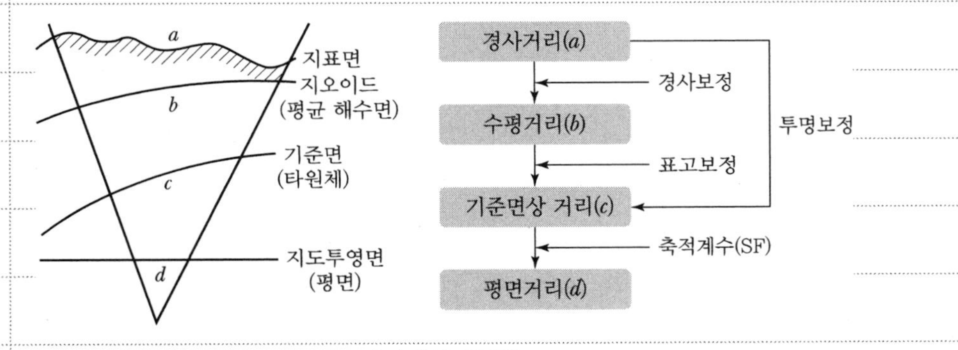

〈거리의 환산〉

4. 지적측량에 적용

1) 지적측량에서는 평면거리를 사용한다.

2) 삼각점과 삼각점 사이의 경사거리를 관측 후 연직각과 표고를 이용하여 평면거리로 환산한다.

3) 300m 이상은 반드시 평면거리로 환산하여야 한다.

5. 평면측량의 한계

1) 지구의 곡률과 형상을 고려하지 않는 측량이다.

2) 지구 표면상의 일부분을 평면으로 간주한다.

3) 국지측량 또는 소지측량이라고 한다.

4) 측량의 정확도가 100만 분의 1일 경우, 반경 11km 이내 면적은 400km^2 이내인 지역에 적용한다.

3. 타원체

(3.1) 연직선 편차

답)

지구상의 임의의 점에서 타원체의 법선과 지오이드 법선의 차이가 발생하는데, 타원체를 기준으로 한 것을 연직선 편차라 하고 지오이드를 기준으로 한 것을 수직선 편차라 한다.

1. 발생요인

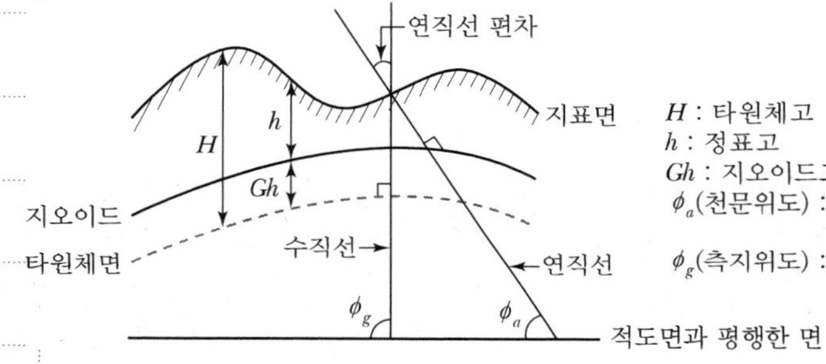

〈연직선 편차 발생요인〉

1) 채택한 타원체의 모양과 크기

2) 지구와 타원체와의 접합 상태

3) 지오이드의 요철 등에 의해 생기는 것

2. 특징

1) 타원체면과 지오이드면의 불일치로 인하여 미세한 차이가 발생한다.

2) 자오선 성분과 묘유선 성분으로 구분한다.

3) 연직선 편차는 최대 2′ 이내이므로 방향에 의한 높이 차이는 무시할 수 있다.

4) 연직선 편차의 관측으로 지오이드면과 준거타원체의 경사를 알 수 있어 기복 결정이 가능하다.

5) 지구의 형상 결정, 지구 내부구조 분석에 도움을 줄 수 있다.

6) 지하구조를 탐색하는 데 필요하다.

3. 우리나라의 연직선 편차

1) 10″ 이상으로 비교적 크고 계통적이다.

2) 대체로 북서방향이다.

3) 태백산맥을 기준으로 서쪽에서 최대 편차가 발생한다.

4) 동서 간의 분포차를 정밀 측지삼각망 구성 시 반드시 고려해야 한다.

5) 중부지역은 중간값을 가진다.

4. 연직선 편차 최소화 방안

1) 우리나라의 정밀 지오이드 모델을 결정한다.

2) 세계측지계로 ITRF2000 좌표계와 GRS80 타원체를 도입한다.

3) 정밀 지오이드 모델과 세계측지계 기반으로 측지원점을 설치하고 측지 기준망을 구성해야 한다.

4) 편차량이 감소하고 원점을 중심으로 방사상으로 발생할 것이다.

(3.2) 타원체고

답)

타원체는 지구의 형상을 수학적인 방법으로 표현한 기하학적인 면이고 타원체고는 이러한 타원체로부터의 높이를 말하며, 지오이드고에 정표고를 더한 것이다.

1. 타원체 종류

1) 회전타원체 : 지축을 중심으로 회전하여 생기는 타원체
2) 지구타원체 : 부피와 모양이 지구와 가장 유사한 타원체
3) 기준타원체 : 준거타원체라 하며 측량의 기준이 되는 타원체
4) 국제타원체 : 측량 좌표의 통일을 위해 제정한 타원체

2. 타원체고

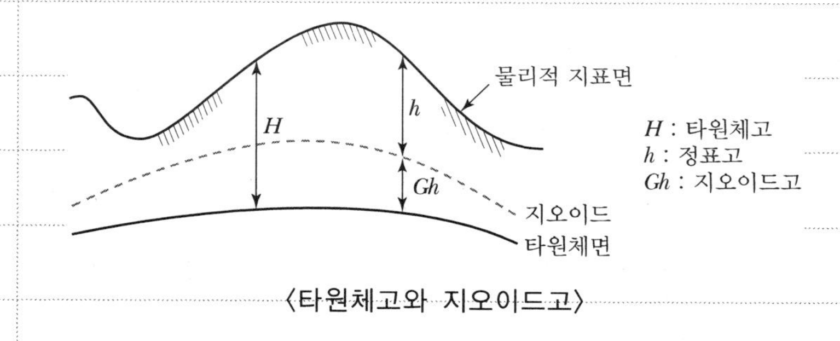

〈타원체고와 지오이드고〉

1) 지오이드고 : 타원체면에서 지오이드면까지의 높이
2) 타원체고 : 타원체면과 물리적 지표면의 차이
3) 정표고 : 물리적 지표면과 지오이드면의 차이
4) 타원체고$(H) = Gh + h$

3. 특징

1) 타원체고는 GNSS를 이용한 측량에서 사용한다.
2) 타원체는 기하학적이고 굴곡이 없는 매끈한 면이다.
3) 지구의 반경, 부피, 반지름, 편평도 측정의 기준이다.
4) 우리나라는 지적에서 Bessel 타원체를 사용한다.
5) 세계측지계는 GRS80 타원체를 사용한다.
6) 타원체고는 지오이드고에 정표고를 더한 것을 말한다.
7) 정밀 지오이드 모델 결정 시 사용한다.
8) GNSS Levelling 기법에 활용한다.

(3.3) 지오이드(등포텐셜면)

답)

지구타원체는 기하학적으로 정의되며 지오이드는 정지된 평균해수면(MSL)을 육지까지 연장하여 지구 전체를 둘러싸고 있다고 가정한 곡면으로 중력장 이론에 따라 물리적으로 정의한다.

1. 지오이드의 특징

1) 지구형상과 가장 가까운 등포텐셜면이다.
2) 어느 점에서나 중력방향에 수직이다.
3) 물리학적인 면으로 수준측량의 기준면이다.
4) 지하 물질의 밀도에 따라 굴곡이 생기는 불규칙한 면이다.
5) 높이가 0이므로 위치에너지도 0이다.

2. 지오이드고의 산출방법

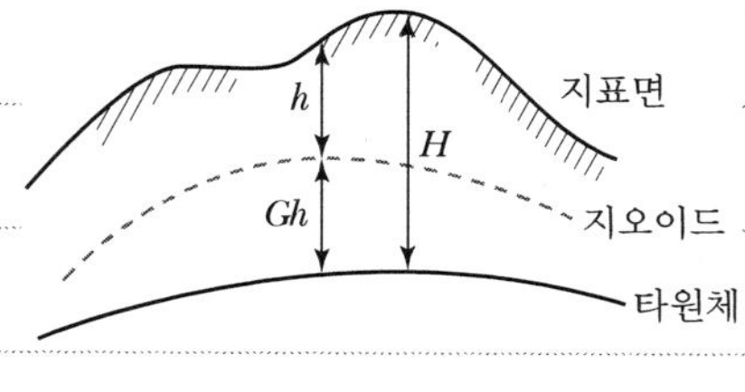

〈지오이드고〉

1) 지오이드고 : 타원체면과 지오이드면의 차이
2) 타원체고 : 타원체면과 물리적 지표면의 차이
3) 정표고 : 물리적 지표면과 지오이드면의 차이
4) 지오이드고(Gh) = 타원체고(H) − 정표고(h)

3. 지오이드의 활용

1) 수준측량의 기준면(GNSS 높이측량)

2) 수심측정 및 지하물질의 분포조사

3) 기복이 있는 불규칙한 면으로 해발고도 측정에 활용

4) 입체지적 등록 시 활용

5) 정밀 지심타원체의 형상 결정 시 활용

4. 우리나라의 지오이드

1) 경사가 서서북에서 남남동으로 높아진다.

2) 산악지역인 동부지역, 제주도, 지리산에서 변화가 뚜렷하다.

3) 적용지역을 해양까지 확대해서 해수 움직임의 변화를 예측한다.

4) 지오이드고 좌표변환 서비스는 국토지리정보원 홈페이지(국토정보플랫폼)에서 제공하고 있다.

5) 2018년 우리나라의 지오이드 모델은 평균 정밀도가 3.55cm에서 2.33cm로 향상되었다.

6) 2018년 고도화된 지오이드 모델은 서비스 범위가 동서로 확장돼 독도를 포함한다.

(3.4) GRS80 타원체

답)

GRS80 타원체는 IAG(국제측지학회)와 IUGG(국제측지지지구물리연맹)에서 의결하여 1980년 국제적으로 승인된 타원체로 우리나라에서 채택하고 있는 지구타원체이다.

1. 구성

1) 2개의 기하정수

① 장반경(a) : 6,378,137m

② 편평률(f) : 1/298.257222101

2) 2개의 물리정수

① 지구의 자전 각속도(w)

② 지심 인력 상수(GM)

G : 만유인력 상수, M : 대기를 포함한 지구의 전 질량

2. 특징

1) 원점은 지구 질량 중심과 일치한다.

2) 단축은 지구 자전축과 평행하고 지구를 가장 잘 표현하는 타원(회전)체이다.

3) 지구타원체면을 등포텐셜면으로 취급한다.

4) GRS80 타원체는 좌표계에 대한 명확한 규정이 없다.

5) WGS84 타원체와 단반경이 약 0.1mm 차이가 난다.

6) GRS67을 개정한 것이다.

3. ITRF 좌표계와의 관계

1) ITRF계는 GRS80 타원체와 잘 부합하는 것으로 3차원 지심 지각좌표계이다.
2) ITRF는 타원체와 지오이드에 대한 정확한 규정이 없다.
3) ITRF계는 최신 우주측지 데이터를 사용해서 갱신되므로 좌표와 지각변동이 고려된다.
4) 우리나라 세계측지계에 사용한다.
   ① ITRF2000 좌표계와 GRS80 타원체를 채택하였다.
   ② 측량법률 : 2010년 1월 1일 전면 사용
   ③ 지적법률 : 2020년까지 기존 측지계 병행 사용, 이후에는 세계측지계 전면 사용

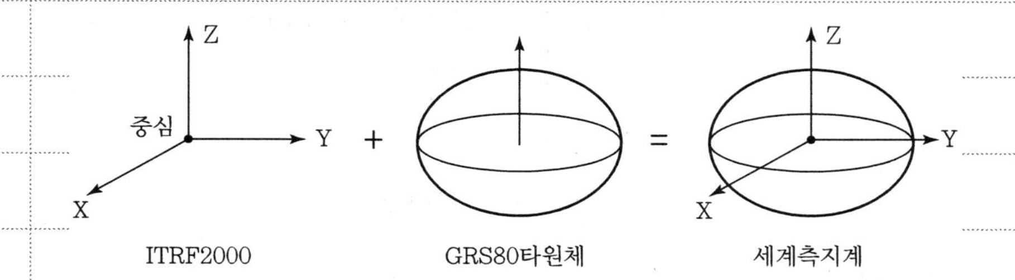

〈GRS80 타원체〉

4. GRS80 타원체 채택 이유

1) 국제측지학(IAG) 및 국제측지지구물리연맹(IUGG)에서 권고하고 있다.
2) 국제화 추세에 적합하다.
3) WGS84 타원체와 거의 동일하므로 GNSS 측량에 활용이 용이하다.
4) 고정밀도이며 개방성이 높다.
5) 지구중심좌표계이다.

(3.5) 준거타원체(Reference Ellipsoid, 기준타원체)

답)

타원체는 지구를 표현하는 수학적인 방법으로 기하학적이고 굴곡이 없는 매끈한 면으로 되어 있으며 종류로는 회전타원체, 지구타원체, 준거타원체, 국제타원체가 있으며 준거타원체는 지상의 각 점의 높이를 구할 때 기준이 되는 지구타원체를 말한다.

1. 준거타원체의 결정요소

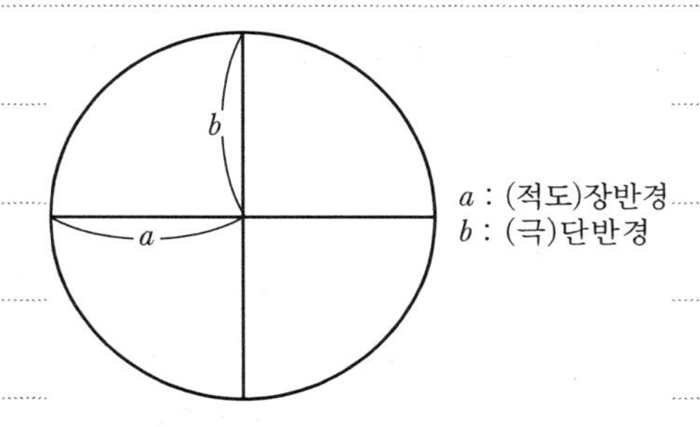

〈준거타원체〉

① 반경$(R) = \frac{2a+b}{3}$

② 편평률$(\%) = \frac{a-b}{a}$(0에 가까울수록 구에 가까움)

③ 이심률$(e) = \sqrt{\frac{a^2-b^2}{a^2}}$(곡률을 수치로 표현, 곡률이 낮을수록 이심률 증가)

2. 준거타원체의 특징

1) 어느 지역 내 지름량의 기준이 되는 타원체이다.

2) 기하학적이고 굴곡이 없는 매끈한 면으로 되어 있다.

3) 지구의 반경, 부피, 반지름, 편평도 측정, 표준중력, 삼각측량, 경위도 결정, 지도제작의 기준이 된다.

4) 지오이드 형태와 가장 근사한 값을 가지는 지구타원체이다.

5) 극을 연결한 직경이 적도를 연결한 직경보다 짧다.

3. 우리나라의 준거타원체

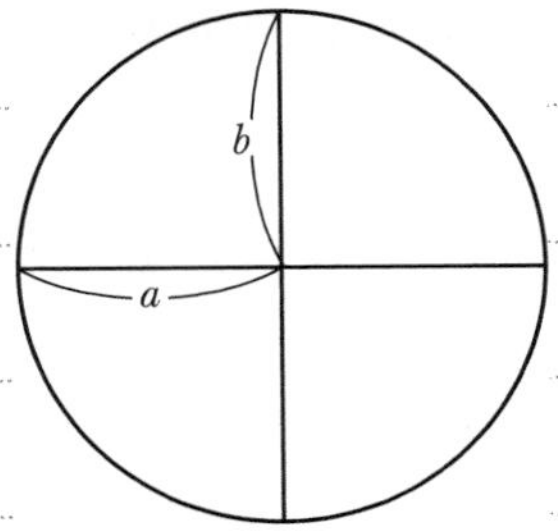

〈준거타원체〉

1) Bessel 준거타원체

① 1910년 토지조사사업 당시 채택하였다.

② 동경 원점을 기준으로 한 Bessel 타원체를 준거타원체로 정하였다.

③ 지적 법률에서 Bessel 준거타원체를 2020년까지 사용하였다.

2) GRS80 준거타원체

① 국제측지학 및 지구물리학 연합 총회에서 국제타원체로 공인하였다.

② 지구를 가장 잘 표현하는 타원체(계산식은 GRS67과 동일)이다.

③ 우리나라는 2002년부터 GRS80 타원체를 준거타원체로 사용하고 있다. (Korea Geodetic Datum 2002, KGD 2002)

④ GRS80 타원체와 WGS84 타원체는 단반경이 약 0.1mm 차이가 난다.

⑤ 인공위성의 궤도해석에 의한 전 지구적 규모의 지오이드면이 결정되면서 타원체를 지구의 질량 중심에 고정할 수 있었다.

(3.6) 타원체와 지오이드

답)

지구형상은 물리적 표면, 타원체, 지오이드, 수학적 형상 등으로 구분되며, 타원체에는 회전타원체, 지구타원체, 기준타원체(준거타원체), 국제타원체 등이 있다. 지오이드란 정지된 평균해수면을 육지까지 연장하여 지구 전체를 둘러쌌다고 가정한 곡면을 말한다.

1. 타원체의 종류

1) 회전타원체 : 지축을 중심으로 회전하여 생기는 타원체이다.

2) 지구타원체 : 부피와 모양이 지구와 가장 가까운 타원체이다.

3) 기준타원체(준거타원체) : 측량의 기준이 되는 타원체이다.(우리나라는 Bessel 타원체를 사용)

4) 국제 타원체 : 측량좌표계의 통일을 위해 제정한 타원체이다.

2. 타원체 및 지오이드 특징

1) 타원체의 특징

① 기하학적 타원체

② 굴곡이 없는 매끈한 면

③ 우리나라는 Bessel 타원체를 사용

2) 지오이드의 특징

① 중력방향에 수직인 면이며, 지구형상과 가장 가까운 등포텐셜면이다.

② 표고가 0이므로 위치에너지도 0이다.

③ 지하물질의 밀도에 따라 굴곡이 생긴다.

④ 이용 : 수준측량의 기준면, 해발고도나 수심측정, 지하물질의 분포 조사

3. 타원체와 지오이드의 비교

1) 타원체는 기하학적으로 정의되고, 지오이드는 중력장 이론에 따라 물리학적으로 정의된다.

2) 타원체의 법선과 지오이드의 법선 차이각인 연직선 편차가 발생한다.

3) 지오이드는 지하에 밀도가 큰 물질이 있으면 위로 볼록하고, 밀도가 작은 물질이 있으면 아래로 볼록하다.

4) 지오이드는 육지에서는 타원체면 위에 존재하고, 바다에서는 타원체면 아래에 존재한다.

4. GNSS 측량에서 지오이드를 고려해야 하는 이유

1) 종래의 삼각점 좌표는 기준타원체를 기준으로 삼각, 삼변 및 트래버스 측량으로 결정하고, 수준점의 표고는 평균해수면을 기준으로 결정하였다.

2) GNSS에 의하여 측정되는 타원체고는 지오이드에 대하여 수학적으로 가장 근사한 가상면인 지심타원체(GRS80)를 기준으로 측정된다.

3) GNSS에 의한 표고의 결정은 지오이드가 결정되지 않은 지역에서는 적용할 수 없으므로 GNSS Levelling을 실용화하기 위해서는 정밀 지오이드 모델의 결정이 필요하다.

4. 좌표계

(4.1) UTM

답)

UTM은 국제 횡메르카토르 투영법에 의하여 표현되는 좌표계로 투영방식, 좌표 변환식은 TM과 동일하나 좌표 범위는 남북위 80°까지이며 그 이상의 양극지역은 UPS 좌표를 사용한다.

1. 투영 원리

1) 적도를 횡축(가로), 자오선을 종축(세로)으로 하였다.

2) 종대

① 지구 전체를 6°씩 구분하여 60개 존을 형성한다.

② 각 종대의 중앙 자오선과 적도의 교점을 원점으로 하여 TM도법으로 등각투영한다.

③ 각 종대는 6° 간격으로 1~60까지 번호를 동쪽으로 붙인다.

3) 횡대

① 좌표 범위 : 80°S~80°N

② 8°씩 20개 구역으로 나누어 C~X까지 20개 문자를 사용하여 Indexing 한다.(I, O는 제외함)

2. 특징

1) 중앙 자오선에서 축척계수는 0.9996이다.

2) 투영방식과 좌표변환식은 TM도법과 동일하다.

3) 거리는 m단위로 표시한다.

4) 10진법으로 거리환산이 간단하다.

5) 투영오차를 줄일 수 있고 투영식이 간단하다.

6) 원점의 좌표는 북반구(0, 50만 m), 남반구(1,000만 m, 50만 m)

7) 각 존은 중앙자오선을 가지고 있으며 이 선과 적도와의 교차점을 각 존의 좌표 원점으로 사용한다.

3. 활용(적용)

1) 우리나라에서는 해양 및 국방 부문에서 사용한다.

2) 1 : 50,000 지형도에 적용하고 있다.

3) 세계적으로 지도제작(대축척) 시 사용한다.

4) 우리나라 UTM 좌표구역은 51, 52존 구역 및 남북방향 S, T에 속한다.

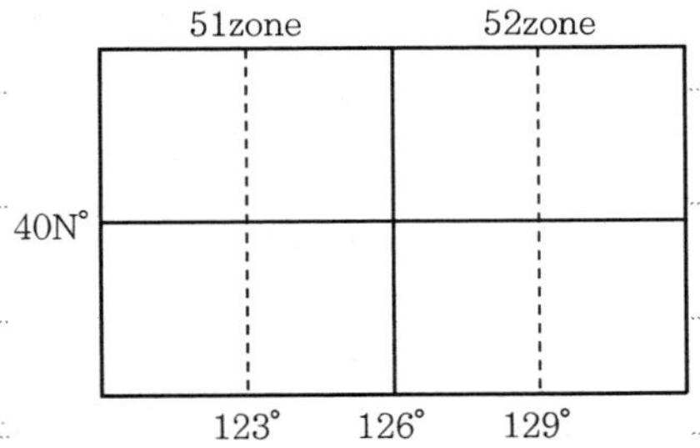

51zone
52zone
40N°
123°
126°
129°

〈우리나라 UTM 구역〉

(4.2) UPS(국제극심입체좌표)

답)

UPS 좌표계는 UTM 좌표계가 고위도 지역에서 심한 왜곡으로 위도 80° 이상의 지역을 표시하기 어렵기 때문에 이를 보완하기 위해 고안된 것으로 국제 극심입체좌표계라고도 한다.

1. UPS 좌표계의 원리

1) 양극을 원점으로 하는 "평면직각좌표계"를 사용한다.
2) 위도 80° 이상의 양극지역을 표시한다.
3) UTM 좌표와의 중첩을 위하여 80°(위도) 경계지역의 일부는 0.5°N을 추가하여 나타낸다.

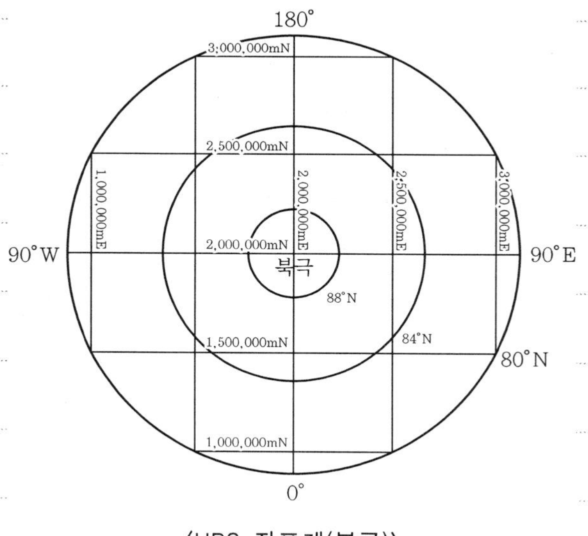

〈UPS 좌표계(북극)〉

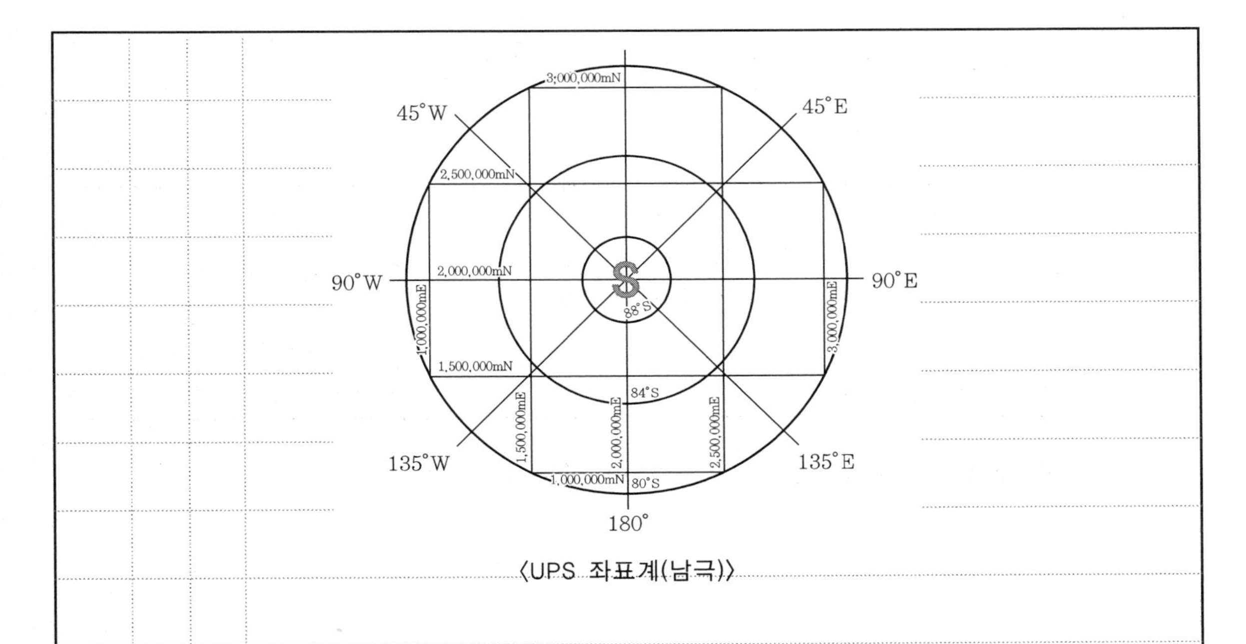

〈UPS 좌표계(남극)〉

2. UPS 좌표계 특징

1) UTM 좌표계가 고위도 지역에서 심한 왜곡이 발생하므로 이를 해결하기 위해 고안되었다.

2) 입체 투영법(스테레오 투영, Stereographic Projection)을 사용한다.

3) 거리좌표는 m단위를 사용한다.

4) 투영 중심이 양극점이고, 기준이 되는 평행 위도선이 반대편 극점이며, 투영면이 극점에서 접하는 평면인 원뿔투영이다.

5) 원점의 좌푯값은 2,000,000mE, 2,000,000mN이며 축척계수는 0.9940m이다.

3. UTM 좌표계

1) 국제 횡 Mercator 투영법에 의하여 표현한다.

2) 적도를 횡축, 자오선을 종축으로 한다.

3) 경도를 6°씩 구분하여 60개 존을 형성한다.

4) 80°S~80°N까지 8° 간격으로 C~X로 인덱싱한다.

5) UTM과 UPS 비교

구분	UTM	UPS
원점좌표	북반구(0, 50만) 남반구(1,000만, 50만)	200만, 200만
축척계수	0.9996m	0.9940m
사용범위	위도 80°N~80°S	남북위 80° 이상의 양극지역

6) 전 세계가 일관된 좌표계로 표현이 가능하다.

(4.3) ITRF 좌표계

답)

ITRF계(International Terrestrial Reference Frame)란 국제지구기준좌표계로 IERS(국제지구회전 관측사업)에서 제정한 3차원 직교좌표계이다.

1. 세계측지계의 종류

1) ITRF계 : 우리나라를 포함한 많은 국가가 육지부분에 사용하고 있다.

2) WGS계 : 주로 선박항해에 채용(항법, GTS)한다.

3) PZ계 : 러시아에서 채용하여 사용하고 있다.

2. ITRF

1) ITRF의 구성

① 지구 질량 중심에 위치한 좌표원점과 X, Y, Z축으로 정의한다.

② Z축은 1984년에 국제시보국(BIH)에서 채택한 지구 자전축과 평행하다.

③ X축은 BIH에서 1984년에 정의한 본초자오선과 평행한 평면이 지구의 적도면과 교차하는 선이다.

④ Y축은 X축과 Z축이 이루는 평면에서 동쪽으로 수직인 방향으로 정의한다.

2) ITRF의 특징

① 좌표원점을 지구 질량의 중심으로 하였다.

② 위도와 경도가 필요한 때는 GRS80 타원체를 이용한다.

③ 개방성과 정밀도가 높다.

④ WGS84와 차이는 cm단위로 접근한다.

3. GRS80 타원체와의 관계(세계측지계)

1) 한국측지계 2002에서 경도, 위도는 세계측지계인 ITRF2000 데이텀과 GRS80 타원체를 사용해서 나타낸다.

2) 한국측지계 2002 성과의 수평위치는 VLBI나 GPS를 이용한 경위도 원점 또는 위성측지기준점을 기준으로 전국의 삼각점에 대하여 새롭게 조정계산을 하여 구해낸 것이다.

3) 2010년 1월 1일부터 공공측량성과에 세계측지계 사용이 의무화되었다.

측지기준계	한국측지계 (한국 적용 동경측지계)	세계측지계 (ITRF계 세계측지계)
타원체	Bessel 1841 회전타원체 • 장반경 : 6,377,397.15500m • 편평률 : 1/299.1528128000	GRS 1980 회전타원체 • 장반경 : 6,378,137.00000m • 편평률 : 1/298.2572221010
데이텀	Korean 1985 데이텀 (Tokyo D 데이텀)	ITRF 2000 데이텀
투영법	TM(Transverse Mercator)	TM(Transverse Mercator)

(4.4) 지구좌표계

답)

지구좌표계는 지표면상의 점의 위치를 나타내기 위한 좌표계로서 대규모 측량 지역에 이용되는 경위도 좌표계와 UTM 좌표계 소규모 지역에 이용되는 평면 직각좌표계와 극좌표계 등이 있다.

1. 2차원(평면) 좌표계(소규모)

1) 직각좌표계

① 각 점을 직교 좌푯값(X, Y)으로 표시한다.

② 2차원으로 표시하는 가장 대표적인 좌표계로 지적측량에 많이 이용된다.

2) 극좌표계

① 거리(S)와 방향(T)으로 위치를 표시한다.

② 방향은 오른쪽에서 관측한 각도이다.

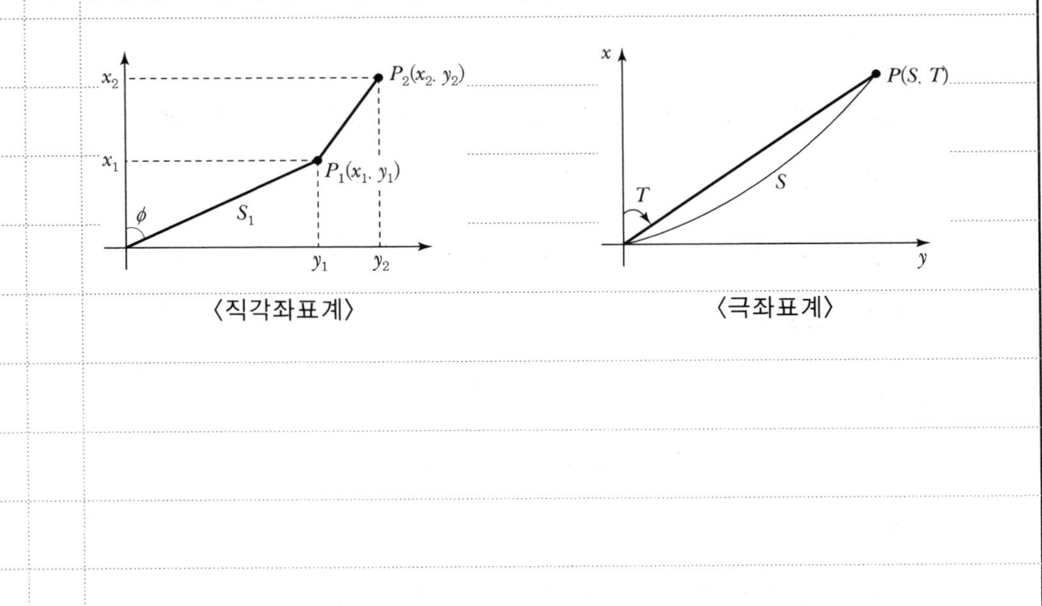

〈직각좌표계〉 〈극좌표계〉

2. 3차원 좌표계(대규모)

1) 경위도 좌표계

① 지구상 절대위치를 표시하는 데 가장 많이 사용되는 좌표계이다.

② 경도(λ), 위도(ρ), 표고(h)로 표시한다.

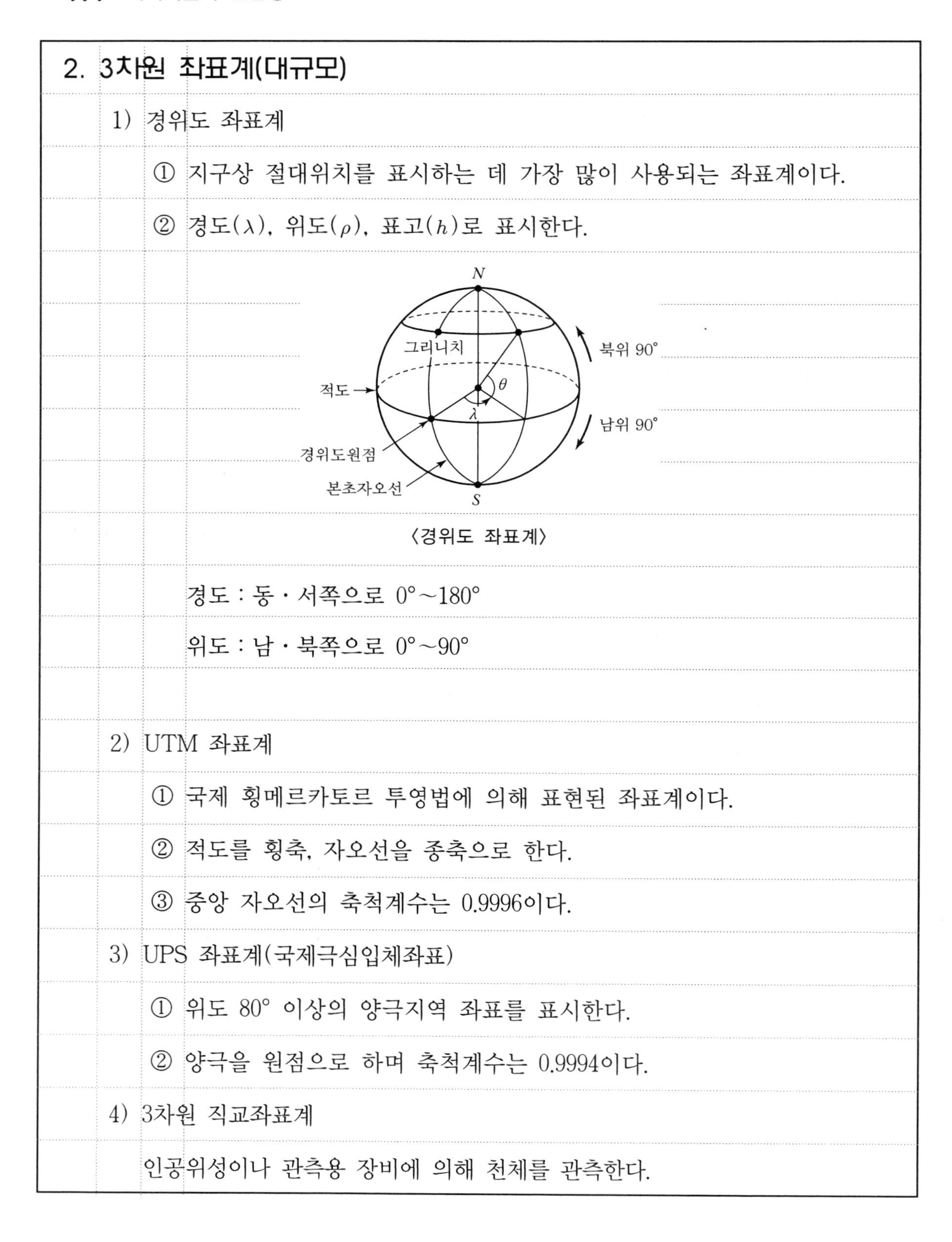

〈경위도 좌표계〉

경도 : 동 · 서쪽으로 0°~180°

위도 : 남 · 북쪽으로 0°~90°

2) UTM 좌표계

① 국제 횡메르카토르 투영법에 의해 표현된 좌표계이다.

② 적도를 횡축, 자오선을 종축으로 한다.

③ 중앙 자오선의 축척계수는 0.9996이다.

3) UPS 좌표계(국제극심입체좌표)

① 위도 80° 이상의 양극지역 좌표를 표시한다.

② 양극을 원점으로 하며 축척계수는 0.9994이다.

4) 3차원 직교좌표계

인공위성이나 관측용 장비에 의해 천체를 관측한다.

5) WGS 좌표계

지심좌표방식으로 위성측량에 이용하는 좌표계이다.

〈ITRF 좌표계와 WGS 좌표계 구성〉

(4.5) 동경측지계와 세계측지계 비교

답)

1. 개요

측지계란 지구상의 위치를 물리적인 지구에 적합하게 수학적 좌표로 표현하는 체계를 말하며 우리나라는 토지조사사업 당시 기술의 제약 등으로 지역측지계인 동경측지계를 사용하였으며, 최근 GNSS 측량기술 등의 발달과 국제화를 위해 지구중심이 기준인 세계측지계(ITRF)를 혼용하고 있다.

2. 국가 측지기준계의 역할

1) 지구상의 위치 결정 및 표시

2) 통일성과 정확성 확보로 중복 측량 배제

3) 국가기본도, 공공측량, 지적측량, 일반측량, 국방 등의 기준

3. 동경측지계

1) 지역측지계

① 지구(상)의 형상과 크기를 국가지역에 적합하게 설정하여 활용한 것으로 한국과 일본은 베셀타원체를 사용하였다.

② 지역측지계 타원체

ㄱ. Bessel : 한국, 일본, 칠레 등 사용

ㄴ. Clark : 필리핀, 북미 등 사용

ㄷ. Hayford : 남미, 서유럽 등 사용

2) 동경측지계의 특징

① 동경원점계에 의한 지역좌표계이다.

② 1910년 토지조사사업 당시 지형도와 지적도 작성을 위해 채택된 측지계이다.

③ 베셀타원체를 채택하고 천문관측에 의해 결정된 경위도 원점 값과 방위각을 기준으로 구축한다.

④ 측량기술의 미비로 일정한 지역에 맞는 측지계이다.

⑤ 우리나라 대삼각본점인 거제도와 절영도 삼각점이 원점 역할을 한다.

4. 세계측지계

1) 법적 정의

지구를 편평한 회전타원체로 가정하고 다음과 같은 요건을 갖추어야 한다.

① 장반경 : 6,378,137미터

② 편평률 : 1/298.257222101

③ 회전타원체의 중심이 지구의 질량중심과 일치할 것

④ 단축이 지구의 자전축과 일치할 것

2) 세계측지계의 특징

① 세계 공통으로 이용할 수 있는 위치의 기준이며, 지구 질량 중심의 타원체를 사용한다.

② 우리나라의 세계측지계는 ITRF2000 좌표계와 GRS80 타원체를 채택하고 있다.

③ 표고는 인천만 평균해수면을 기준으로 한다.

④ 공간상의 위치를 X, Y, Z로 표현할 수 있다.

3) 세계측지계의 종류

① ITRF 좌표계 : 우리나라를 비롯한 많은 국가에서 채용하고 있다.

② WGS 좌표계 : 미 국방성에서 개발한 군용좌표계이다.

③ PZ 좌표계 : 러시아에서 채용하여 사용하고 있다.

5. 동경측지계와 세계측지계 비교

구분	동경측지계	세계측지계
기준계	Tokyo D	ITRF2000
타원체	Bessel 1841	GRS80
장반경	6,377,397	6,378,137
편평률	1/299.15	1/298.257
원점	타원체 중심	지구 질량 중심
투영법	가우스 상사 이중 투영	TM투영
축척계수	1.0000	0.9996
Z축	타원체의 북극방향	지구 자전축과 동일

(4.6) 평면직교좌표

답)

평면상 어느 한 점을 원점으로 정하고 그 원점을 지나는 자오선을 X축, 동서방향을 Y축으로 하여 각 점의 좌푯값을 X, Y로 표시하며 점의 위치를 2차원으로 나타내는 가장 대표적인 좌표계이다.

1. 좌표계의 분류

1) 평면좌표계 : 평면직각좌표계, 평면극좌표계

2) 3차원 좌표계 : 경위도 좌표계, 3차원 직교좌표계

2. 평면직교좌표의 원리

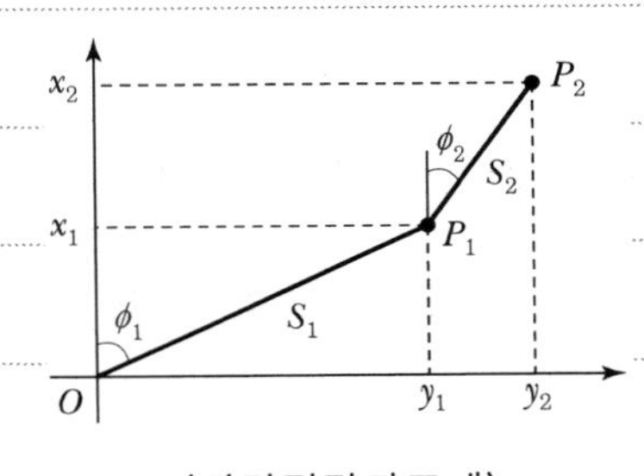

〈평면직각좌표계〉

3. 평면직각좌표계 특징

1) X축은 자오선 방향, Y축은 동서방향이다.

2) 평면직각좌표는 가우스 상사 이중 투영에 의한 것이다.

3) 전 지역을 평면으로 가정하고 위치를 결정한 것이다.

4) 점을 X, Y로 좌푯값을 표시한다.

5) 기선이 길어질수록, 원점에서 멀어질수록 거리오차가 누적된다.

4. 지적에서의 평면직각좌표계

1) 통일원점 좌표계

① 1910년 토지조사사업을 위하여 임시토지조사국에서 3대 가상원점을 사용하였다.

② 현재 통일원점

구분	서부	중부	동해	동해(2003년 신설)
위도	38°	38°	38°	38°
경도	125°	127°	129°	131°

③ 원점 좌표 : X=0, Y=0

④ 좌표 수치에 X=50만 m, Y=20만 m를 가산, 제주도 지역은 X=55만 m 가산

2) 구소삼각원점 좌표계

① 경인 및 대구·경북지역에 11개 원점이 있다.

② 원점 수치는 X=0, Y=0으로 하였기 때문에 종횡선 수치에 정(+), 부(−) 부호가 있다.

③ 거리 단위는 간(間)으로 하였지만 1975년 전부 m단위로 수정했다.

3) 특별소감각원점 좌표계

① 19개 지역에 측량원점을 한 점씩 설치하였다.

② 종선 1만 m, 횡선 3만 m, 가상수치를 사용하였다.

③ 현재 원점의 위치는 성과표에 남아 있지 않다.

④ 측량 단위는 m를 사용하고 구과량을 고려했다.

(4.7) UTM－K(단일평면직각좌표계, 한국형 UTM－K)

답)

UTM－K 좌표계는 전국 단위의 연속적인 기본지리정보의 위치기준을 통일함으로써 분야별 기본지리정보와 여러 공간정보를 상호 연계, 통합하기 위해 설치된 한국형 UTM 좌표계로 단일평면직각좌표계라고도 한다.

1. UTM－K 좌표계의 근거 및 도입 목적

1) UTM－K 좌표계의 근거

측량법 시행령 제2조의 5(2004.6.15. 고시)

2) UTM－K 좌표계의 도입 목적

① 연속적인 기본지리정보의 위치기준 통합

② 전국단위의 연속된 단일 데이터베이스 구축

2. UTM－K 좌표계의 특징

1) UTM 좌표계와 동일한 TM 투영법을 적용한다.

2) UTM 좌표계에서 원점과 가산 수치만 다르게 적용한다.

3) UTM 좌표계에서 발생하는 우리나라의 왜곡량을 최소화한 좌표계이다.

4) 기준원점

① 경도 : 127°30′00″

② 위도 : 38°00′00″

③ X축 : 2,000,000 수치 가산함

④ Y축 : 1,000,000 수치 가산함

5) 적용지역 : 한반도 전역, 축척계수 : 0.9996

3. UTM－K 좌표계의 활용

1) 전국 규모의 연속적인 자료구조를 가진 기본지리정보의 생산 및 구축에 활용한다.

2) 도로명 주소 및 건물번호가 없는 산악, 해안지대에 설치하는 국가지점번호의 기준좌표계로 활용한다.

3) 각각의 데이터 간의 좌표변환 시 활용한다.

(4.8) WGS-84 좌표계

답)

우주항공기준에 활용되고 있는 GNSS 측위좌표계는 WGS-84 좌표계와 ITRF 좌표계로 표현되고 있으며, WGS-84 좌표계는 세계좌표계를 기준으로 하는 지심좌표계로서 지도, 차트, 측량 및 군사적 목적으로 미국 국방성에서 개발하였으며 지구를 중심력에 의해 모형화한 것이다.

1. 변천과정

1) WGS-60 : 위성자료, 표면중력자료, 천문측량좌표를 종합한 지심좌표계이다.

2) WGS-66 : 확장된 삼각망, 삼변망, 도플러 및 광학 위성자료를 적용하였다.

3) WGS-72 : WGS-66에 고정밀 트래버스와 천문측량 자료를 추가하였다.

4) WGS-84 : 관용 지구계의 개념에 근사하여 지구상에 구현한다.

2. WGS-84의 특징

1) 지구 질량 중심에 위치한 좌표원점과 X, Y, Z축으로 정의한다.

2) Z축은 1984년 국제시보국(BIH)에서 채택한 지구의 자전축과 평행하다.

3) X축은 국제시보국에서 정의한 본초자오선과 평행한 평면이 지구 적도선과 교차하는 선이다.

4) Y축은 X축과 Z축이 이루는 평면에 동쪽으로 수직인 방향이다.

3. ITRF 좌표계와의 관계

1) WGS-84 좌표계는 미국이 구축하여 운영 중인 세계측지계로 군사용이며, ITRF 좌표계는 국제협력으로 민간분야에서 구축하여 개방적인 좌표계이다.
2) WGS-84 좌표계는 지금까지 몇 번의 개정을 통하여 ITRF계로의 접근을 시도하였다.
3) ITRF 좌표계는 정밀한 WGS-84 좌표계라고 볼 수 있다.
4) 측량법의 개정으로 지구중심좌표계인 ITRF2000 좌표계를 사용하고 있다.

Professional Engineer Cadastral Surveying

5. 투영법/오차

(5.1) 투영의 분류

답)

투영법이란 지구타원체상의 위치와 형상을 평면에 옮기는 체계적인 방법으로 도법이라 하며 메르카토르가 처음으로 원통 투영의 일종인 메르카토르 도법을 고안함으로써 근대적 의미의 지도투영 역사가 시작되었다.

1. 지도투영의 분류

1) 투영요소에 따른 분류

투영된 지도상의 위치와 형상의 이상적인 상태는 지구타원체상의 위치와 형상을 비교하여 등거리, 등적, 등각의 3가지 조건을 만족할 경우이다. 투영요소라 하면 각, 면적, 거리의 3가지를 말한다.

① 등각(상사)투영 : 지도상의 어느 곳에서나 각의 크기가 동일하게 표현되도록 하는 투영법으로서 지도상의 경・위선 교차각이 지구본에서와 동일하다.

② 등적투영 : 지도상의 면적과 지구상의 면적이 동일하게 유지되도록 하는 투영법으로서 등적성을 유지하기 위해서 축척을 고정하는 방법이다.

③ 등거리투영 : 등거 투영이라고도 하며, 형태와 면적보다 거리에 대한 정확성에 중점을 두는 방법이다.

2) 투영면의 형태에 따른 분류

① 원통도법

ㄱ. 지도와 원통을 접하여 투영하는 방법이다.

ㄴ. 적도를 접해서 투영하는 방법을 Mercator 도법이라 한다.

ㄷ. Mercator 도법은 남북극으로 갈수록 부정확하다.

ㄹ. TM 도법은 경선인 자오선을 따라 맞닿게 하여 원통의 중심축을 90° 회전시킨 것이다.(남북이 긴 우리나라에서 선호됨)

② 원추도법

ㄱ. 지구에 원뿔을 씌운 다음 투영하는 방법이다.

ㄴ. 지구를 원추에 접하거나 교차시켜서 투영한다.

③ 방위(평면)도법

ㄱ. 지구를 직접 평면에 투영하는 평면 투영법이다.

ㄴ. 방위각이 정확히 표현되는 도법이다.

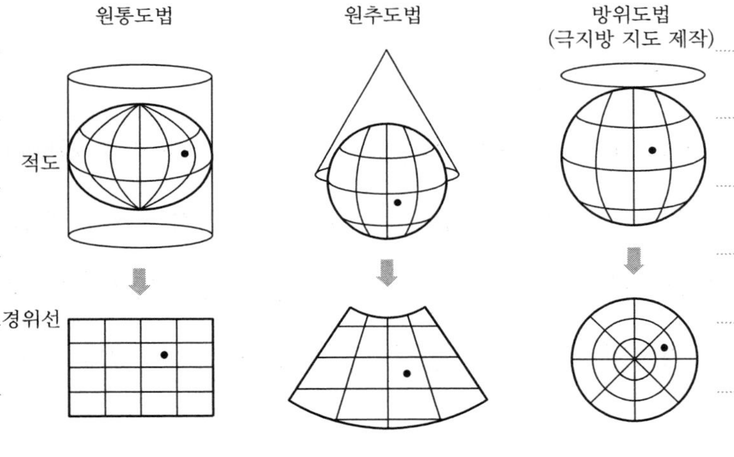

3) 광원의 위치에 따른 분류

구분	시점	경선	위선	특징
정사도법	무한대	곡선	직선	포괄면적이 크다.(변형도 크다.)
평사도법	지구상의점	곡선	직선	각 관계가 정확히 보존
심사도법	지구중심	직선	곡선	거리, 각, 면적이 부정확

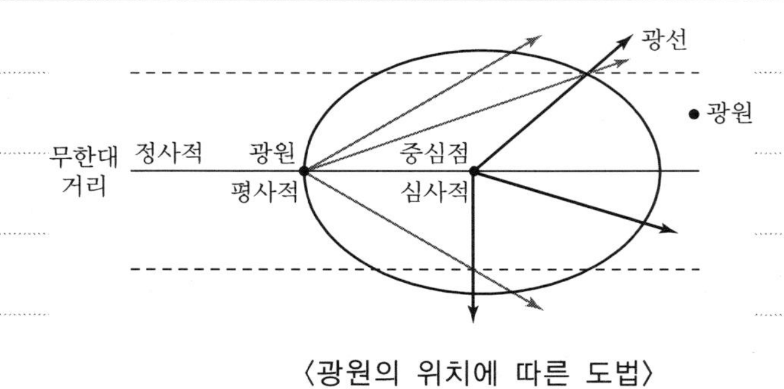

〈광원의 위치에 따른 도법〉

2. 우리나라의 투영법

우리나라의 대삼각측량은 베셀타원체를 준거타원체로 채택하고 가우스 상사 이중 투영법을 적용하여 모든 삼각점의 평면직각좌표를 계산하였다.

우리나라의 원점은 북위 38° 상에서 동경 125°, 127°, 129°의 교차원점을 가상원점으로 투영하였다. 현재는 동해원점 131°가 추가되었다.

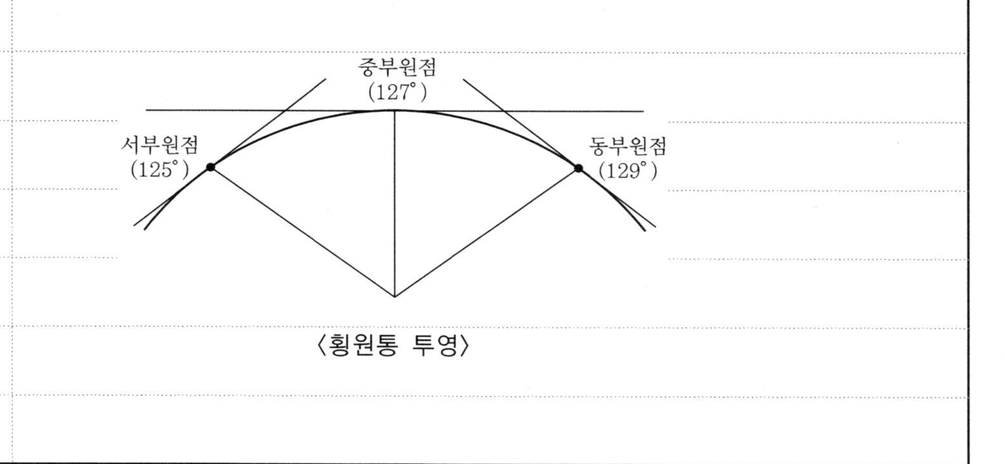

〈횡원통 투영〉

(5.2) 메르카토르 도법(Mercator Projection)

답)

메르카토르 도법이란 네덜란드 메르카토르가 세계지도를 그리기 위해 고안한 등각투영법으로 경선의 간격은 일정하나 위선의 간격은 극으로 갈수록 커지는 왜곡이 발생되는 투영법을 말한다.

1. 메르카토르 도법의 원리

1) 경선의 간격이 일정한 등각투영법이다.

2) 지도상 임의의 두 점을 직선으로 연결하면 항정선과 같아진다.

3) 적도가 원기둥에 접합한다.

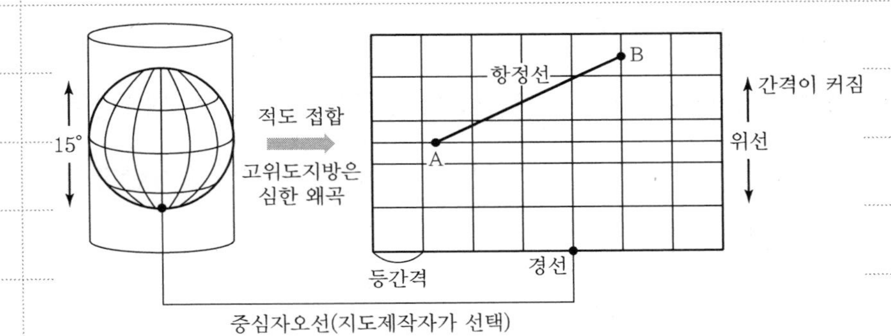

〈메르카토르 도법〉

2. 메르카토르 도법의 특징(원리)

1) 적도에서 15° 이내 지역은 모양이나 거리가 정확하다.

2) 각을 유지하는 대신에 거리를 화생하기 때문에 고위도 지방으로 갈수록 거리와 면적이 실제보다 확대된다.

① 위도 60° 지역에서 거리의 2배, 남아메리카 대륙의 1/9인 그린란드가 더 커 보인다.

② 위도 80° 지역에서 거리의 6배

3) 넓은 지역을 지도로 표현할 때는 부적합하다.

4) 위도 80~85° 이상의 지역에 대해서는 사용하지 않는다.

5) 원통 중심도법과 원통 정적도법을 절충하였다.

3. 횡축 메르카토르 도법(TM)

1) 적도 대신 지구본을 옆으로 뉘어서 투영하는 메르카토르 도법이다.

2) 지도의 축척은 중앙경선을 따라서 정확하다.

3) 정확성이 뛰어난 대축척지도에 사용한다.

4) 대한민국에서 사용되는 1 : 50,000 지도는 모두 이 방식을 이용해 제작하였다.

5) 국토의 모양이 남북으로 긴 경우 적합하다.

6) 우리나라 평면직각좌표 원점의 경도 125°, 127°, 129°, 131° 선에 해당되며 가까운 지역의 왜곡량이 적고 멀어질수록 왜곡량이 증가한다.

7) TM 투영 3가지 요건

① 상사투영(등각)

② 중앙 자오선에 대하여 대칭하여야 한다.

③ 중앙 자오선에서는 실제 축척과 같다.

(5.3) 횡원통도법

답)

횡원통도법은 적도에 지구와 원통을 접하여 투영하는 것으로 종류로는 등거리 횡원통도법, 등각 횡원통도법, 가우스 상사 이중 투영법, 가우스-크뤼거 도법, 국제 횡메르카토르 도법 등이 있다.

1. 투영법의 종류

1) 투영요소에 따른 분류

① 상사투영 : 지구상 어느 곳에서나 각의 크기가 동일하게 표현되는 투영법이다.

② 등적투영 : 지구상 면적과 지도상 면적이 동일하게 유지되는 투영법이다.

③ 등거리투영 : 형태, 면적보다 거리의 정확성에 중점을 둔다.

2) 투영면의 형태에 따른 분류

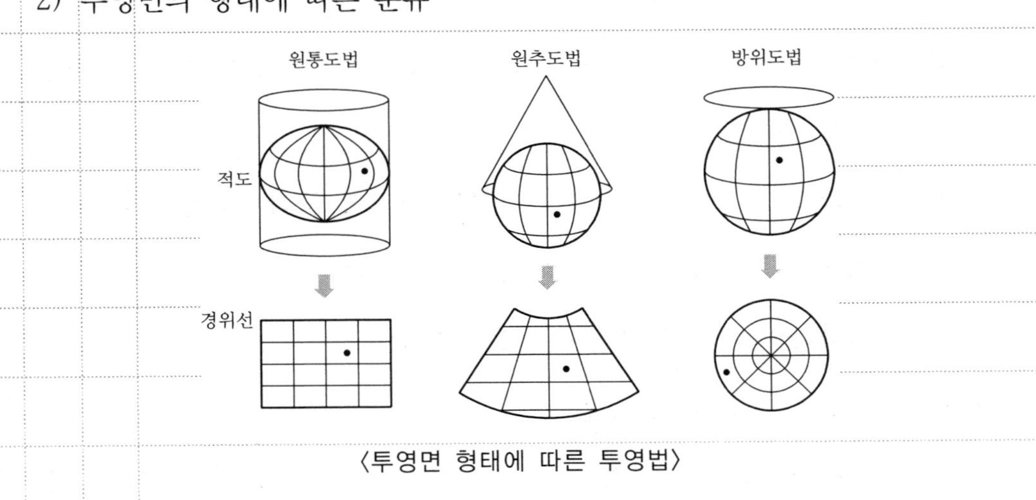

〈투영면 형태에 따른 투영법〉

① 원통도법 : 메르카토르가 처음 고안하였고 지구의 경선에 원통을 접하여 투영하는 방법이다.

② 원추도법 : 지구에 원뿔을 씌운 다음 투영하는 방법이다.

③ 방위도법 : 지구를 직접 평면에 투영하는 평면투영법이다.

2. 횡원통도법

1) 등거리 횡원통도법

① 한 중앙점으로부터 다른 한 점까지의 거리가 같게 나타나는 투영법이다.

② 원점으로부터 동심원의 길이가 같게 재현되는 투영법이다.

③ Y값을 지구상의 거리와 같게 하는 도법이다.

2) 등각 횡원통도법

① 지도상의 어느 곳에서도 각의 크기가 동일하게 표현되는 투영법이다.

② 소규모 지역에서는 바른 형상을 유지하며 지역이 클수록 부정확하다.

③ 가우스 이중 투영의 기초를 마련한 투영법이다.

3) 가우스 상사 이중 투영법

① 회전타원체에서 구체로 등각투영하고, 구체로부터 평면 등각 횡원통 투영하는 방법이다.

② 구체와 그의 평면은 공통의 원점을 가지며 축척계수는 1이다.

③ 토지조사사업 당시 이 투영법을 도입하였다.

④ 우리나라의 지적도 제작에 이용되었다.

4) 가우스-크뤼거 도법(TM도법)

① 회전타원체로부터 직접 평면으로 횡축 등각원통도법에 의해 투영하는 방법이다.

② 횡메르카토르 도법(TM)이라고도 한다.

③ 원점을 적도상에 놓고 중앙경도선을 Y축, 적도를 X축으로 투영한다.

④ 투영범위는 중앙 경선으로부터 넓지 않은 범위에 한정한다.

⑤ 우리나라의 지형도 제작에 이용되었으며, 우리나라와 같이 남북이 긴 나라에 적합하다.

5) 국제 횡메르카토르 도법(UTM)

① 지구를 회전 타원체로 보고 80°N~80°S의 투영범위를 경도 6°, 위도 8° 씩 나누어 투영한다.

② 투영방식과 좌표 변환식은 가우스-크뤼거 도법과 동일하나 원점에서 축척계수를 0.9996m로 하여 적용범위를 넓힌다.

③ 적도를 횡축, 자오선을 종축으로 하였다.

6) 단일평면좌표계(UTM-K)

① TM 투영법을 채택하고 축척계수는 0.9996으로 하여 한반도를 하나의 원점체계로 설정한다.

② 투영원점은 경도 127°30′00″, 위도 38°00′00″ 기준(UTM 51.75 Zone)

③ 투영 원점 수치 : N=200만 m, E=100만 m

3. 우리나라의 투영법

1) 1910년 토지조사사업 당시

① Bessel 타원체를 준거타원체로 채택

② 가우스 상사 이중 투영법 적용

2) 해방 이후

가우스-크뤼거 투영법으로 국가기본도 제작과 정밀 기준점 측량 실시

3) 현재

① 국가기준점, 수치지도 → 가우스-크뤼거 도법(TM)

② 지적기준점, 지적도 → 가우스 상사 이중 투영법

4) 미래(한국 단일 평면직각좌표계=한국형 UTM 좌표계)

① 한국 국가 그리드

ㄱ. 축척계수 0.9996

ㄴ. GRS80 타원체

ㄷ. 투영원점 38°N, 127°30′E → UTM 51.75존

ㄹ. UTM 투영법에 의한 Korean Grid 적용

(5.4) 투영보정(Projection Correction)

답)

투영보정이란 지구의 형상으로 대표되는 기준면인 타원체 또는 구면을 평면으로 변환할 때 필연적으로 발생되는 오차를 최소화하기 위해 하는 작업을 말한다.

1. 투영

1) 투영의 정의

지구타원체상의 위치와 형상을 평면에 옮기는 체계적인 방법

2) 지도 투영의 분류

① 투영요소에 의한 분류 : 등각투영, 등적투영, 등거리투영

② 투영면의 형태에 따른 분류 : 원통도법, 원추도법, 방위(평면)도법

③ 축척계수에 따른 분류

ㄱ. 축척계수가 1인 경우

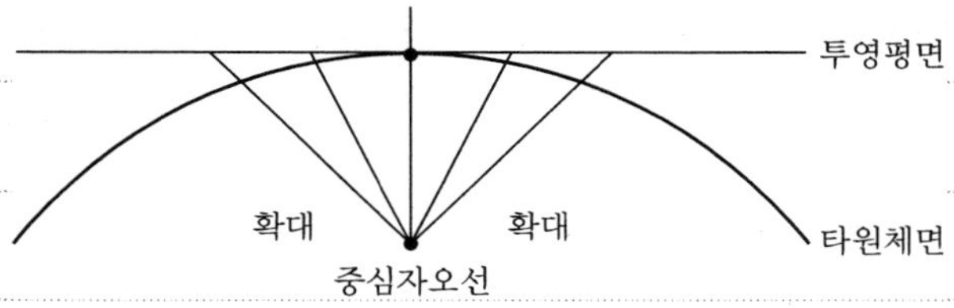

투영평면
확대
확대
타원체면
중심자오선

〈가우스 상사〉

ㄴ. 축척계수가 1보다 작은 경우

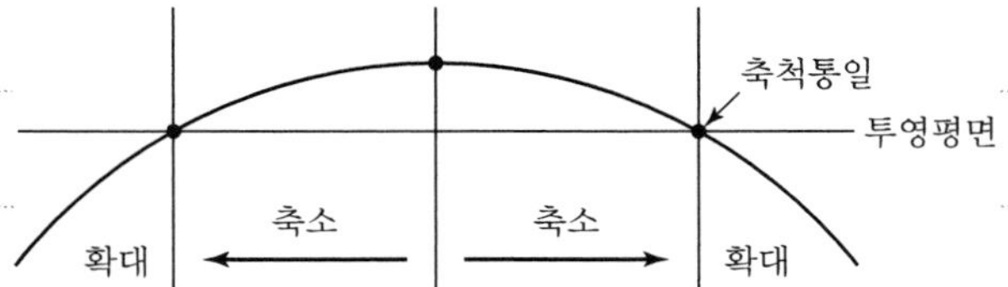

축척통일
투영평면
축소
축소
확대
확대

〈UTM 축척계수〉

2. 투영보정

투영에 따라 발생하는 오차를 최대한 줄이기 위해 투영보정을 실시한다.

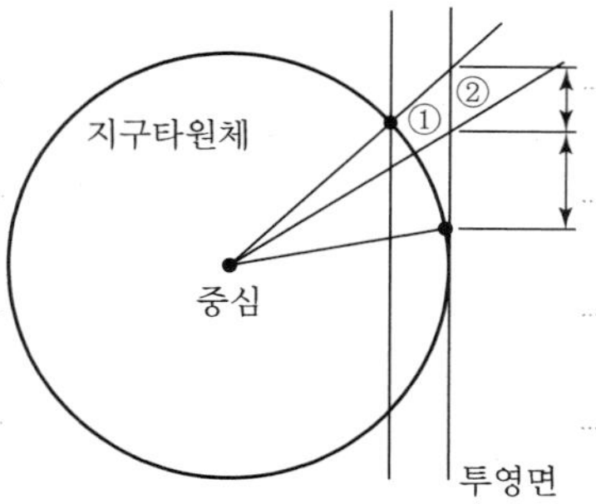

〈투영보정에 대한 설명〉

①번의 거리를 ②번으로 나타낼 때 실제보다 확대되어 표현되는데 이러한 현상을 줄이고 실제와 동일하게(가깝게) 표현하기 위해서 투영보정을 실시한다.

3. 우리나라의 투영보정

우리나라의 대삼각측량은 베셀타원체를 준거타원체로 채택하고 가우스 상사 이중 투영법을 적용하여 모든 삼각점의 평면직각좌표를 계산하였다.

(5.5) 가우스 상사 이중 투영법

답)

가우스 상사 이중 투영은 회전타원체면에서 구면으로 등각투영한 후, 그 구면에서 평면으로 다시 등각투영하는 방법을 말하며 현재 지적측량에서 사용하고 있다.

1. 방법(투영)

1) 지구타원체와 구체는 한 점에 접한다.
2) 구체와 그의 평면은 "공통의 원점"을 가지며 선에 접하는 것으로 본다.
3) 원점은 3개의 공통 접점이다.
4) 회전타원체면 → 구체 → 평면으로 등각투영한다.

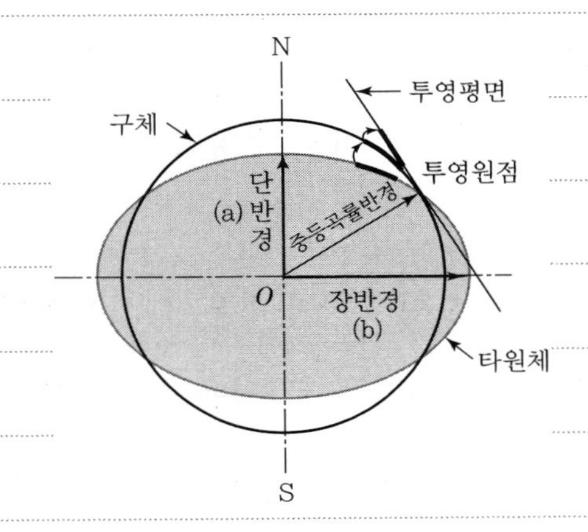

〈가우스 상사 이중투영법 원리〉

2. 특징

1) 원점에서의 축척계수는 1.0000이다.
2) 보조구면을 이용함으로써 "투영오차"가 발생한다.
3) 토지조사사업 당시 삼각점의 경위도를 평면직각좌표로 계산하는 데 투영법을 도입했다.

4) 원점에서 멀어질수록 정확도가 낮아진다.

5) X좌표 오차는 위도차에 비례, 경도차에 반비례한다.

6) Y좌표 오차는 위도차와 경도차에 비례한다.

3. 적용

1) 1910년대 조선총독부가 시행한 삼각점 좌표계산에 적용하였다.

2) 6.25 전쟁 후, 삼각점 복구 시 좌표계산에 활용되었다.

3) 현재 국가 기준 삼각점 좌표계산에 적용된다.

4) 국지적인 지적측량에 사용한다.

4. 우리나라의 투영법

1) 지적측량에서는 가우스 상사 이중 투영법을 사용하고 일반측량에서는 TM 투영법을 사용한다.

2) 세계측지계를 도입하였으며 투영방법은 TM 투영법이다.

3) 세계측지계 축척계수는 0.9996으로 적용범위를 확대하였다.

4) 4개의 투영(원점 좌표계) 원점으로 관리가 복잡하다.

5) 경도 +10.405초 단서 조항으로 계산이 불편하다.

6) 지적측량에서는 동일 원점, 구소삼각원점 좌표계가 공존하며 관리가 어렵다.
→ 평면직각좌표계

7) 국방 및 해양 부문은 UTM을 사용한다.

(5.6) 가우스-크뤼거도법(TM 도법, 횡메르카토르 도법)

답)

가우스-크뤼거도법은 회전타원체면에서 직접 평면으로 횡축 등각원통도법에 의해 투영하는 방법으로 횡메르카토르 도법이라고도 한다.

1. 투영방법

1) 회전타원체로부터 직접 평면으로 투영한다.

2) 원통을 90° 회전시킨 다음, 특정한 자오선을 접하게 하여 투영하는 방법이다.

3) 원점을 적도상에 놓고 중앙경도선을 Y축, 적도를 X축으로 한 투영이다.

4) 중앙 경도선으로부터 넓지 않은 범위 내 한정하여 투영한다.

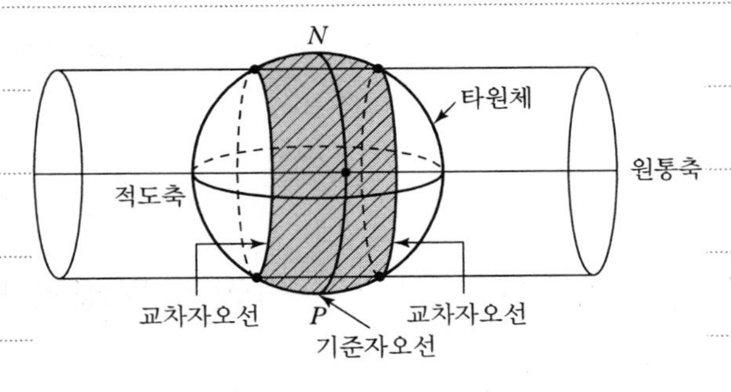

〈TM 투영방법〉

2. 특징

1) 원점에서의 축척계수는 0.9996이다.

2) 중앙자오선에서 멀어질수록 왜곡이 심하다.

3) 경도선과 위도선이 직각으로 교차한다.

4) 모든 항정선이 직선으로 나타나기 때문에 선박 항해용 지도제작에 용이하다.

5) UTM 투영의 기본 원리이다.

6) 우리나라처럼 동서보다 남북으로 긴 형태의 국가에 적합하다.

7) 투영오차를 최소화할 수 있고 투영식이 간단하다.

3. 적용

1) 1960년대 후반 이후에 국가 기본도 제작에 활용하였다.

2) 1975년 1차 정밀 기준점측량에 사용되었다.

3) 1986년 2차 정밀 기준점측량에 사용되었다.

4) 현재 국가기준점, 수치지도 : 가우스 - 크뤼거도법
 지적기준점, 지적도 : 가우스 상사 이중 투영법

5) 일반, 측지측량에 사용 : 가우스 상사 이중 투영법에서 횡메르카토르 투영으로 변경할 경우, X좌표에서는 최대 17~19cm, Y좌표에서는 4~13cm 오차를 줄일 수 있다.

4. 가우스 상사 이중 투영법과 가우스 - 크뤼거 도법의 투영 비교

1) 원점이 위치한 지역에서는 거의 오차가 없다.

2) 가우스 상사 이중 투영법은 X좌표 오차는 위도차에 비례, 경도차에 반비례하고 Y좌표 오차는 위도차와 경도차에 비례한다.

3) 가우스 - 크뤼거도법은 오차를 최소화할 수 있고 투영식이 간단하다.

4) 가우스 상사 이중 투영을 TM 투영법으로 바꿀 경우 X좌표에서는 최대 17~19cm, Y좌표에서는 4~13cm까지 오차를 줄일 수 있다.

(5.7) 정오차와 부정오차

답)

오차는 참값과 관측값의 차이로서 성질에 따라 착오, 정오차, 부정오차로 구분되며, 정오차는 오차의 크기와 방향이 일정한 법칙에 따라 발생되는 오차로서 누차 또는 계통오차라고하며, 부정오차는 오차의 크기와 방향이 불규칙적으로 발생하는 오차로 상차 또는 우연오차라고도 한다.

1. 오차의 성질에 의한 분류

1) 착오 : 오차 중 가장 크게 발생하는 오차이며, 관측자의 실수나 부주의로 인해 발생하는 오차로서 과실이라고도 하며, 대부분 현장에서의 판단 부족에서 발생하는 오차이다.

2) 정오차 : 오차의 크기와 방향을 알 수 있는 오차로서 계통오차라고도 하며, 측량 시 발생하는 원인을 정확히 알 수 있다면 반복관측을 통하여 최확값을 계산할 수 있는 오차이다.

3) 부정오차 : 착오와 정오차를 제외하고 남는 오차로서 오차발생의 원인을 알 수 없는 것을 부정오차라고 한다.

2. 정오차 발생원인 및 소거방법

1) 발생원인

① 거리측정 시 줄자의 온도변화에 의한 신축

② 기계의 수평축과 수직축 조정의 불완전

2) 소거방법

① 줄자의 신축에 따른 길이 보정 및 온도보정, 경사보정을 통해 소거한다.

② 시준축, 수평축 오차 : 망원경을 정, 반으로 관측하여 평균하여 소거한다.

③ 수직축 오차 : 수직축과 기포관축을 직교함으로써 조정이 가능하다.

④ 눈금오차 : 관측횟수를 늘려 평균함으로써 소거가 가능하다.

⑤ 시준축의 편심오차 : 편심거리와 편심각을 측정하여 편심량을 보정한다.

3. 부정오차의 특성 및 소거방법

1) 오차발생의 방향을 예측할 수 없기 때문에 양(+)과 음(−)의 부호를 모두 붙여 사용한다.

2) 측량수행자의 숙련도에 따라 영향을 받는다.

3) 오차발생의 원인을 특별히 규정할 수 없고 정오차와 같이 오차가 일정한 방향으로 누적되지 않는다.

4) 올바른 관측계획에 의하여 반복 관측함으로써 최소화할 수 있다.

5) 확률론이나 최소제곱법을 활용하여 보정한다.

6. 사진측량

(6.1) 중심투영, 정사투영, 왜곡수차

답)

사진측량에서 촬영된 사진으로 지형도 제작 시에는 중심투영으로 인한 지형상의 "왜곡"을 보정하여 정사사진을 제작한다.

1. 사진측량의 기본원리

1) 중심투영 : 대상물로부터 반사된 광이 렌즈의 중심으로 직진하여 필름 면에 투영되는 현상

2) 정사투영 : 촬영 카메라에 의한 경사와 지표면상 비고의 변위를 수정한 것

3) 왜곡수차 : 중심투영과 정사투영과의 차

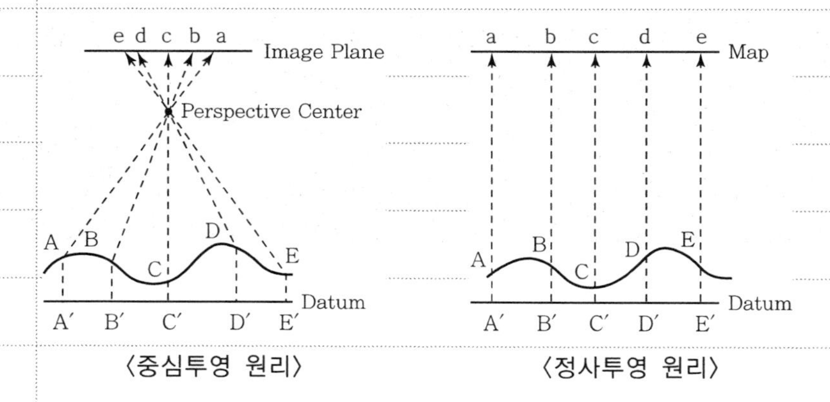

〈중심투영 원리〉 〈정사투영 원리〉

2. 중심투영

1) 항공사진 측량은 중심투영이다.

2) 평탄한 지표면에서 중심투영과 정사투영은 일치한다.

3) 실제의 피상물을 단순화한 것이 정사투영이다.

4) 기복이 있는 지형에서는 정사투영과 중심투영인 사진에 차이가 발생한다.

5) 사진상에서 중심투영에 의해 높이를 측정할 수 있다.

3. 중심투영과 정사투영의 비교

구분	중심투영	정사투영
활용	항공사진	지도
축척	일정하지 않다.	일정하다.
변위	경사 및 지형에 기복변위가 발생한다.	기복변위가 없다.
내용	모든 내용 포함	선별적으로 표현(단순화)
표현방법	이미지(래스터)	점, 선, 면(벡터)

4. 왜곡수차 보정방법

1) 포로－코페 방법 : 촬영 카메라와 동일 렌즈를 갖춘 투영기를 사용한다.
2) 보정판 사용방법 : 양화 건판과 투명렌즈 사이에 보정판을 삽입하여 보정하는 방법
3) 화면거리 변화시키는 방법 : 연속적으로 화면거리를 움직이는 방법

(6.2) 기복변위

답)

지표면에 기복이 있는 경우 연직으로 촬영하여도 축척은 동일하지 않고 사진면에서 연직점을 중심으로 방사상으로 변위가 생기는데, 이를 기복변위라 한다. 즉, 대상물의 높이에 의해 생기는 사진 영상의 위치변위를 말한다.

1. 기복변위의 원리

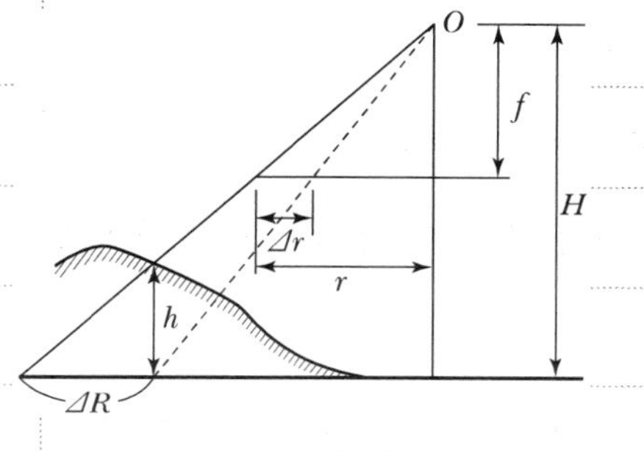

H : 비행고도

h : 비고

Δr : 변위량

r : 화면 연직점에서의 거리

〈기본변위의 원리〉

$$\Delta R : h = r : f \rightarrow r = \frac{\Delta R}{h} \cdot f$$

$$\Delta R : H = \Delta r : f \rightarrow \Delta r = \frac{\Delta R}{H} \cdot f$$

$$\Delta r_{max} = \frac{f}{h} \cdot r_{max}$$

여기서, r_{max} : 최대 화면 연직점에서의 거리

2. 기복변위의 특징

1) 비행고도가 높으면 변위량(Δr)이 작다.

2) 정사투영에서는 기복변위가 발생하지 않는다.

3) 비고(h)가 높으면 변위량이 많다.

4) 대축척에서는 기복변위 영향이 크고, 소축적에서는 기복변위 영향이 작다.

5) 농경지는 완경사지역으로 기복변위가 거의 발생하지 않고 임야지역에서 많이 발생한다.

6) 기복변위는 대상물의 높이에 의해 생기는 사진 영상의 위치 변위를 말한다.

3. 기복변위의 활용

1) 기복변위공식을 이용하면 사진상에 나타난 탑, 굴뚝, 건물 등의 높이를 구할 수 있다.

2) 대축척지도의 작성 시 기복 변위량을 고려하여 중복도를 증가시키기도 한다.

3) 기복변위는 사진의 중심투영에 해당되며, 정사투영 사진에서는 지상의 기복변위로 인한 시차가 제거되기 때문에 발생하지 않는다.

(6.3) 항공사진의 특수3점

답)

항공사진의 특수3점이란 투영방법이 "중심투영"이기 때문에 생기는 주점, 연직점, 등각점을 말한다. 연직사진에서는 주점을, 고저차가 큰 수직 및 경사사진의 경우에는 연직점을, 평탄한 지역의 경사사진에는 등각점을 각 관측의 중심점으로 사용한다.

1. 항공사진의 특수3점

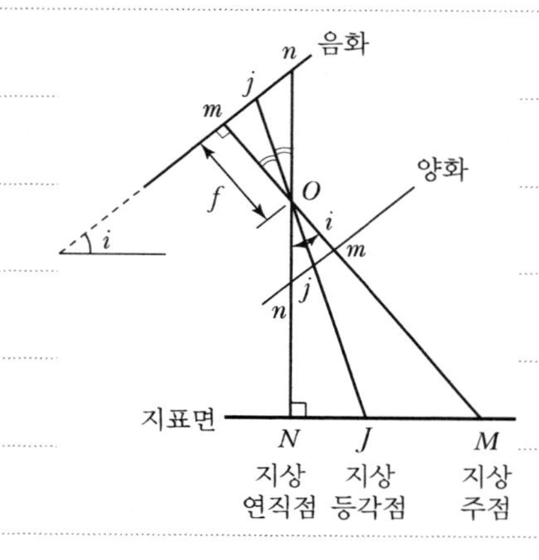

〈항공사진의 특수3점〉

1) 주점 : 사진의 중심점으로서 렌즈 중심으로부터 화면에 내린 수선의 발

2) 연직점 : 렌즈의 중심으로부터 지표면에 내린 수선의 발(N)을 지상연직점이라 하고 그 선을 연장시켜 화면과 만나는 점을 화면연직점(n)이라고 한다.

$\overline{mn} = f \cdot \tan i$

3) 등각점 : 주점과 연직점의 2등분선

$\overline{mj} = f \cdot \tan\left(\frac{i}{2}\right)$

2. 특수3점의 활용

1) 주점 : 연직사진에 이용(화면 경사 3° 이내)

2) 연직점 : 경사사진에 이용(고저차가 심한 지역)

3) 등각점 : 경사사진에 이용(평탄한 지역)

3. 항공사진 특수3점의 특징

1) 경사각이 0°일 경우에는 특수3점이 일치한다.

2) 주점은 사진상에 고정된 점이며 등각점과 연직점을 결정하는 기준이다.

3) 사진 상에서 특수3점을 찾는 순서(방법) : 등각점 → 연직점 → 주점 순

4) 왜곡수차 크기를 순서대로 나열하면, 주점 → 등각점 → 연직점이다.

5) 투영 중심으로부터 사진까지의 거리를 주점거리라 하며, 렌즈의 초점거리(f)는 항상 주점거리와 일치하지 않는다.

(6.4) 과고감, 카메론 효과

답)

항공사진을 입체시하는 경우, 산의 높이 등이 실제보다 과장되어 보이는 현상을 과고감이라 하며 평면축척에 대한 수직축척이 크기 때문에 실제보다 다소 높게 보인다.

1. 과고감의 원인

1) 멀리 떨어져 있는 물체는 수평각이 거의 0에 가깝기 때문에 원근 및 고저를 구할 수 없다.

2) 60%로 중복된 항공사진은 (기선길이와) 기선고도비가 사람의 양쪽 눈의 간격(안기선)과 명시거리와의 비보다 크기 때문이다.

3) 기선고도비에 비례

- 1기선고도비= $\frac{B}{H}$
- $\frac{B}{H} > \frac{b}{D}$: 과고감 있음, $\frac{B}{H} = \frac{b}{D}$: 과고감 없음

B : 촬영간격, H : 촬영고도, D : 명시거리, b : 눈의 간격

2. 과고감의 특징

1) 과고감은 지표의 기복을 과장하여 나타낸 것으로 낮고 평탄한 지역에서의 지형 판독에 도움이 된다.

2) 과고감은 사면의 경사가 실제보다 급하게 보이므로 오판하지 않도록 주의한다.
→ 고도, 경사율을 고려해야 한다.

3) 과고감은 필요에 따라 사진판독 보조요소를 사용한다.

4) 항공사진을 입체시하면 수직축척이 수평축척보다 크기 때문에 발생한다.

5) 과고감은 렌즈의 "초점거리, 중복도"에 따라 변한다.

6) 관찰자의 "경험, 심리" 등이 "복잡"하게 합하여 발생한다.

7) 기선고도비에 비례한다.

3. 카메론 효과

1) 항공사진으로 주행 중인 차량을 연속하여 촬영하고 이것을 입체화시켜 볼 때, 차량이 비행방향과 동일 방향으로 주행하면 가라앉아 보이고 반대방향으로 주행하고 있으면 부상하여 보이는데, 이 현상을 카메론 효과라 한다.

2) 오르고 가라앉는 높이는 차량속도에 비례한다.

3) 부상과 침전 효과라고도 한다.

4. 카메론 효과의 특징

1) 촬영기선의 변화에 의한 경우 : 촬영기선이 긴 경우 더 높게 보인다.

2) 초점거리의 변화에 의한 경우 : 초점거리가 짧은 경우 더 높게 보인다.

3) 촬영 고도차에 의한 경우 : 낮은 고도로 촬영하는 경우 더 높게 보인다.

4) 눈의 높이에 따른 변화 : 눈의 위치가 높은 경우에 더 높게 보인다.

5) 눈을 옆으로 돌렸을 경우 : 움직이는 쪽으로 기울어져 보인다.

(6.5) 입체시

답)

입체시는 한 쌍의 사진을 명시거리에서 왼쪽의 사진은 왼쪽 눈으로, 오른쪽 사진은 오른쪽 눈으로 보면 좌우의 상이 하나로 융합되어 항공에서 지상을 내려다본 것과 같이 높은 곳은 높게, 낮은 곳은 낮게 입체감 있게 보는 것을 말한다.

1. 입체시의 종류

1) 정입체시 : 중복사진을 명시거리에서 왼쪽 사진을 왼쪽 눈으로 오른쪽 사진을 오른쪽 눈으로 보면 좌우가 하나의 상으로 일치하면서 입체감을 얻을 수 있다.

2) 역입체시 : 한 쌍의 사진에 좌우 사진을 바꾸어 입체시하여 높은 곳은 낮게, 낮은 곳은 높게 보이게 하는 것이다.

2. 입체시의 방법

1) 육안에 의한 입체시 : 손가락에 의한 방법, 스테레오그램에 의한 방법

2) 입체경에 의한 입체시

① 렌즈식 입체경 : 2개의 볼록렌즈를 약 60cm 간격으로 결합하여 만든 렌즈를 통하여 입체시한다.

② 반사직 입체경 : 프리즘이 부착되어 사진으로 본 영상이 두 번 변화하여 눈으로 들어온다.

3) 순등법 : 영화와 같이 막망 상의 잔상을 이용한다.

4) 여색입체시 : 입체사진의 오른쪽은 적색으로, 왼쪽은 청색으로 현상하여 왼쪽은 적색, 오른쪽은 청색의 안경을 쓰고 입체시를 얻는 방법이다.

3. 입체시에 따른 과고감

1) 과고감은 입체시할 경우 과장되어 보이는 정도를 의미한다.

2) 입체시할 경우 평면축척보다 수직축척이 커서 실제 모형보다 높게 보이는 현상이다.

3) 촬영높이에 대한 촬영에선 길이와의 비율인 기선고도비(B/H)에 비례한다.

4) 촬영기선, 촬영기선 고도비가 사람의 눈의 간격과 명시 거리의 비보다 크기 때문에 발생한다.

(6.6) 영상정합(Image Matching)

답)

수치정사영상에서의 영상정합은 입체모델을 구성하는 두 장 이상의 영상 중 한 영상에 나타나는 영상점이 다른 영상의 어느 위치에 형성되었는가를 결정하는 작업을 말하며 상응하는 공액점의 위치를 자동으로 결정하기 위해서는 유사성 관측을 이용한다.

1. 영상정합의 기본요소

1) 공액요소 : 점, 선, 면을 포함하는 대상 공간 형상

2) 정합요소 : 첫 번째 영상과 비교되는 두 번째 영상 요소

3) 유사성 관측 : 정합요소의 적절한 대응 유무를 관측

2. 영상정합의 방법

1) 영역기준정합

① 밝기 값 상관법 : 기준영역을 정하고 다른 영상의 탐색영역에서 한 점씩 이동하면서 모든 점들에 대해 통계적 유사성을 계산하여 정합적으로 선택하는 방법이다.

② 최소제곱 정합 : 기준영역과 정합 대상영역 사이의 밝기 값의 차가 최소가 되는 점을 정합점으로 선정하고 최소제곱법을 이용하여 계산한다.

2) 형상기준정합

① 원래의 영상으로부터 점, 경계선, 지역 등의 형상을 추출한다.

② 비용함수를 이용하여 유사성을 관측한다.

③ 정밀 정합점 결정에 이용한다.

3) 관계형 정합

① 영상에 나타나는 특징들을 선이나 영역 등의 부호적 표현을 이용하여 묘사한다.

② 객체들 간의 관계까지 포함하여 정합을 수행한다.

3. 영상정합의 활용

1) 공간상에 나타난 연속적인 기복 변화를 수치적으로 표현하는 수치표고모형(DEM)의 생성에 활용한다.

2) 항공삼각측량에서 지상 기준점 및 사진 기준점의 정확한 위치를 결정하기 위한 선점작업인 점 이사(Point Transfer) 작업 수행 시 활용한다.

3) 3차원 정보추출의 주요 기술이다.

(6.7) 형상기준정합

답)

사진측량 중 영상정합의 한 방법으로서 대응점을 발견하기 위한 기본자료로 특정적인 점, 선, 영역 등이 될 수 있으나 일반적으로 경계정보를 의미하며, 인자를 추출하는 기법을 말한다.

1. 영상정합의 의의

1) 영상정합(Image Matching) : 입체영상 중 한 영상의 한 위치에 해당하는 실제 대상물이 다른 영상의 어느 위치에 형성되었는가를 발견하는 작업이다.

2) 사진측량의 3차원 정보추출의 주요 기술이다.

3) 수치사진측량 및 입체영상의 수치표고모형 생성 등에 적용한다.

2. 영상정합의 분류

1) 영역기준정합 : 오른쪽 사진의 일정한 구역을 기준영역으로 설정한 후 왼쪽 사진의 동일 구역을 일정한 범위 내에서 이동하면서 찾아내는 원리를 이용하는 기법이다.

2) 형상기준정합 : 대응점을 발견하기 위한 기본자료로서 특정적인 점, 선, 영역, 경계 인자를 추출하는 기법이다.

3) 관계형 정합

① 영상에 나타나는 특징들을 선이나 영역 등의 부호적 표현을 이용하여 묘사한다.

② 객체를 거리의 관계까지 포함하여 정합을 수행한다.

정합 방법	유사성 관측	정합 요소	특성
영역기준정합	상관성, 최소제곱	밝기 값	개략정합에 유리
형상기준정합	비용함수	경계정보	정밀 정합점 결정에 이용
관계형 또는 기호정합	비용함수	기호특성 : 대상물 점, 선, 면 밝기 값	

3. 형상기준정합의 특징

1) 두 영상에서 대응하는 측을 발견함으로써 대응점을 찾아낸다.

2) 수행하기 위해서는 먼저 두 영상에서 모두 특징적인 요소들을 추출해야 한다.

Ⅳ. GNSS

1. GNSS 일반
2. 측위원리/궤도력
3. 측량방법
4. 오차

1. GNSS 일반

(1.1) GNSS(Global Navigation Satellite System)

답)

GNSS란 미국의 GPS, 유럽의 GALILEO, 러시아의 GLONASS 등을 포함하는 범지구적인 위성항법시스템을 말한다. 이를 활용하면 고정밀의 공간정보 Data 수집, 정확한 위치정보를 제공할 수 있을 것이며 다른 센서와의 융·복합을 통해 새로운 패러다임의 시스템 개발이 가능할 것이다.

1. GNSS의 분류 및 특징

1) 궤도위성

① GPS, GLONASS : 군사적 목적으로 미국, 러시아에서 개발한 위성

ㄱ. 국방상의 이유로 정확도를 악화시키거나 운영중단의 가능성이 존재한다.

ㄴ. GPS, GLONASS 위성을 동시에 수신하여 위치정확도가 향상되며, DOP 수치도 개선되어 폭넓은 서비스 범위를 갖는다.

ㄷ. 갈릴레오 프로젝트 : 유럽 연합이 수행하는 항법시스템으로 민간 전용 시스템이다.

2) 정지위성 : WADGPS 기능 수행

① 미국의 WAAS

② 유럽의 EGNOS

③ 일본의 MSAS

④ 인도의 GAGAN[1)]

1) GAGAN(GPS Aided GEO Augmented Navigation) : 'The Sky'란 뜻으로 인도에서 추진 중인 측위 통합시스템이다.

2. GNSS 항법시스템 비교

구분	GPS	GLONASS	GALILEO
운영국가	미국	러시아	유럽 연합
위성 수	24+3(예비)	24+4	30(2019년)
궤도면	6	3	3
궤도경사각	55°	64.8°	54°
시간	UTO	UTC	UTC
공전주기	12시간	11시간 15분	14시간 21분

3. GNSS의 활용

1) GIS, ITS 등 관련시스템을 고도화하는 데 활용한다.
2) 항공, 육상, 해상의 항법체제와 연계한 융·복합 서비스를 활용한다.
3) 다수 위성 신호의 동시 수신으로 장애물에 의한 신호차단 발생 시 측량정밀도의 저하를 방지하고 신속성을 향상시킨다.
4) 현재 GNSS와 GLONASS를 동시에 수신하는 수신기를 이용한다.(VRS와 RTK 정밀도 향상)
5) 레저 분야 사용 및 실시간 기상 파악
6) 자연재해 예방, 기초과학 분야 활용
7) 통신망의 표준시각 관리에 활용

(1.2) 에포크(Epoch)

답)

에포크란 하나의 시점을 말하는 것으로 GNSS 측위 시의 에포크는 간섭측위할 때의 데이터 취득시간 간격을 말하며, 취득시간 간격을 미리 설정하여 관측 개시 시작을 결정하게 된다. 지적측량에 있어서 에포크의 설정은 GNSS에 의한 지적측량규정에 의한다.

1. 에포크

1) 에포크의 개념 : GNSS 수신기의 데이터 취득 간격을 말하며, 측위방법에 따라 달라진다.

2) 에포크의 계산방법 : i번째 에포크=측정 개시시각+$(i-1)$ ($i-1$: 샘플링 간격)

2. 측정방법에 따른 에포크 설정

1) 정지측량(Static)의 기준

① 기지점과 소구점에 GNSS 측량기를 동시 설치하여 세션 단위로 실시한다.

② 관측성과의 점검을 위하여 다른 세션에 속하는 관측망과 1변 이상 중복되게 해야 한다.

③ 기준

구분	지적삼각측량	지적삼각보조측량	지적도근측량	세부측량
기지점 거리	10km 미만	5km 미만	2km 미만	1km 미만
세션 관측시간	60분 이상	30분 이상	10분 이상	5분 이상
에포크	30초 이하	30초 이하	15초 이하	15초 이하

2) 이동측량(Kinematic)의 기준

① 기지점에 GNSS 기준국을 설치하고 소구점을 순차적으로 이동하여 관측한다.

② 이동 및 관측은 초기화 작업 후 실시한다.

③ 이동 중 사이클 슬립 등 발생 시 다시 초기화 작업이 필요하다.

④ 기준

구분	지적도근측량	세부측량
지적측량기준점과 지상경계점과 거리제한	5km 이내	2km 이내
관측시간	60초 이상	30초 이상
에포크	5초 이내	5초 이내

※ 지적재조사사업

1) 정지측위

기지점 거리	측정시간	Data 수신간격
10km 초과	2시간	30초 이하
10km 미만	1시간	

2) RTK 위성측량

기기점 거리	측정시간	Data 수신간격
5km 이내	30초 이상	1초

(1.3) Session(세션)

답)

GNSS 측량을 효과적, 경제적으로 수행하면서 높은 정밀도를 확보하려면 상세한 관측계획을 세워야 한다. Session은 GNSS 관측계획의 하나로서, 일정한 관측간격을 두고 동시에 GNSS 측량을 실시하는 단위작업을 말한다.

1. GNSS 측량의 작업과정

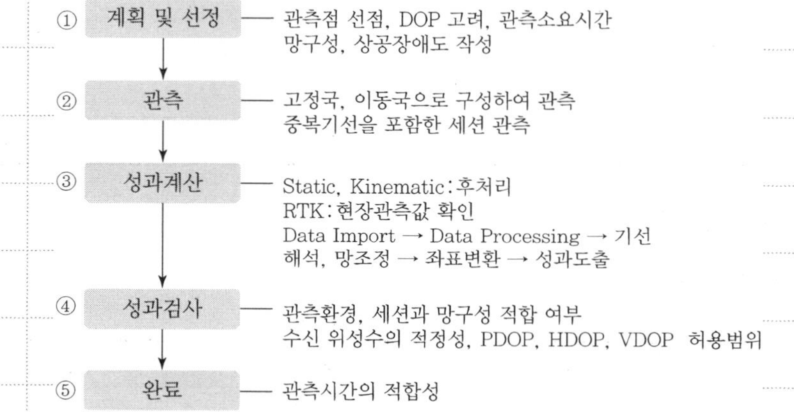

2. 세션

1) 세션(계획)의 원리

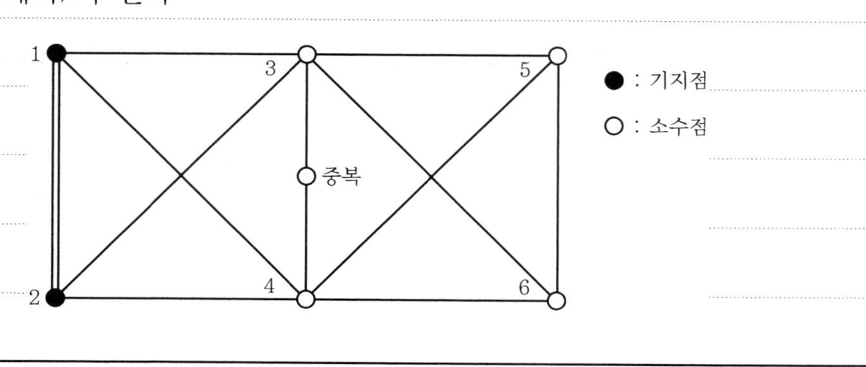

① 1세션 : 기지점(1, 2)과 미지점(3, 4) 관측

② 2세션 : 관측한 3, 4점을 기지점으로 하여 1, 2점 기계를 5, 6점으로 옮겨서 관측

2) 세션의 특징

① 관측 세션도는 "선점도"를 기초로 하여 작성한다.

② 최소도형이 "삼각형L"이 되도록 구성한다.

③ 인접 세션과는 1변 이상을 중복하여야 한다.

: 전체의 폐합 다각형이 서로 연결 관측됨으로써 전체 망조정 시 모든 측점이 균등한 정확도를 갖도록 하기 위함이다.

3. GNSS의 특징

1) 3차원 위치결정의 높은 정확도 확보가 가능하다.

2) 연속적으로 무한수의 사용자 이용이 가능하다.

3) 정확한 시간측정, 무료로 사용한다.

4) 정확도가 관측시간에 의존(관측거리와 무관)한다.

5) 개인적 오차가 발생할 소지가 적다.

6) 균질한 성과취득이 가능하다.

7) 날씨와 시간적인 제약을 받지 않는다.

(1.4) 라이넥스(RINEX : Receiver Independent Exchanger Format)

답)

RINEX(수신기 독립 변환 포맷)는 GNSS 데이터의 호환을 위한 표준화된 공통형식으로서 서로 다른 종류의 GNSS 수신기를 사용하여 관측하여도 기선해석을 가능하게 하는 자료형식이다.

1. RINEX의 특징

1) 사용 배경 : GNSS 수신기의 기종 및 제조사에 따라 파일형식이 상이하고 기종을 혼용하면 기선해석이 불가능하여 이를 해결하기 위해 1996년부터 표준화시킨 GNSS 데이터 포맷으로 사용하고 있다.

2) RINEX 데이터 생성 과정 : 상시관측소에도 적용 가능하다.

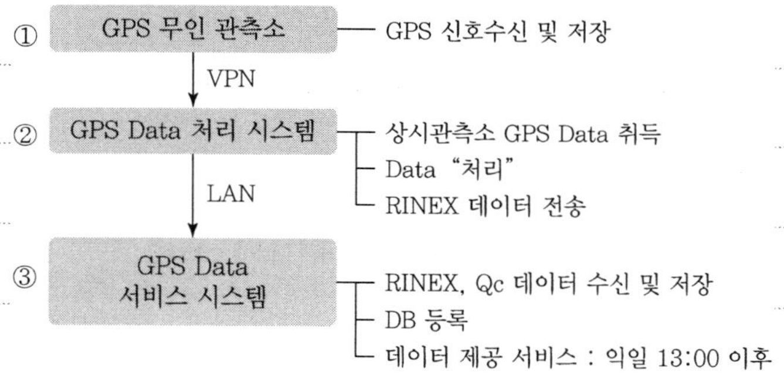

① GPS 무인 관측소 — GPS 신호수신 및 저장

VPN

② GPS Data 처리 시스템 — 상시관측소 GPS Data 취득 / Data "처리" / RINEX 데이터 전송

LAN

③ GPS Data 서비스 시스템 — RINEX, Qc 데이터 수신 및 저장 / DB 등록 / 데이터 제공 서비스 : 익일 13:00 이후

3) RINEX 파일로 변환되는 공통자료 : 의사거리, 위상자료, 도플러 자료 등

2. RINEX 구성

1) RINEX 데이터 형식(ASCII 포맷)

예) AAAA DoYo, YYn

① AAAA : 관측소 약칭

② DoY : 해당 연도의 날짜

③ D : 관측한 날의 파일순번

④ YY : 연도(관측)

⑤ n : 항법 메시지

2) RINEX 파일 종류

① 관측파일 : 의사거리, 반송파 위상신호

② 궤도력파일 : 위성궤도정보파일

③ 기상파일 : 기상정보 포함

3. 국내 RINEX 파일 제공기관

1) 국토지리정보원 : GNSS 기준점 서비스

2) 한국천문연구원 : GNSS Data 서비스

3) 위성항법 중앙사무소 : Data 서비스

4) 서울특별시 : 네트워크 RTK 서비스

(1.5) 위성기준점(GNSS 상시관측소)

답)

위성기준점은 국가기준점의 하나로서 GNSS 위성의 신호를 24시간 무인으로 수신하여 위치정보를 결정할 수 있도록 지원하는 것을 말하며, 국토지리정보원 위성기준점은 DGPS 측량활용을 목적으로 1995년 국토지리정보원 구내에 최초로 설치된 후 지속적으로 설치되어 다양한 서비스를 제공하고 있다.

1. 기준점의 분류

1) 국가기준점 : 우주측지기준점, 위성기준점, 통합기준점, 삼각점, 수준점, 중력점, 지자기점

2) 공공기준점 : 공공삼각점, 공공수준점

3) 지적기준점 : 지적삼각점, 지적삼각보조점, 지적도근점

2. 위성기준점

1) 특징

① 시간, 거리, 장소, 기상 등과 관계없이 실시간으로 정확한 위치정보를 제공한다.

② 각 관측소의 관측데이터를 통신선을 통한 원격으로 다운로딩하여 정밀해석 프로그램으로 각 관측소에 대한 좌표와 거리를 산출하는 시스템이다.

③ 국가 GNSS 기준망으로 지적측량의 기지점 역할을 수행하며, 상대측위에 편리하게 운영한다.

④ 기본적인 임무는 GNSS 위성을 365일 24시간 관측하고 그 자료를 저장, 관리하는 작업이다.

2) 설치기관 및 운영 현황

① 국토지리정보원 : 87개소 운영

② 한국국토정보공사/서울특별시 : 각 30개소/5개소 운영

③ 국가기상위성센터/국립해양측위정보원 : 각 24개소/35개소 운영

④ 한국지질자원연구원/한국천문연구원 : 각 18개소/9개소 운영

3) 데이터서비스

① 실시간데이터서비스(RTCM) : RTK 실시간 이동측량 시 보정데이터를 국토지리정보원 서버를 통해 서비스하고 있다.

② 후처리데이터(RINEX) : 정지측량을 실시한 후 후처리 기선해석 및 망조정, 좌표변환 등을 통해 소구점 성과계산에 활용한다.

③ 데이터 품질정보 : 각 상시관측소에 대한 기준 취득 수 및 사이클 슬립, 기준 MP1, 2 등

3. 위성기준점을 활용한 실시간 이동측량

1) 단일기준국실시간 이동측량 : 정밀측위 분야의 정확성과 항행분야의 신속성을 결합한 측량 방식으로 좁은지역에서 높은 정밀도로 측량할 수 있는 시스템

2) 다중기준국실시간 이동측량 : 3점 이상의 위성기준점을 이용하여 산출한 보정정보와 이동국이 수신한 GNSS 반송파 위상 신호를 실시간 기선해석을 통해 이동국의 위치를 결정하는 측량 시스템

(1.6) 기선해석

답)

기선해석이란 당해 관측지역의 가장 가까운 지적 위성기준점 또는 지적 위성좌표를 이미 알고 있는 지적측량 기준점을 기점으로 하여 인접하는 소구점을 순차적으로 해석하는 것을 말한다.

1. 기선해석의 단위

두 관측점 간의 기선 벡터 성분을 정해진 계산식에 의해서 산출한다.

구분	단위	자릿수
거리	m	0.001
기선벡터	m	0.001
표고	m	0.001

2. 기선해석의 방법

1) 관측한 데이터는 GNSS 측량기 공통변환방식(RINEX)으로 변환하여 사용할 수 있다.
2) GNSS 위성의 위치는 기지점과 소구점 간의 거리가 50km를 초과하는 경우, 정밀궤도력에 따르고 기타는 방송궤도력에 따른다.
3) 기선해석 방법은 세션별로 실시하되 단일 기선해석 방법에 따른다.
4) 기선해석 시에 사용되는 단위는 미터 단위로 하고 계산은 소수점 이하 3자리까지 한다.
5) 2주파 관측데이터를 이용하여 처리할 경우에는 전리층을 보정한다.
6) 기선해석의 결과를 기초로 기선해석 계산부를 작성한다.

7) 사이클 슬립의 편집은 원칙적으로 기선해석 프로그램에 의하여 자동편집, 수동편집을 할 수 있다.

3. 기선해석의 점검

폐합 차의 허용범위는 다음 표에 의하며, 그 기준을 초과하는 경우에는 다시 관측을 하여야 한다.

폐합 기선장의 총합	ΔX, ΔY, ΔZ의 폐합 차
10km 미만	3cm 이내
10km 이상	2cm+1ppm×D 이내 (D : 기선장 km)

※ 좌표변환 계산의 단위

구분	단위	자릿수
평면직각 종·횡선수치	m	소수점 이하 3자리
경위도	도, 분, 초	3자리
표고	m	2자리

※ 성과작성

지적 위성측량의 성과 및 기록은 관측데이터 파일, 지적위성측량부, 지적 위성측량 성과검사부 등에 의한다.

(1.7) 7파라미터

답)

좌표변환이란 어떤 좌표계상의 위치를 다른 좌표계상의 위치로 변환하는 작업을 말하며, 방법에는 7파라미터, MRE, Moloden Sky 방법 등이 있다. 7파라미터는 변환요소 방법이라 하며, 최소제곱법에 의하여 산출된 7개의 변환계수를 적용하여 상이한 두 좌표계 간의 좌표를 변환하는 방법을 말한다.

1. 7파라미터 변환방법(원리)

1) 우리나라 지역좌표계와 세계측지계 간의 변환방정식은 3D－Helmet 변환을 이용한다.

2) 좌표변환 요소(7파라미터)

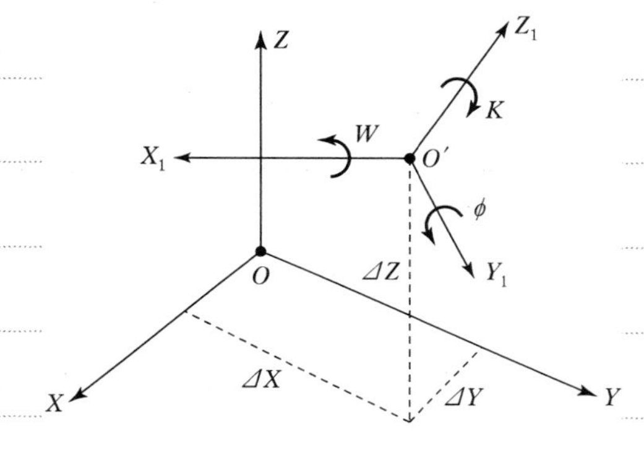

〈7파라미터 좌표변환 원리〉

① ΔX, ΔY, ΔZ : 원점 간 선형 이동량

② W, ϕ, K : 회전이동량

③ 축척계수 : S

3) 최소제곱법으로 산출하여 변환한다.

2. 7파라미터 변환의 특징

1) 7개의 변환계수를 6개, 3개 등의 매개변수로 이용하여 변환을 수행할 수도 있다.
2) 현재 우리나라에서 사용하는 방법으로 직각좌표계에서만 가능하다.
3) GNSS 측량에 의한 성과를 지적측량 기준점으로 활용하기 위해 변환한다.
4) 최소제곱법에 의하여 산출된 7개의 변환계수를 적용하여 상이한 두 직각좌표를 변환한다.

3. 좌표변환의 절차

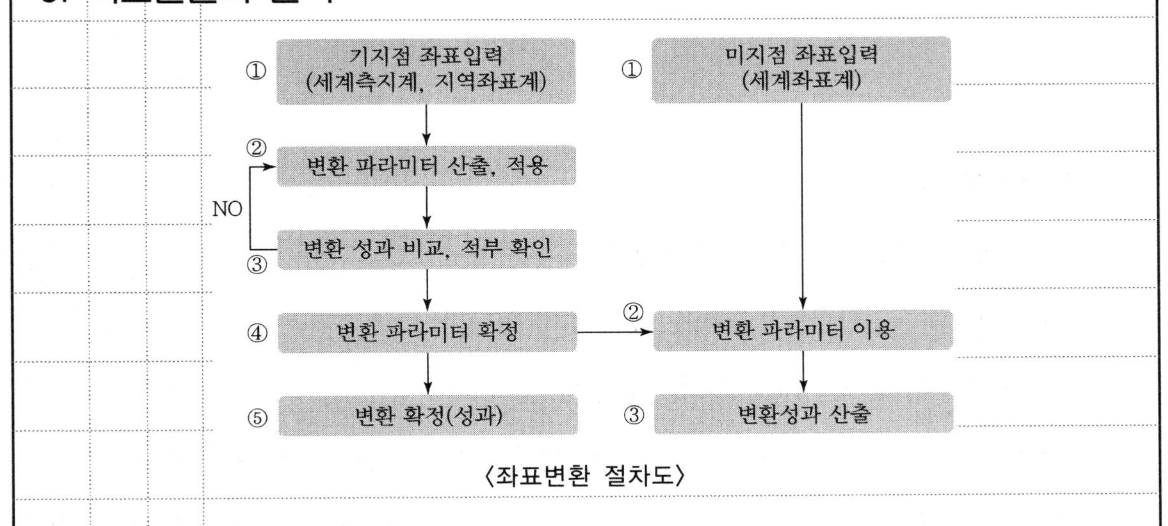

〈좌표변환 절차도〉

4. 좌표변환 방법

1) 7Parameter 방법 : 7개의 변환계수를 적용하여 변환
2) MRE 방법 : Tokyo Datum을 WGS-74로 변환하는 식
3) Molodensky : GRS80 타원체 및 Bessel 타원체에 준거한 경위도 좌표의 편차량 도출

(1.8) 관성항법체계(INS)

답)

INS(관성항법시스템)는 외부의 도움 없이 관성센서(관성측량기)를 이용하여 가속도를 측정하고 시간에 대한 연속적인 적분을 수행해 위치와 속도, 진행방향을 계산해 내는 시스템으로 자주적인 위치결정체계이다.

1. 관성측량의 구성

1) 가속도계 : X, Y, Z 방향 가속도를 측정한다.
2) 자이로스코프 : 기준좌표를 설정하고, 본체의 진행방향을 계측한다.
3) 시계 : 각 미지점의 가속도 측정 시 시간을 관측한다.

2. INS의 특성

1) 지형, 기후, 시간 등에 영향을 받지 않는다.
2) 위치, 속도, 방향, 가속도를 동시에 결정한다.
3) 신속하게 3차원 공간정보를 구현할 수 있다.
4) GNSS에서 구현이 불가능한 지역(전파방해)의 측위가 가능하다.
5) GNSS와 연계하여 측위 정확도를 높여가고 있으며 다양한 측량 분야에 활용이 가능하다.

3. GPS/INS 비교

구분	GPS	INS
가격	낮은 가격	높은 가격 시간에 따른 오차 누적(상대) → 주기적 오차 보완
데이터 전송률	낮은 데이터 전송률 외부교란에 민감하다. 안정적인 위치정보(절대)	높은 데이터 전송률 외부교란의 영향이 적다. 연속적인 항법 Data 제공

4. GPS / INS의 활용

1) 비행체, 선체에 주로 이용한다.

2) GPS－VAN에 장착하여 이동측량에 활용한다.

3) 항공사진측량에 Airbone－GPS로 활용한다.

4) 지상기준점 측량

5) GNSS 측량 분야, 원격 탐측 분야 등

5. GPS/INS 도입 시 장점

1) 지상기준점 측량과정이 간소화된다.

2) 도화작업 생략으로 신속성이 제고된다.

3) 실시간 정확한 외부표정 요소 추출이 가능하다.

4) 수치 지형도 등 3차원 영상 Data의 갱신주기를 단축시킴으로써 최신성 유지가 가능하다.

5) GPS(절대위치)와 INS(상대위치, 자세, 속도)의 장점만을 모아서 보완한 시스템이다.

(1.9) SLR(Satellite Laser Ranging)

답)

SLR은 위성레이저 측지로서 지상에서 "특수반사체"가 설치된 위성에 극초단파 빛을 발사하여 위성의 역반사기에서 반사되어 돌아오는 "왕복시간"을 측정해 위성까지의 거리를 구하는 고정밀 거리측정방식이다.

1. SLR 관측방법 원리

1) 거리관측

관측된 왕복시간에 속도를 곱하여 거리를 관측한다.

거리$(r) = \Delta + k \cdot C$(속도)

2) 관측점의 좌표결정

위성의 궤도(X_s, Y_s, Z_s)를 알면 미지수가 관측점의 좌표(X, Y, Z)만 남으므로 3회 이상 관측하면 미지점의 좌표를 구할 수 있다.

2. SLR의 특징

1) 인공위성의 중심위치(지구)를 결정할 수 있는 가장 정확한 기술이다.
2) 정확한 궤도 결정과 mm급 순간거리 관측을 제공한다.
3) SLR은 상대성 이론을 실험할 수 있는 유일한 기술이다.
4) 표면의 표고를 직접 관측할 수 있다.

3. SLR 활용

1) 지구의 회전 및 지심 변동량을 관측한다.
2) 기초물리학의 연구 Data를 제공한다.
3) "해수면"과 "빙하면"을 관측하는 데 활용한다.
4) 위성 대신 달에 역반사기를 설치하여 이용하는 월레이저 거리측정방식도 있다.
5) 위성에서 레이저를 탑재하고 지상에 역반사기를 설치하는 역레이저 방식도 있다.

4. 우리나라 측지분야 적용

경위도 원점 관리와 천문 및 지구 관측에 필요한 우주측지를 위해서는 우선적으로 VLBI 사업을 추진하되 장기적으로는 SLR 사업과 연계해야 한다.

(1.10) OTF(On The Fly)

답)

OTF는 GNSS 수신기가 실시간으로 움직이면서 상대위치 반송파 위상이 모호 정수를 해결하는 방법을 말하며 이동 중 초기화 기법이라 한다. 종래와 같이 GNSS(이동국) 수신기가 정지되어 있을 뿐 아니라 이동 중에도 자동으로 초기화 할 수 있는 첨단기법이다.

1. 초기화 조건

1) 위성신호

① 지정된 임계 고도각(15°) 이내에서 DGPS의 경우는 4개, RTK인 경우는 5개 이상의 위성신호를 수신할 수 있어야 한다.

② Cycle Slip, Multi-path 오차가 없어야 한다.

③ DOP 상태가 양호해야 한다.

2) 위치보정 신호

① 기지국 GNSS로부터 위치보정 신호가 양호해야 한다.

② 무선모뎀의 수신강도를 20DB 이상으로 유지해야 한다.

3) 수신기 상태

① 케이블 연결상태가 양호해야 한다.

② 수신기 전원 공급이 원활해야 한다.

2. OTF 특징

1) 이동국 GNSS 수신기를 정지시킬 필요 없이 이동 중에도 초기화가 가능하다.

2) 반드시 L_1, L_2의 2주파 수신기를 사용해야 한다.

3) L_1과 L_2 반송파뿐 아니라 "P-code"까지 해석하여 짧은 시간에 초기화가 가능하다.

4) 많은 위성의 관측이 필요하며 시가지와 같이 장애물이 많은 장소는 시간이 지연된다. 3분 이상, 3회 이상 지연되면 관측이 중지된다.

5) 수신기가 고가이다.

3. OTF 활용

1) 초기화에 소요되는 시간이 조건에 따라 0.5초~10분 이내로 짧아 RTK 측량 시 유용하다.

2) 수신 중 발생하는 Cycle Slip을 해결하는 데 활용된다.

3) 불명확 상수 해결에 많이 사용한다.

4) 후처리, 실시간 Kinematic 측량에 응용한다.

※ 불명확 상수(Ambiguity : 모호정수, 미지정수)

반송파 신호측정방식은 전파의 위상차를 관측하는 방식인데, 수신기에 마지막으로 수신되는 파장의 위상을 정확히 알 수 없으므로 이를 모호정수, 미지정수라 한다.

1) 불명확 상수의 결정이 GNSS 정확도를 좌우한다.

2) OTF 기법이 모호정수 초기화에 가장 편리한 방법이다.

(1.11) RTLS(실시간 위치추적 서비스)

답)

실시간 위치추적 서비스는 IPS(Indoor Positioning Service)라고도 불리며 LBS와 동일하게 사람 혹은 사물의 위치를 확인·추적하는 것이지만 주로 근거리 및 실내와 같이 제한된 공간에서의 위치확인 서비스를 지칭하는 데 사용된다.

1. RTLS의 위치 측위 방식

Local Positioning 기술을 기반으로 한다.

1) AOA 방식 : 2개 이상의 기지국에서 단말기로 오는 신호의 방향을 측정, 방위각 산출로 위치를 결정하는 방식이다.

2) TOA 방식 : 3개 이상의 기지국에서 단말기로 오는 신호의 전달시간을 측정, 거리를 산출해 위치를 결정하는 방식이다.

2. RTLS와 LBS 비교

구분	RTLS	LBS
목적	근거리 및 실내와 같이 제한된 공간에서 실시간 위치확인·추적	사용자 주변정보를 기준으로 위치정보 제공
주요기술	위치 측위 기술 WiFi, RFID, 블루투스	무선 측위 기술 CDMA, GSM 등
장점	특정 구역, 시설에 무선장치 사용	개인 맞춤형 서비스
단점	전원 유지	개인정보 유출
공통점	위치 기반 서비스	

3. RTLS 활용분야

1) 위치정보 : 택배, 관광, 물류 등 다양한 산업분야의 서비스 제공에 활용한다.

2) 비상구조 지원 : 응급구조, 범죄예방, 보안, 도난방지 등에 활용한다.

3) 국가시스템과의 연계 : 보안등급이 높은 국방, 연구소, 박물관 등에 사용하며 자동 통제 및 위치를 제공하는 데 활용한다.

4) 위험지역의 접근 관리 등에 활용한다.

(1.12) LBS(위치 기반 서비스, Local Based Service)

답)

이동통신망 또는 GNSS를 통해 얻은 위치정보를 기반으로 사용자에게 여러 가지 정보를 제공하는 서비스 시스템을 말하며, 수치지도 기반에서 위치정보를 취득하는 기술이며, 추적이 가장 중요한 요소이다.

1. LBS의 위치 측위 방식

1) 이동통신용 기지국 망을 이용할 경우(Cell 방식)

① AOA 방식 : 2개 이상의 기지국에서 단말기로 오는 신호의 방향을 측정, 방위각 산출로 위치를 결정하는 방식이다.

② TOA 방식 : 3개 이상의 기지국에서 단말기로 오는 신호의 전달시간을 측정하여, 거리 산출로 위치를 결정하는 방식이다.

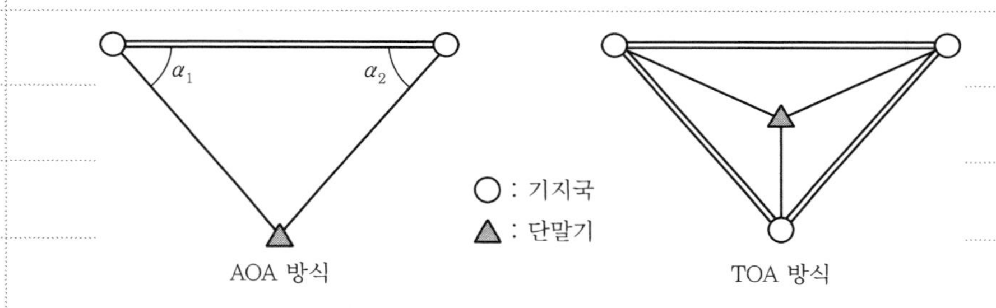

〈AOA 방식과 TOA 방식 비교〉

2) GNSS를 이용할 경우

① 단말기에 GNSS를 장착하여 위치를 결정한다.

② 측정된 위치를 기지국을 통해 센터로 전송한다.

2. LBS 구축을 위한 조건

1) 이동통신용 기지국 망을 이용하는 조건

① 국가삼각점에 근거한 절대좌표를 결정한다.

② 기지국 간의 시준선 확보 및 보정기술이 필요하다.

2) GNSS를 이용하는 조건

① 휴대 단말기에 GNSS를 장착한다.

② 단말기와 LBS 운용센터 간 양방향 전송이 가능해야 한다.

3) 용도별 다양한 레이어의 수치지도 구축이 가능해야 한다.

3. LBS의 기능과 활용

1) 위치정보 : 택배, 물류, 관광 등 다양한 산업분야에 활용

2) 교통정보 : 실시간 교통정보, CNS(차량항법시스템) 기능 제공에 활용

3) 비상구조 자원 : 응급구조, 범죄예방, 도난방지, 보안 등

4. LBS와 RTLS 비교

구분	RTLS	LBS
목적	근거리 및 실내와 같이 제한된 공간에서 실시간 위치확인·추적	사용자 주변정보를 기준으로 위치정보 제공
주요기술	위치 측위 기술 WiFi, RFID, 블루투스	무선 측위 기술 CDMA, GSM 등
장점	특정 구역, 시설에 무선장치 사용	개인 맞춤형 서비스
단점	전원 유지	개인정보 유출
공통점	위치 기반 서비스	

(1.13) VLBI(초장기선 간섭계)

답)

VLBI는 초장기선 간섭계로 천체(준성)에서 복사되는 잡음전파를 복수의 안테나로 동시에 독립적으로 수신하여 전파가 도달하는 시간 차로(지연시간) 관측점의 위치좌표를 고정밀도로 구하는 시스템이다.

1. VLBI의 원리

1) 전파원 : 수십억 광년의 거리에 전파강도가 강한 점원 부근에 다른 전파원이 없는 준성을 선택한다.

2) 거리계산 : 준성으로부터 전파가 2개의 안테나에 평행하게 도달한다고 가정하여 계산한다.

3) 지연시간 : 지연시간 보정값, 준성의 적경과 적위, 기선의 벡터를 미지수로 한 최소제곱법으로 거리를 결정한다.

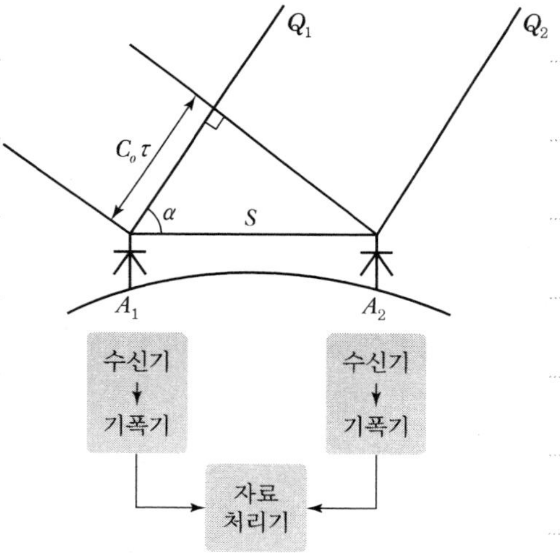

〈초장기선 간섭계의 원리〉

2. VLBI의 특징

1) VLBI의 거리계산은 전파의 도달 시간 차에 의해 측정한다.

2) 전파 망원경은 가동식과 고정식이 있다.

3) 정확도는 ±0.1ms(밀리 초)이며 거리로는 ±3cm이다.

4) 관측점 전파원의 수를 늘려서 관측하면 높은 정확도를 얻을 수 있다.

3. 위성에 의한 VLBI

1) 준성 대신 위성으로부터 잡음전파를 이용한다.

2) 전파의 강도는 준성의 약 1,000배이다.

3) VLBI 장비를 소형화시켜 경제성을 도모할 수 있다.

4) 이동관측을 가능케 하여 정확도가 10^6 정도로 향상된다.

4. VLBI의 활용

1) 수천 km의 거리를 수 mm 정확도로 유지하는 정밀측량에 주로 사용한다.

2) 대륙 간 지각 변동량을 관측하여 지진 등의 자연재해 예방에 활용한다.

3) 측지원점(국가기준점)의 정확도 제고에 활용한다.

4) 국제협력(활동)에 의해 Plate 운동, 지구 회전, 극운동 등에 활용이 가능하다.

(1.14) 의사위성

답)

의사위성은 우주 상공의 GNSS 위성과는 달리 지상의 고정된 장소에 설치되어 GNSS 신호의 수신이 양호하지 않은 지역이나 실내 특정지역에서 인공위성을 대체하는 매우 정밀한 항법시스템이다.

1. 의사위성의 특징

1) GNSS 위성과 같이 거리를 측정할 수 있는 Ranging Signal을 전송한다.
2) 반송파 주파수 및 데이터 신호가 GNSS 위성과 동일한 신호구조를 가지고 있다.
3) GNSS 위성을 대체 또는 보완하는 데 활용한다.
4) GNSS 위성과 비교하여 매우 저렴한 비용으로 정확성, 무결성, 가용성 등을 향상시킬 수 있다.

2. 의사위성의 활용분야

1) 실내/실외 정밀 위성 추적

스포츠 레저시설이나 테마공원 등에서 위치추적시스템을 구축한다.(실내, 빌딩, 지하 등)

2) 공장 자동화 및 로봇 제어

대형 공장이나 컨테이너 야적장 등에서 물품의 정밀한 위치확인 및 이동이 가능하여 물류 자동차 및 로봇 제어 등에 활용한다.

3) 항공기 이착륙

고도에 대한 정확한 정보가 필요한 경우에 의사위성을 지상에 설치하면 GNSS만을 사용할 때보다 VDOP를 개선할 수 있다.

4) 정밀조사용 애플리케이션

5) 항만 접안 및 농장 자동화 등

2. 측위원리/궤도력

(2.1) 케플러의 궤도요소(위성궤도 6요소)

답)

천체를 공전하는 행성 또는 위성의 궤도를 케플러의 법칙에 따라 타원에 가까운 형태로 나타내며 행성 또는 위성의 시간에 따른 위치, 궤도면의 기울기 등을 나타내기 위해 사용하는 요소를 궤도요소라 한다.

1. 케플러의 6요소(궤도요소)

1) 궤도 장반경(a) : 타원 궤도의 장반경

2) 궤도 이심률(e) : 타원 궤도의 이심률

3) 궤도 경사각(i) : 궤도면과 적도면 사이의 각

4) 승교점 적경(Ω) : 궤도가 남에서 북으로 지나는 점의 적경

5) 근지점 적경(W) : 궤도면 내에서 근지점 방향

6) 근지점 통과시간(T)

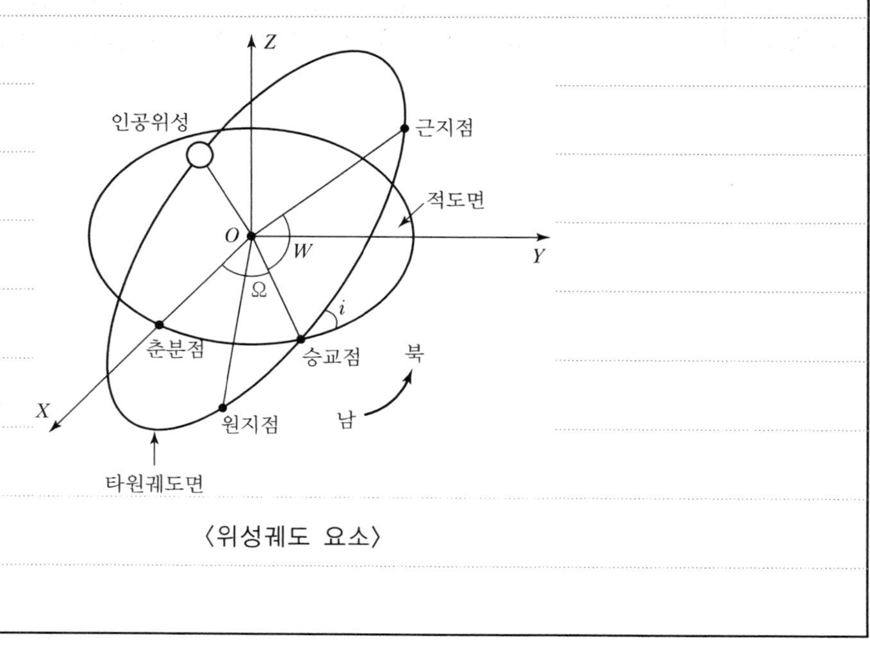

〈위성궤도 요소〉

2. GNSS 신호

구분	코드 신호	용도
L_1 파 (1575.42)	C/A 코드 위성궤도 정보를 P코드, PRN 코드로 암호화	민간용
		군사용
MHz	항법메시지 : 궤도 정보(위성)	민간용
L_2 파 (1227.60)	P 코드	군사용
	항법메시지	민간용

1) L_1, L_2 신호는 위성의 위치계산을 위한 케플러 요소와 형식화된 자료 신호를 포함한다.

2) 케플러의 6요소는 위성을 위치와 속도 성분으로 나타낼 수 있는 불변량이다.

(2.2) 위성력(방송력/정밀력)

답)

위성으로부터 전송되는 항법메시지에 포함된 궤도 정보는 사전에 입력한 예비궤도인 방송궤도력과 실제 위성의 궤적을 계산한 정밀궤도력이 있다.

1. 방송궤도력

1) GNSS 위성에서는 주제어국에서 사용자에게 전달되는 예측치의 궤도정보이다.

2) 위성의 항법메시지에는 궤도에 대한 예측치가 들어 있으며 30초마다 기록한다.

3) 예비궤도이므로 실제 운행궤도에 비해 정밀도의 확보가 곤란하다.

4) 수신 후 신속한 측위결정이 가능하다.

2. 정밀궤도력

1) 별도의 추적망을 활용하여 실제 위성의 궤적이 계산된 정밀한 궤도정보이다.

2) 후처리 방식의 정밀측위에 사용, 정밀도가 높다.

3) IGS가 전 세계에 산재한 관측 Data를 후처리하여 발표하고 있다.

4) 후처리 자료의 제공 시까지 시일이 지체되어 신속한 측위결정이 곤란하다.

3. 국제 GNSS 관측망(IGS)

1) 정밀궤도력을 계산하기 위해 전 세계 약 110개의 관측소가 운영되고 있다.

2) 7개의 관측자료 분석 섹터로 모아 처리한다.

3) 보통 정밀력이라 함은 IGS력을 의미한다.

4) 관측 1일 후에 1cm의 정밀도를 공급한다.

5) 대덕연구단지에 위치한 천문대 GNSS 관측소가 공식 지정되었다.

4. 방송력/정밀력 수신 및 활용

1) 방송력은 측위결과를 관측 시 입수하므로 신속하다.

2) 방송력은 기선거리 10km 이내에서만 사용해야 한다.

3) 정밀력은 기선거리 10km 이상에서 사용함이 바람직하다.

4) 반송파를 이용한 후처리 방식에 사용(정밀력)한다.

5) 절대측위에는 방송력, 상대측위는 정밀력을 사용한다.

※ 기지점과 소구점 간 거리

1) 50km 초과 : 정밀궤도력

2) 그 외의 경우 : 방송궤도력

(2.3) GNSS 절대측위와 상대측위

답)

GNSS 측량방법은 크게 분류하면 절대(단독)측위(1점 측위)와 상대관측(상대측위) 방법으로 나누어지고, 상대관측은 정지측량과 이동측량, RTK 측량으로 나눌 수 있다. 절대측위방식은 정밀도가 낮아 주로 항법장치 등에 사용되고 상대측위방식은 정밀도가 높아 주로 측량분야에 사용된다.

1. 절대측위방법(단독측위)

1) 절대측위의 원리 : 1개의 수신기를 사용하여 4개 이상의 위성으로 신호를 수신하여 C/A－code를 이용해서 실시간 처리로 수신기의 위치를 결정하는 원리이다.

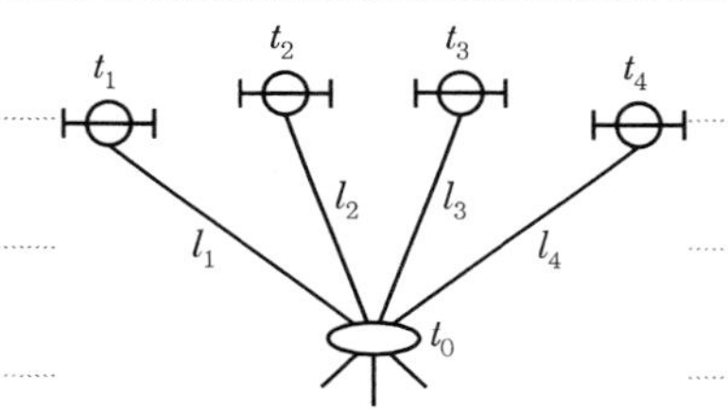

〈절대관측의 원리〉

$R=(\Delta t-E)\cdot C$

Δt : 도달시간 관측값

E : 시간오차

C : 광속(전파속도)

R : 수신기에서 관측위성까지의 거리

2) 절대측위의 특징

① GNSS의 가장 일반적이고 기본적인 형태이다.

② 위성신호 수신 즉시 수신기의 위치를 계산한다.

③ SA가 해제되어 20~30m의 정밀도를 얻을 수 있지만 정확도가 낮다.

④ 선박, 자동차, 항공기 등의 항법에 이용된다.

2. 상대측위방법(간섭계 측위)

지구상에 두 점 이상의 수신기를 설치하여 상대적인 위치관계를 이용하여 측위하는 방식으로 정지측량, 이동측량, 실시간 이동측량 방법이 있다.

1) 정지측량(Static)

① 1대의 수신기는 기지점에 다른 수신기는 미지점에 설치하여 두 점 간에 도달하는 전파의 시간적 지연을 측정하여 관측하는 방법이다.

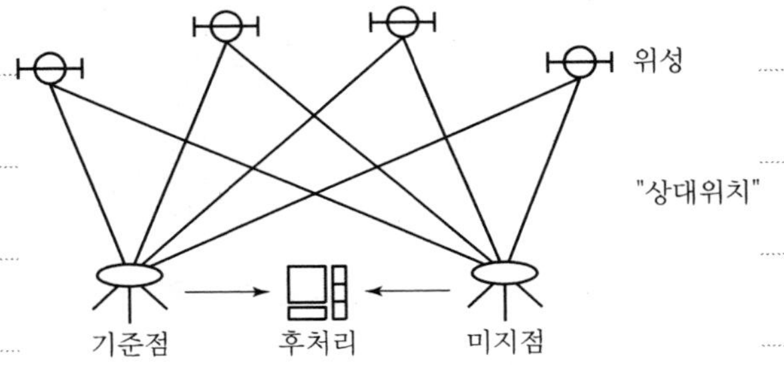

〈정지측량의 원리〉

② 반송파의 위상을 이용하여 관측점 간의 "기선벡터"를 계산한다. → 불명확 상수 소거

③ 후처리 위치결정방식이다.

④ 위치 및 거리 정확도가 수 mm 정도로 높다.

⑤ 기준점 측량과 VLBI 보완 등에 이용한다.

⑥ 관측시간은 요구조건에 따라 다양하다.

2) 이동 측량(Kinematic)

① 기지점에 1대의 수신기를 고정하고 다른 수신기를 이동국으로 하여 순차적으로 이동하면서 5개 이상의 위성으로부터 신호를 수 초에서 수 분 동안 수신하는 방식이다.

② 후처리 위치결정방식이다.

③ 정확도는 수 초이다.

④ 지형측량, 도근측량, 공사측량 등에 이용된다.

3) 실시간 이동측량(Real－Time－Kinematic)

① 기지국에서 송신한 보정량을 이동국에서 수신하여 실시간으로 미지점의 좌표를 구하는 체계로 라디오 모뎀 등을 이용한다.

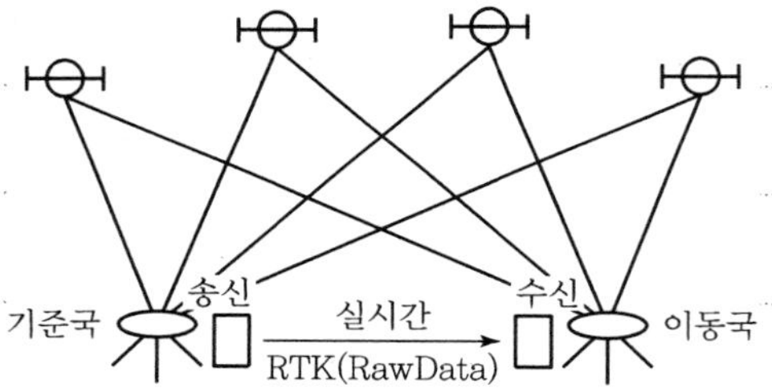

〈실시간 이동측량의 원리〉

② 수 cm의 정확도로 일필지 측량에 많이 이용된다.

③ 관측시간은 수 초 정도 소요된다.

④ 5개 이상의 위성을 추적하는 2주파수 수신기가 필요하다.

측정횟수(세션)	측정시간	데이터 수신간격
1회 이상	고정 해를 얻고 30초 이상	1초 이내

⑤ RTK 기지점 거리는 5km 이내로 한다.

※ RTK 위성측량 시 주의사항

1) 동시 수신 위성 수는 5개 이상이어야 한다.

2) 최저 고도각은 15°를 기준으로 하며, 다만 상공시야 확보가 어려운 지점에서는 최저 고도각을 30°까지 할 수 있다.

3) 관측중지 조건(다음과 같은 경우 관측을 중지한다.)

① PDOP 수치가 3 이상인 경우

② 정밀도가 수평 3cm 이상, 수직 5cm 이상일 때

③ 초기화 시간이 3회 이상 3분을 초과할 때

3. GNSS 신호체계

1) GNSS의 신호체계에는 반송파신호와 코드신호로 분류되며 주파수는 기본 주파수의 배수를 이룬다.

2) 반송파 위상의 파장이 좀 더 짧기 때문에 더 정밀한 위치측정이 가능하다.

3) 일반적인 GPS 수신기는 수신기 자체에서 의사 난수부호(Pseudo Random Code)를 발생시키고 그것을 수신된 위성신호와 비교함으로써 위성신호의 전달시간을 측정한다.

Carrier Wave

Data (Code and Navigation Message)

Data-Modulated Carrier Wave

〈GNSS 신호체계〉

4) GNSS 신호체계 비교

신호	주파수(MHz)	파장	특징
L_1	1575.42	19cm	C/A, P코드, 항법메시지
L_2	1227.60	24cm	P코드, 항법메시지
C/A	1.023	293m	SPS 제공, 민간용
P	10.23	29.3m	PPS 제공, 군사용
항법 메시지	50bps	5,950km	위성궤도 정보

※ GNSS 측량의 기본원리

기본적으로 GNSS는 삼각측량의 원리를 사용하는데, 전형적인 삼각측량에서는 알려지지 않은 지점의 위치가 그 점을 제외한 두 각의 크기와 그 사이 변의 길이를 측정함으로써 결정되는 데 반해, GPS에서는 알고 싶은 점을 사이에 두고 있는 두 변의 길이를 측정함으로써 미지의 점의 위치를 결정한다는 것이 고전적인 삼각측량과의 차이점이라 할 수 있겠다. 인공위성으로부터 수신기까지의 거리는 각 위성에서 발생시키는 부호 신호의 발생 시점과 수신 시점의 시간 차이를 측정한 다음 여기에 빛의 속도를 곱하여 계산한다.

거리 = 빛의 속도 × 경과시간

실제로 위성의 위치를 기준으로 수신기의 위치를 결정하기 위해서는 이 거리 자료 이외에도 위성의 정확한 위치를 알아야 하는데, 이 위성의 위치를 계산하기 위해서는 GNSS 위성으로부터 전송되는 궤도력을 사용한다.

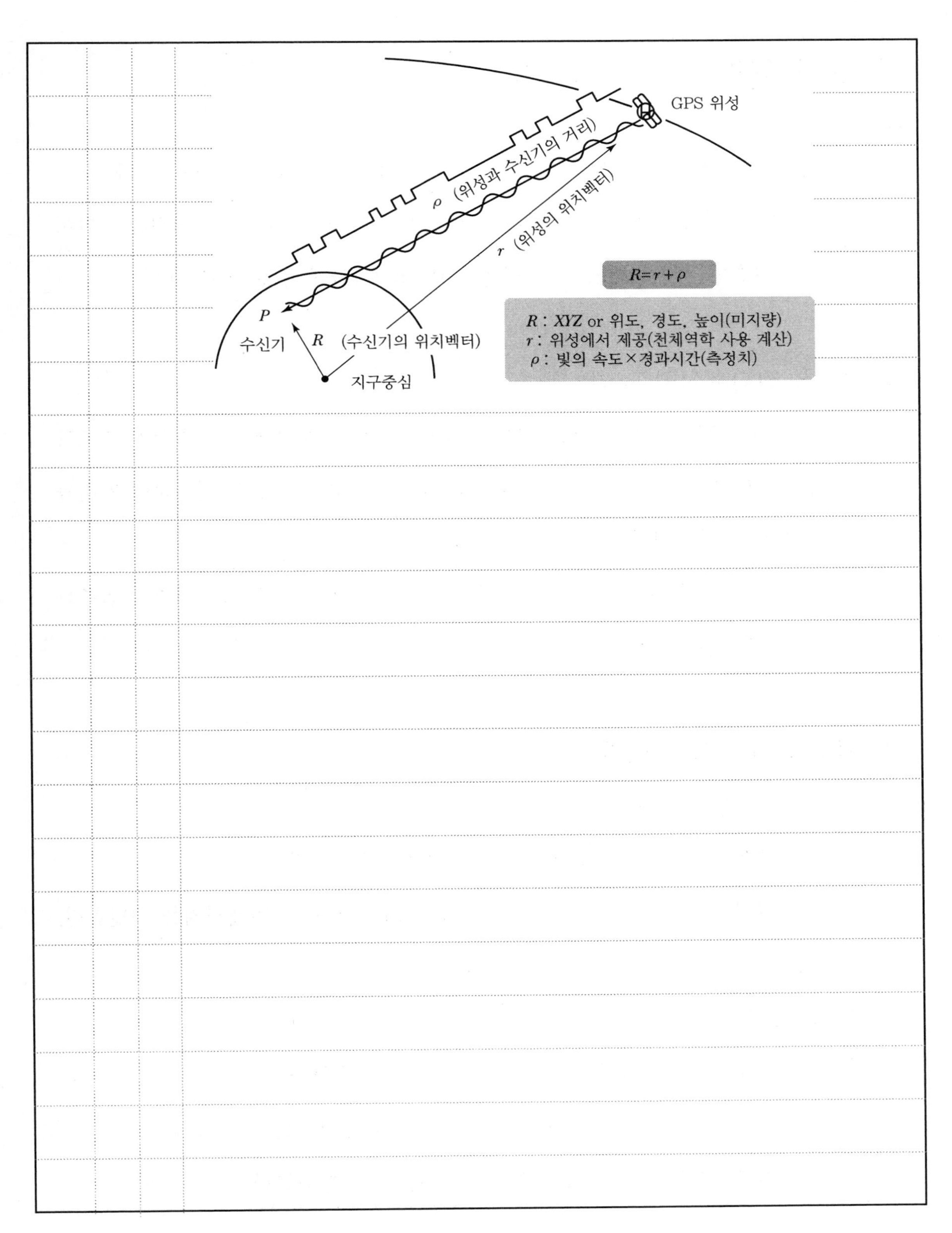
GPS 위성
ρ (위성과 수신기의 거리)
r (위성의 위치벡터)
R=r+ρ
P
수신기
R (수신기의 위치벡터)
지구중심
R : XYZ or 위도, 경도, 높이(미지량)
r : 위성에서 제공(천체역학 사용 계산)
ρ : 빛의 속도×경과시간(측정치)

(2.4) GNSS의 L_1, L_2 반송파

답)

GNSS의 L_1, L_2 반송파는 위치 결정을 위한 주파수 파장으로 C/A-code, P-code, 항법메시지 등의 정보를 가지고 있다. L_1 반송파는 주로 위치결정용 전파이며, L_2 반송파는 지구대기로 인한 신호지연의 계산에 주로 이용된다.

1. GNSS 위치측정의 원리

1) 의사거리에 의한 결정 : 위성에서 발사한 코드와 수신기에서 미리 복사된 코드를 비교하여 두 코드가 완전히 일치할 때까지 걸리는 시간을 관측하여 거리를 결정하는 방식이다.

2) 반송파에 의한 결정 : 위성이 발사하는 반송파 파장의 차이인 위상차를 관측하여 거리를 계산하는 원리이다.

2. GNSS의 L_1, L_2 반송파

1) L_1 반송파

① 기본 주파수 10.23MHz로 1575.42MHz 전송한다.

② 파장의 길이는 19cm이며, C/A-code, P-code, 항법메시지를 전달한다.

③ 주로 위치결정용으로 사용한다.

2) L_2 반송파

① 기본 주파수 10.23MHz로 1227.60MHz 전송한다.

② 파장의 길이는 24cm이며, P-code, 항법메시지를 전달한다.

③ 지구대기로 인한 신호지연의 계산에 주로 활용한다.

3) L_1, L_2 비교

구분	L_1	L_2
주파수	1,575.42MHz	1,227.60MHz
파장	19cm	24cm
전달신호	C/A-code, P-code 항법메시지	P-code만 변조 항법메시지
용도	일반적인 위치결정용으로 사용	지구대기로 인한 신호 지연의 계산에 사용

3. L_5 반송파

민간 GNSS 사용자들의 보다 더 정확한 위치보정 요구가 증대됨에 따라 L_1, L_2에 이어서 L_5 반송파를 개발하였다.

1) P-code에 M-code를 추가하였다.

2) 주파수는 1,176.45MHz이다.

3) 2015년에 완전한 서비스를 시작하였다.

4) 한 개의 코드만으로 위치 파악을 하는 것이 아니라 2개의 코드를 찾아서 스스로 오차를 보정한다.

5) 무선항법, 항공기 등의 인명구조에 유용하게 사용되고 있다.

(2.5) L_5 반송파

답)

GNSS 반송파는 위치 결정(측정)을 위한 주파수 파장으로 C/A-code, P-code, 항법메시지 등의 정보를 가지고 있다. L_5 반송파는 BLOCK II 위성에 탑재된 것으로 독자적인 주파수 영역을 사용하고 출력이 강하여 보다 정확하고 안정적인 측위 결과를 얻을 수 있다.

1. GNSS의 신호체계

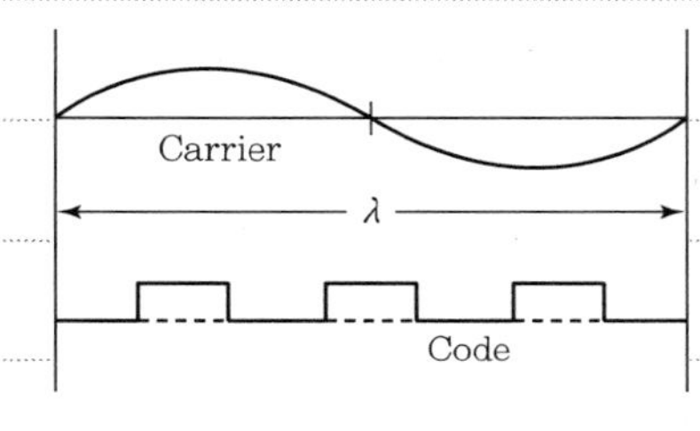

〈GNSS 신호체계〉

2. GNSS의 L_1, L_2 반송파 비교

구분	L_1	L_2
주파수	1,575.42MHz	1,227.60MHz
파장	19cm	24cm
전달신호	C/A-code, P-code 항법메시지	P-code만 변조 항법메시지
용도	일반적인 위치결정용으로 사용	지구대기로 인한 신호 지연의 계산에 사용

3. L_5 반송파

1) 특징

① BLOCK II 위성에 탑재하여 실험을 마친 상태로 2015년에 완전한 서비스가 이루어졌다.

② 현재 주파수에 영향을 받지 않는 독자적인 주파수 영역대를 사용하고 있다.

③ L_1, L_2보다 장파이고 출력이 강하다.

④ P코드에 M코드를 추가한 것이다.

⑤ 주파수는 1,176.45MHz이다.

⑥ 한 개의 코드만으로 위치 파악을 하는 것이 아니라 2개의 코드로 스스로 오차를 보정한다.

2) 기대효과

① 무선항법 서비스에 이용한다.

② 보다 정확하고 안정적인 측위 결과를 얻을 수 있다.

③ 수신파의 지속성을 유지할 수 있다.

④ 항공기 등의 인명구조에 유용하다.

⑤ 특정지역의 서비스를 차단하거나 왜곡시킨다.

(2.6) GNSS Code

답)

GNSS 반송파는 위치 결정을 위한 주파수 파장으로 C/A-Code, P-Code, 항법 메시지 등의 정보를 가지고 있으며 2개의 이진코드를 사용하는데, 형태는 모두 0, 1로 순서에 관계없이 전송되므로 이를 의사랜덤 코드(PRN : Pseudo-Random Noise)라 한다.

1. 코드 방식에 의한 위치 결정

1) 위성에서 발사한 코드와 수신기에서 미리 복사된 코드를 비교하여, 두 코드가 완전히 일치할 때까지 걸리는 시간을 관측하고, 여기에 전파속도를 곱하여 거리를 산출한다.

2) 이때, 시간 오차가 발생하여 기하학적인 실거리와 차이가 있으므로 의사거리라 한다.

2. C/A Code

1) 반복주기가 1ms로 매우 짧은 PRN Code로 지속되며 반복된다.

2) 주파수는 1.023MHz로 발송된다.

3) 파장은 약 293m의 긴 파장으로 L_1파에 운반되고 0, 1의 디지털 부호로 구성된다.

4) SPS(표준측위서비스)를 제공한다.

5) 위성의 궤도정보와 시간정보를 포함하고 있어 위성의 식별부호로서 기능을 한다.

3. P-Code

1) P-Code는 반복주기가 이론적으로는 267일 정도로 매우 긴 시간으로 반복되나 실제로는 1주일 단위로 나누어 제공된다.

2) 주파수는 10.23MHz로 발송된다.

3) 파장은 약 29.3m로 매우 짧으며 L_1, L_2파에 운반된다.

4) PPS(정밀측위서비스)를 제공한다.

5) 군사용으로 암호화된 P-Code를 Y-Code라 한다.

6) 위성의 시간신호 역할과 식별부호 역할을 한다.

4. 항법메시지

1) 항법메시지는 C/A-Code와 함께 L_1 반송파에 변조되는 신호이다.

2) 주파수는 50bps로 발송된다.(파장은 5,950km)

3) GNSS 위성의 시각정보, 궤도정보, 위성배치 등의 위성 이력을 담고 있다.

4) 전체 메시지가 25개 프레임으로 구성되어 있으며 1프레임은 5개의 서브프레임으로 구성된다.

Professional Engineer Cadastral Surveying

3. 측량방법

(3.1) DGPS(Differential GPS)와 IDGPS(Inverse DGPS)

답)

DGPS는 기준국에서 의사거리 보정값을 이동국에 송신하여 위치를 결정하는 사용자 중심의 측량방법이다. 이와 반대로 IDGPS는 이동국 GPS 데이터를 기지국에 송신하여 사용자의 정확한 위치를 측정하는 방식이다.

1. DGPS

1) DGPS의 원리

DGPS는 GPS 수신기를 2개 이상 사용해 상대적 측위를 하는 방법이며, 좌표를 알고 있는 기지점에 베이스 스테이션용 GPS 수신기를 설치하고 위성들을 모니터링하여 개별 위성의 거리 오차 보정치를 정밀하게 계산한 후, 이를 작업 현장의 이동국 수신기의 오차 보정에 이용하는 방식이다.

2) DGPS의 종류

① IDGPS : 관리자 중심의 DGPS 측위기법이다.

② LADGPS : 지역보정 위성항법시스템으로 좁은 지역에서 높은 정확도가 필요한 경우 사용한다.

③ WADGPS : 광역보정 위성항법시스템으로 넓게 분포된 광역 기준국으로부터 Data를 수신하여 보정하는 방식이다.

2. IDGPS

1) IDGPS의 원리

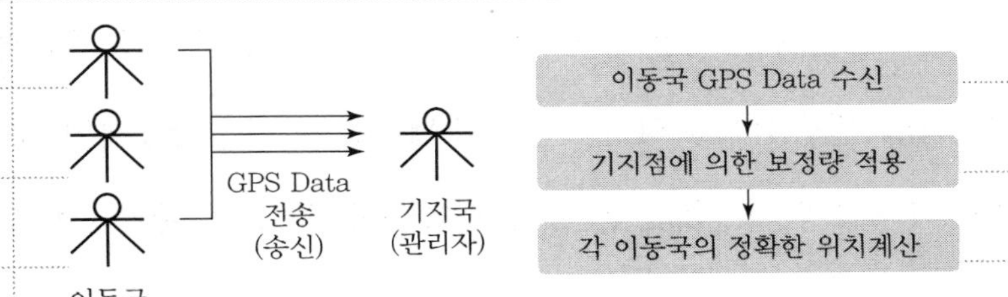

2) IDGPS의 특징

① DGPS의 역방식(관리자 중심)이다.

② 여러 이동국에서 송신하는 Data를 수신해야 함으로 통신시설이 복잡하다.

③ 차량관제, 구조물 변위계측, 재난 피해지역의 측량 등에 활용된다.

3) DGPS와 IDGPS 비교

구분	DGPS	IDGPS
통신방향	기준국 → 사용자	사용자 → 기준국 관리자 중심
보정장소	사용자	관제국
서비스 대상	다수	특정 소수
오차범위	수 cm~수 m	수 cm~수 m
응용분야	CNS, 해양측량 등	차량관제, 변위계측

(3.2) WADGPS(광역보정 위성항법시스템)

답)

WADGPS는 통신위성을 이용하여 다수의 광역 주기준국 네트워크를 통하여 생성한 보정신호를 발송함으로써 한 국가 내에서는 어디서나 1개의 GPS 수신기만으로 약 1m 이내의 위치정확도로 실시간 측량할 수 있는 광역보정 위성항법시스템이다.

1. DGPS의 종류

1) IDGPS : 관리자 중심의 DGPS 측위기법이다.

2) 개인 사용 DGPS : 주로 UHF 모뎀을 사용, 측위가능거리는 30km 이내이다.

3) LADGPS : 주로 MF(중파) 무선모뎀 사용, 측위가능거리는 80~150km 이내이다.

4) WADGPS : 통신위성을 사용, 측위가능거리는 한 국가 내에서는 제한을 받지 않는다.

2. WADGPS

1) WADGPS의 원리

① 다수의 광역 기준국에서 Data를 수집하여 광역 주기준국(제어국)으로 발송한다.

② 광역 주기준국에서 "보정값"을 산출하여 지상국에 보내고 지상국은 보정 Data를 통신위성으로 송신한다.

③ 정지위성이 보정 Data를 최종적으로 사용자에게 전송한다.

2) WADGPS의 구성

① GNSS 위성, 정지(통신위성)

② 광역 기준국(WRS) 또는 상시관측소

③ 광역 주기준국(제어국), 지상국, 사용자

3) WADGPS의 특징 → 1인 측량, Bookless System

① 전리층, 대류층 지연 보정 등을 통해 위치보정 Data를 생성한다.

② RTCM 표준 포맷으로 전환하여 "암호화된" AS 신호를 발송한다.

③ 적은 기지국으로 넓은 영역 커버가 가능하다.

④ LADGPS보다는 정확성이 떨어진다.

⑤ 통신위성을 이용하여 보정신호를 발송하므로 지상 기지국을 설치할 필요가 없다.

⑥ 한 국가 내에서는 측위거리의 제한이 없다.

⑦ 활용 SBAS

ㄱ. 미국의 WAAS

ㄴ. 유럽의 EGNOS

ㄷ. 일본의 MSAS

ㄹ. 인도의 GAGAN

ㅁ. 거리, 시통의 제한이 적다.

(3.3) SBAS(Satellite Based Augmentation System)

답)

SBAS는 GNSS 신호오차에 대한 보정정보와 무결성 정보를 정지궤도 위성을 통해 제공하는 시스템으로 항공기가 사용할 수 있도록 ICAO에서 국제표준으로 정했다.

1. 구성 및 원리

1) 구성

① GNSS 위성, 통신위성(정지궤도 위성)

② 광역 주기준국, 상시관측소(기준국)

③ 지상국, 사용자

2) 원리

① 기준국에서 GNSS 정보를 수집하여 주기준국으로 발송한다.

② 주기준국에서 보정값을 산출하여 지상국에 전송한다.

③ 지상국은 보정 Data를 통신위성에 송신한다.

④ 통신위성이 최종적으로 사용자에게 보정값을 전송한다.

⑤ 사용자는 정밀위치정보를 수신하여 위치를 결정한다.

2. 특징

1) 1인 측량이 가능한 Bookless System이다.

2) 전리층, 대류층 지연 보정을 통해 위치보정 Data를 생성한다.

3) RTCM 포맷으로 전환하여 암호화된 신호를 발송한다.

4) 적은 기준국으로 넓은 영역을 커버한다.(장거리, 경제적)

5) GBAS보다는 정확성이 떨어진다.

6) 통신위성을 활용하므로 지상 기지국, 송신국을 설치할 필요가 없다.

3. 활용

1) 전파교란에 대응하는 유일한 국제표준시스템이다.

① GPS 재밍 등 발생 시 자동으로 차단(6초 이내)한다.

② 모든 이용자에게 실시간 전파하여 즉각 대응이 가능하다.

2) 항공기 항법 지원을 위한 표준시스템이다.

3) 자동차, 물류 등의 초정밀 위치 정보원으로 활용한다.

4) 각국의 활용

① 미국의 WAAS

② 유럽의 EGONOS

③ 일본의 MSAS

④ 인도의 GAGAN

⑤ 우리나라는 2021년까지 구축을 목표로 하고 있다.

5) 해양항법, 응급구조

6) 도로, 고층건물 건설 시 정밀위치 제공

7) 시간 표준 : 항공장비(관제) 및 각종 IT 장비 시각동기

(3.4) VRS(가상기준점)

답)

VRS 방식은 Network-RTK의 한 방식으로 GNSS 상시관측소들로 이루어진 기준국 망을 이용해 네트워크 내부에 가상기준점을 생성하고 이동국의 위치를 이 가상기준점과의 "상대측위"에 따라 결정하는 방식이다.

1. VRS 측위 원리

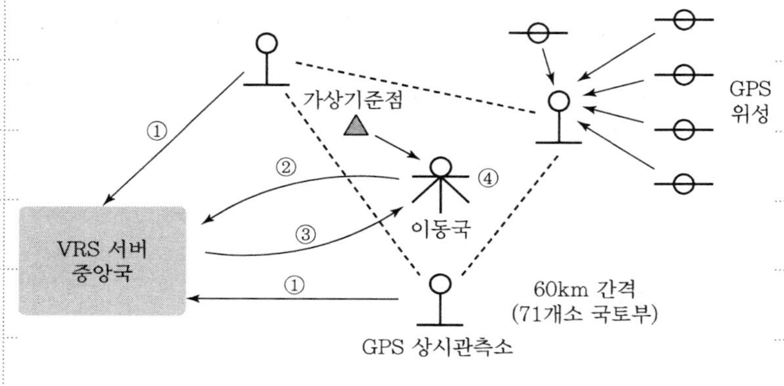

〈VRS 측위 원리〉

① 전 기준국의 GNSS 관측 데이터를 실시간으로 수집한다.

② 사용자가 보정되지 않은 개략적 위치를 VRS 서버로 전송한다.

③ 중앙국은 수집된 자료를 통해 가상기준점, 보정치(Date)를 생성하여 사용자에게 전송한다.

④ 사용자는 VRS 관측데이터를 수신하여 RTK 측량을 수행한다.

1) 보정 Data 생성

① 가상의 지점에 대한 관측 Data를 생성한다.

② 사용자의 위치가 변경됨에 따라 새로운 관측데이터가 생성된다.

2) 이동국에서의 처리

① 이동국은 가상 기준점 데이터를 수신한다.

② 일반적인 RTK 처리과정과 동일하게 결과를 산출한다.

3. 특징 또는 장단점

1) 장점 → 상시관측소망 활용의 극대화

① 기존 RTK 또는 DGPS 측위의 한계를 극복하였다.

ㄱ. 기지국 GNSS가 필요 없다.

ㄴ. 유·무선 모뎀이 필요 없다.

ㄷ. 휴대폰 사용으로 통신거리의 제한이 없다.

② RTK의 보정데이터 전송방식 RTCM 포맷을 사용한다.

③ 현장 캘리브레이션이 필요 없다. → 짧은 초기화 시간

④ 1인 측량이 가능하다.

⑤ 측량 범위를 넓힐 수 있다.

⑥ 좌표, Data "모니터링"을 통해 품질 통제가 가능하다.

2) 단점

① 양방향 통신 인프라 구축에 많은 비용이 소요된다.

② 동시 접속자 수에 한계가 있다.(국토지리정보원 : 200, 서울시 : 50)

③ VRS 네트워크 외부망은 측위의 정확도가 낮다.

④ 휴대전화의 가청 범위 내로 사용이 제한되므로 통신품질 확보가 중요하다.

⑤ 이동국이 VRS에서 일정 거리 이상 이격되면 재초기화 시간이 소요된다.

⑥ 고속 이동측량이 어렵다 → 후처리방식과 같은 멀티패스, Cycle Slip 등의 오차가 발생한다.

⑦ 오차의 검출방법이 없다.

(3.5) RTK(Real Time Kinematic)

답)

RTK(실시간 이동측량)는 위치의 정밀도가 확보된 기준점을 고정점으로 이용하여 위치보정 데이터를 유·무선 통신으로 이동국 GNSS에 송신하여 실시간으로 위치를 결정하는 기법이다.

1. RTK의 측정 원리

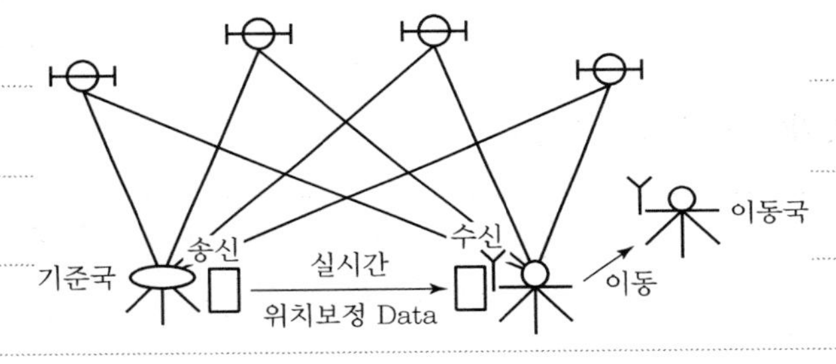

〈실시간 이동측량 원리〉

1) 기지점에 기준국 GNSS를 설치·관측(GNSS Data 수신)한다.

2) 기지점의 좌표와 위성관측 좌표의 차이 값을 취득한다.

3) 위치보정 데이터를 유·무선 모뎀을 통해 이동국 GNSS로 송신한다.

4) 이동국 GNSS에서 송신된 Data와 합성하여 실시간 좌표를 결정한다.

2. RTK의 측위 조건

1) 최소 5대 이상의 위성을 관측한다.

2) 임계 고도각 15° 이상을 유지한다.(2대 이상의 수신기)

3) 기지점 1개를 확보하고 전파장애 유발지역을 회피한다.

4) 무선모뎀 통달거리 확보, 고압선 지역은 회피한다.

3. RTK의 특징

1) 짧은 작업시간에 관측한 값으로 효율적인 Data 취득이 가능하다.
2) 위치정보 데이터 송신을 위한 통신모뎀의 역할이 중요하다.
3) 기준국과 고정국 등 2대 이상의 수신기가 필요하다.
4) 기준국과 이동국 간의 거리가 증가함에 따라 계통오차가 증가되어 정확성이 저하된다.
5) L_1, L_2 반송파 신호를 처리하여 수 cm의 정확도 확보가 가능하다.

3. RTK와 Network－RTK의 비교

구분	RTK	Network－RTK (VRS)
장비 구성	기준국 GNSS, 이동국 GNSS, 유・무선 모뎀	이동국 GNSS, 휴대 전화
장점	• 수 cm 이내의 정밀측량 • 고속 이동측량 가능 • 휴대폰 음영지역에 관계없이 사용	• 장비 가격 저렴 • 1대의 수신기로 측량 • 현장 캘리브레이션 필요 없음
단점	• 장비가 고가 • 2대 이상의 수신기 필요 • 장거리 측량 시 현장 캘리브레이션 실시	• 상대적으로 낮은 정밀도 • 고속 이동측량 어려움
측량 범위	기준국 간 거리 10～20km	50～70km
보정 Data	RTCM 포맷 사용	

(3.6) FKP(면 보정계수 방식)

답)

대표적인 Network-RTK 방식에는 가상 기준국 이론에 기초한 VRS, 실제 기준국에 기초한 FKP와 MAC 방식 등이 있으며, FKP 방식은 오차 성분을 평면으로 모델링하여 계수를 구하는 방식으로 2012년 11월 1일부터 국토지리정보원에서 서비스를 제공하고 있다.

1. FKP-GNSS의 원리

1) 이동국에서 GNSS 수신기를 구동하여 보정되지 않은 개략적인 위치를 FKP 시스템으로 전송한다.
2) 중앙국 FKP 시스템은 GNSS 관측 데이터를 실시간으로 수집하고 Cell별로 오차 모델링을 수행한다.
3) FKP 시스템은 사용자가 속한 Cell에 대한 보정 파라미터를 생성하고 가장 가까운 관측소의 관측 Data와 함께 사용자에게 전송된다.
4) 사용자는 가장 가까운 관측데이터와 면 보정 파라미터를 이용하여 RTK 측량을 수행한다.

2. FKP 방식의 특징

1) 단방향 방송 형태로 사용자가 무제한이다.
2) 오차의 절댓값을 제공하는 것이 아니라 산출된 평면 구배를 사용자에게 전송한다.
3) 면 보정계수의 경우 기준국 인프라에서 보정데이터를 생성한다.

4) 인프라가 구성한 모델의 복잡도나 정확도에 따라 시스템 성능이 결정된다.

5) 사용자가 보간을 주도할 수 없다.

3. Network RTK 방식별 비교

구분	장점	단점
VRS	• 싱글 RTK와 동일한 구성 • Data 전송량 적음	• 양방향 통신 사용 • 동시 접속자 수 제한
FKP	• 단방향 통신 적합 • 대기시간이 적음(1/10) • 일정한 양의 네트워크 보정 정보 발송	• 서비스 제공자의 모델링 정확도에 따라 성능이 좌우됨 • 국제표준메시지에 미포함
MAC	• 단방향 통신에 적합 • 국제표준메시지(RTCM) • 사용자 주도 결정	• 기준국 수에 따라 Data 양이 결정

Professional Engineer Cadastral Surveying

4. 오차

(4.1) GNSS 오차

답)

GNSS 위치측정의 정확성을 떨어뜨리는 요소는 크게 4부분으로 나눌 수 있다. 첫째는 구조적 요인으로 생기는 오차로서 인공위성 시간오차, 인공위성 위치오차, 전리층과 대류층의 굴절 등이 있다. 둘째는 수신기 오차로서 다중경로, 신호의 중단, 전파잡음오차가 있다. 셋째는 위성의 배치상황에 따른 기하학적 오차이며, 마지막은 가장 큰 오차 원인인 SA(Selective Availability)이다.

1. 구조적 요인에 의한 오차

1) 위성에서 발생하는 오차 : 위성시계 및 궤도에 의한 오차

2) 대기권 전파지연오차

① 전리층 지연 : 전리층 통과 시 굴절 또는 분산되어 측위오차가 발생하며, Code가 느려지고 반송파는 빨라진다.

② 대류권의 굴절 : 수증기 등에 의한 굴절오차이다.

2. 수신기 오차

1) 다중경로오차 : GNSS 위성으로부터 직접 수신된 전파 이외의 지형지물에 의해 반사된 전파이다.

2) 신호의 중단(Cycle Slip) : 위성신호를 연속적으로 받지 못하는 것으로 신호의 점프 또는 중단이라 한다.

3) 전파잡음오차 : 매우 약한 신호와 간섭을 일으켜 수신기 자체에서 발생하는 오차이다.

3. 위성의 배치에 따른 오차

수신기와 위성들 간의 기하학적 배치상태에 따라 측위 정확도의 영향을 표시하는 것으로 정밀도 저하율(DOP)이라 한다.

1) DOP의 종류

① GDOP : 기하학적 정밀도 저하율

② PDOP : 위치 정밀도 저하율(가장 많이 사용)

③ HDOP : 수평 정밀도 저하율

④ VDOP : 수직 정밀도 저하율

⑤ RDOP : 상대 정밀도 저하율

⑥ TDOP : 시간 정밀도 저하율

2) DOP의 특징

① 수치가 낮으면 기하학적 정도가 높게 나타난다.

② 지표에서 가장 좋은 배치상태일 때를 1로 표시한다.

③ 수신기를 중심으로 정사면체를 이룰 때 최적의 상태가 된다.

④ DOP의 값이 2보다 적으면 매우 우수, 2~3 값을 가지면 우수, 4~5 값을 가지면 보통, 6 이상이 되면 그 자료는 효용가치가 없다.

4. SA(Selective Availability)에 의한 오차

1) SA(선택적 가용성)는 미 국방성이 인위적으로 오차를 부여함으로써 GNSS 측위결정의 정확도를 저하시킨 것을 말한다.

2) SA가 해제되어 지금은 발생되지 않지만 SA는 오차요소 중 가장 큰 오차의 원인이었다.

3) 고의적으로 인공위성의 시간에 오차를 삽입하여 95% 확률로 최대 100m 까지 오차를 발생한다.

5. 오차 소거 및 정확도 향상방법

1) 구조적 요인에 의한 오차는 상대측위(Kinematic) 방식을 통해 정확도를 높일 수 있다.
2) 위성의 배치상태에 따른 오차에 대해서는 특별한 방법이 없으며 Almanac(알마낙)을 통해 위성력을 파악한다.
3) 위성시계 오차는 주제어국에서 조정하여 최소화한다.
4) 전리층 오차는 L_1, L_2를 조합하여 사용한다.
5) GNSS와 VLBI, 토털스테이션 등을 결합하여 사용한다.

(4.2) 다중경로 오차(Multi-path)

답)

다중경로 오차는 GNSS의 오차 중 수신기에 의한 오차로 GNSS 위성으로부터 직접 수신되는 전파 외에 지형·지물에 의해 반사된 전파로 인해 발생되는 오차를 말한다.

1. GNSS 측량의 오차

1) 구조적 요인에 의한 오차
   ① 위성시계 및 위성궤도 오차
   ② 전리층 지연 및 대류권의 굴절오차
2) 수신기 오차
   ① Cycle Slip(신호의 단절)
   ② Multi-path(다중경로 오차)
   ③ 전파 잡음오차
3) 위성 배치에 따른 오차(DOP : 정밀도 저하율)

2. 다중경로 오차의 발생원인

1) 다중경로 오차는 보통 금속제 건물이나 구조물과 같은 커다란 반사표면이 있을 때 발생한다.
2) GNSS 안테나에서 수신된 전파는 반사되어 다른 경로를 통해서 온 전파도 포함되어 있다.

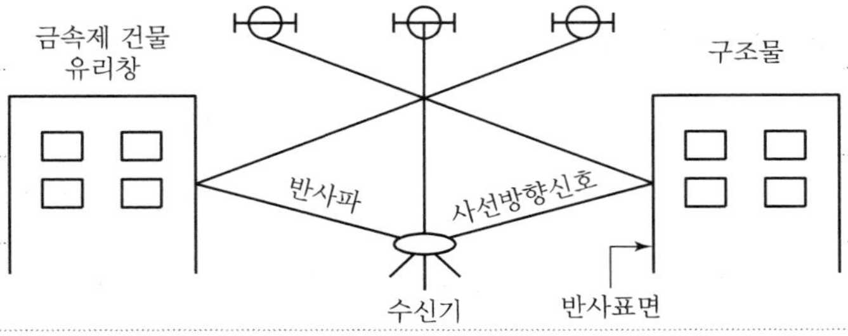

금속제 건물
유리창
구조물
반사파
사선방향신호
수신기
반사표면

〈다중경로 오차〉

3. 다중경로 오차의 소거방법

1) 수신기 내의 Multi－path－rejection 프로그램을 사용해서 보정한다.
2) GNSS 수신기 설치 시 주위 여건을 고려하여 시통이 양호한 지역에서 관측을 실시한다.
3) 쵸크닝 안테나(반사신호를 줄이는 금속원판)를 사용한다.
4) 신호세기를 비교해서 수신기의 약한 신호는 제거한다.
5) 상대측위방식에 의하여 정확도를 높인다.
6) 일정 기간 취득한 데이터를 평균한 값을 사용한다.

(4.3) Cycle Slip(신호의 점프, 신호의 단절)

답)

Cycle Slip은 GNSS 반송파 위상 추척 회로에서 반송파 신호를 순간적으로 수신하지 못해서 발생하는 GNSS 오차의 하나이며, 신호의 단절 또는 신호의 점프라고도 한다.

1. Cycle Slip의 발생원인

1) GNSS 수신기 주변의 고층빌딩, 고압선 등 지형・지물에 의하여 신호가 차단되어 발생한다.
2) 위성의 신호가 약하거나 잡음이 많은 경우에 발생한다.
3) Kinematic, RTK 측위 시 많이 발생하는 오차이다.

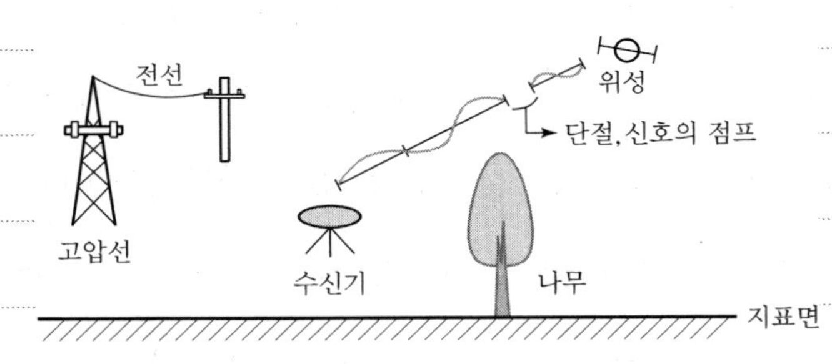

〈반송파에 의한 신호의 단절〉

2. Cycle Slip의 처리

1) Data의 처리 단계에서 사이클 슬립을 검출할 수 있으며 편집이 가능하다.
2) 정밀 기선해석 소프트웨어에서 자동처리가 가능하다.
3) 원자시계, INS 등의 보조장치를 활용하여 소거한다.
4) OTF(On The Fly) 기법을 활용한다.

5) L_5파 활용 → 독립적인 주파수 영역을 확보한다.

3. 지적측량에서의 Cycle Slip 해결방안

1) 실시간 이동측위의 경우에는 초기화에 중점을 두어야 한다.

2) GNSS 위성뿐 아니라 GLONASS 위성의 수신으로 오차의 폭을 줄인다.

3) 상시관측소의 활용에 따라서 기선해석을 정밀하게 하여 오차 문제를 해결한다.

4) 반송파 문제는 DGPS, OTF 기법, 칼만 필터링을 사용하여 해결한다.

5) 삼중차 방법에 의하여 사이클 슬립을 찾아낼 수 있으며 대부분 S/W는 자동적으로 찾아서 고정 처리한다.

※ 칼만 필터(Kalman Filter) → 1960 아폴로 달 착륙

1) 칼만 필터는 최적 추정의 가장 기본적인 개념으로서, 잡음이 섞인 위성신호로부터 잡음과 신호를 명확히 분리함으로써 에러를 최소화한 최적의 추정치를 구해서 Cycle Slip을 최소화하는 것이다.

2) 항법, 유도, 제어 등 여러 분야에 활용 → INS, GNSS 등

$$X_{(1)}' = X_1, \quad X_{(2)}' = \frac{X_1 + X_2}{2} \rightarrow 2X_{(2)}' = X_1 + X_2$$

$$X_{(3)}' = \frac{X_1 + X_2 + X_3}{3} = \frac{2X_{(2)}' + X_3}{3} \rightarrow X_{(n)}' = \frac{X_{(n+1)}' \cdot (n-1) + X_{(n)}}{n}$$

(4.4) DOP

답)

GNSS 측량은 위성의 기하학적 배치 및 분포에 따라 측위의 정확도에 영향을 받는데, 이를 DOP(정밀도 저하율)라 한다. 이는 후방교회법에 따른 측량 시 기준점의 배치가 영향을 주는 것과 같다.

1. DOP의 종류

1) GDOP : 기하학적 정밀도 저하율
2) PDOP : 3차원 위치 정밀도 저하율 → 가장 일반적으로 사용한다.
3) HDOP : 수평(2차원) 정밀도 저하율
4) UDOP : 수직(높이) 정밀도 저하율
5) TDOP : 시간 정밀도 저하율
6) RDOP : 상대 정밀도 저하율

2. DOP의 특징

1) DOP의 수치가 낮으면 기하학적 정도가 높다.
2) 지표에서 가장 좋은 배치상태일 때는 1이다.
3) DOP의 값은 2 미만이면 매우 우수, 2~3이면 우수, 4~5이면 보통, 6 이상이 되면 자료로서 효용가치가 없다.
4) 수신기를 중심으로 4개 이상의 위성이 정사면체를 이룰 때에 최적의 상태가 되며, GDOP, PDOP 등이 최소이다.
5) PDOP, GDOP만 주의하면 대체로 좋은 성과를 얻을 수 있다.

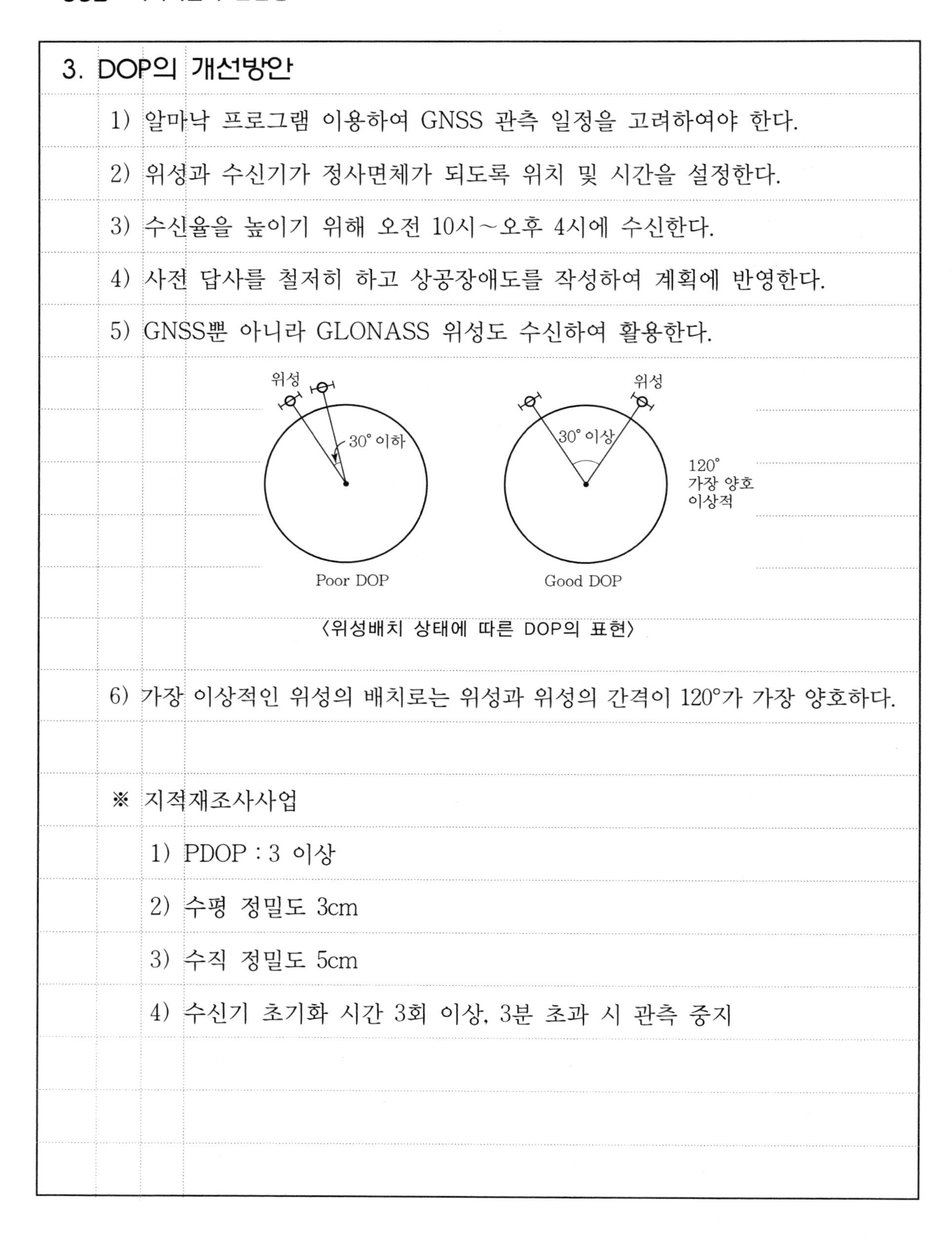

3. DOP의 개선방안

1) 알마낙 프로그램 이용하여 GNSS 관측 일정을 고려하여야 한다.

2) 위성과 수신기가 정사면체가 되도록 위치 및 시간을 설정한다.

3) 수신율을 높이기 위해 오전 10시~오후 4시에 수신한다.

4) 사전 답사를 철저히 하고 상공장애도를 작성하여 계획에 반영한다.

5) GNSS뿐 아니라 GLONASS 위성도 수신하여 활용한다.

〈위성배치 상태에 따른 DOP의 표현〉

6) 가장 이상적인 위성의 배치로는 위성과 위성의 간격이 120°가 가장 양호하다.

※ 지적재조사사업

1) PDOP : 3 이상

2) 수평 정밀도 3cm

3) 수직 정밀도 5cm

4) 수신기 초기화 시간 3회 이상, 3분 초과 시 관측 중지

(4.5) SA/AS

답)

SA는 미 국방성이 정책적 판단에 따라 고의로 오차를 증가시킨 것으로 선택적 가용성이라 하며, AS는 군사적 목적으로 P코드를 암호화시킨 것이다.

1. GNSS 측량오차

1) 구조적 요인에 의한 오차 : 위성시계, 위성궤도오차, 대류권 전파지연오차
2) 위성배치에 따른 오차 : DOP(정밀도 저하율)
3) 수신기에 의한 오차 : 전파잡음오차, Cycle Slip, 다중경로오차
4) SA(선택적 가용성), GPS 재밍

2. SA

미 국방성이 정책적 판단에 따라 "C/A-code"에 인위적으로 궤도오차 및 시간오차를 부여한 것

1) SA 특징
   ① SA가 작동할 경우 95% 확률로 초당 100m 오차가 발생한다.
   ② Block II 위성에 인위적인 시간오차와 궤도오차를 항법메시지에 추가한 것이다.
   ③ 1990년 3월에 SA가 공식명칭으로 등장했다.
2) SA 해제
   ① 2000년 5월 1일에 해제되었다.
   ② 10~30m 정밀도로 위치파악이 가능해졌다.

③ GNSS에 대하여 민간수요가 급증하여 SA 해제 필요성이 제기되었다.

④ 항공, 교통, 선박 등 다양한 분야에 이용되고 있다.

⑤ 전 세계적으로 GNSS 의존도는 증가하였지만 여전히 정밀도에 대한 연구가 필요하다.

3. AS(코드 암호화, 신호 차단)

AS는 군사목적으로 P코드를 적의 교란으로부터 방지하기 위해 암호화시킨 방법이다.

1) P－code를 변조, 암호화하여 Y－code로 변조한다.

2) "암호해독기"를 가진 사용자만이 위성신호를 수신할 수 있다.

3) SA를 해제함으로써 AS는 유명무실해졌다.

(4.6) GPS 재밍

답)

GPS 재밍은 GPS 신호와 같은 주파수 대역이 큰 신호 전격을 송신하는 재머(Jammer)를 이용하여 GPS 신호를 교란하는 것으로 비교적 쉽게 GPS 전파 교란이 가능하다.

1. GPS 신호의 취약성

1) 매우 낮은 신호 전력
2) 단일 민간 주파수 및 개방된 신호구조
3) 스펙트럼 경쟁(인접 대역을 다른 용도로 사용)
4) 전 세계적으로 군무기 체계가 GNSS에 의존하고 있다.

2. 종류 및 원리

1) GPS 재밍 : GPS 신호와 같은 주파수 대역에서 높은 신호 전력을 송출한다.
2) Smart 재밍(기만, Spoofing)
   ① 위성신호와 동일한 거짓신호 생성한다.
   ② 거짓 항법데이터, 위성시각, 위치 보정데이터를 GPS 신호보다 높게 전송한다.
   ③ 수신기로 하여금 잘못된 위치 및 시각정보를 산출토록 하는 행위이다.

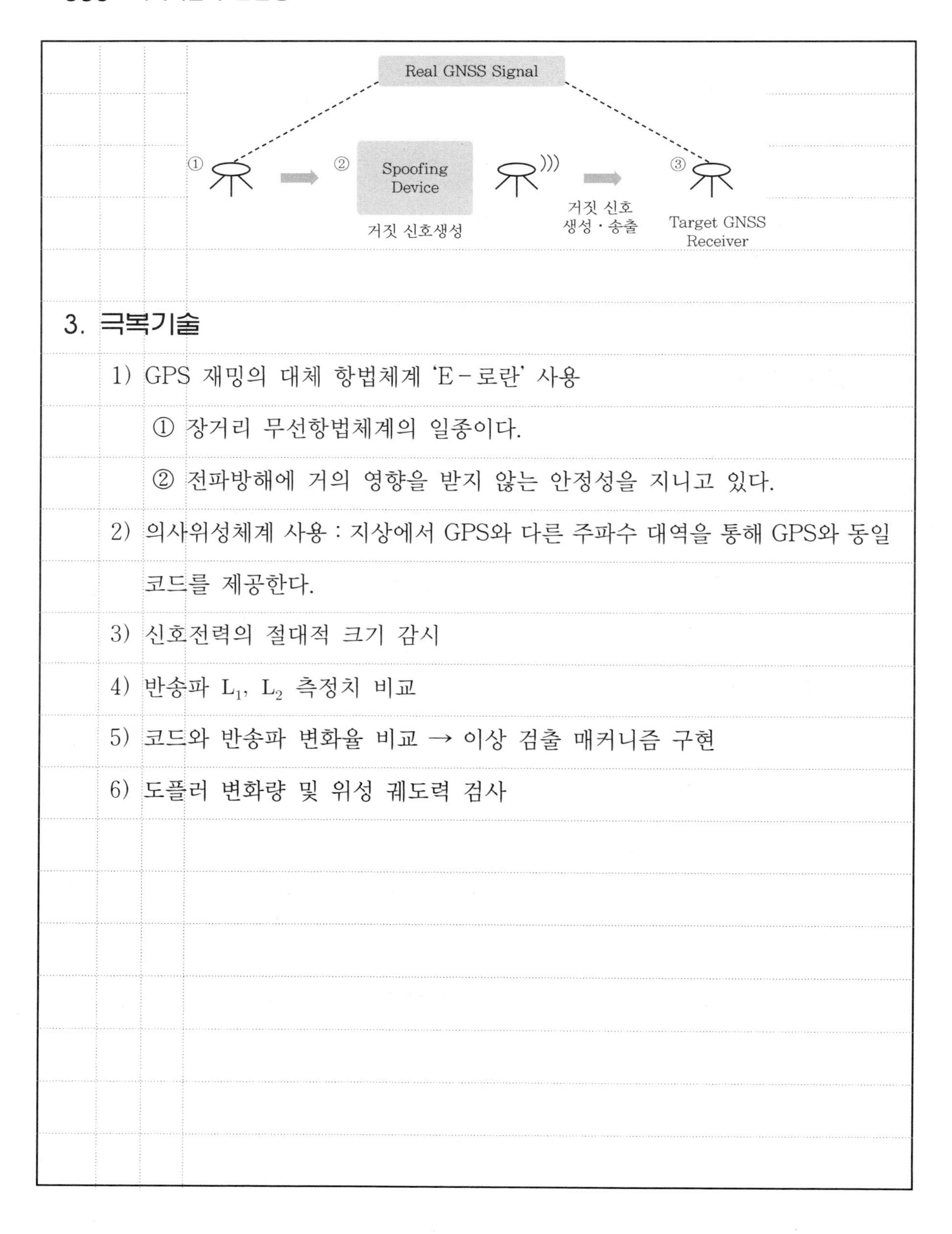

3. 극복기술

1) GPS 재밍의 대체 항법체계 'E-로란' 사용

① 장거리 무선항법체계의 일종이다.

② 전파방해에 거의 영향을 받지 않는 안정성을 지니고 있다.

2) 의사위성체계 사용 : 지상에서 GPS와 다른 주파수 대역을 통해 GPS와 동일 코드를 제공한다.

3) 신호전력의 절대적 크기 감시

4) 반송파 L_1, L_2 측정치 비교

5) 코드와 반송파 변화율 비교 → 이상 검출 매커니즘 구현

6) 도플러 변화량 및 위성 궤도력 검사

V. 공간정보

1. 공간정보
2. 표준화
3. 기타

Professional Engineer Cadastral Surveying

1. 공간정보

(1.1) 메타데이터

답)

메타데이터는 데이터에 관한 구조화된 데이터로 일정한 규칙에 따라 일관성 있는 데이터를 사용자에게 제공하는 '속성정보' 또는 '데이터의 이력서'이다.

1. 기본원칙 및 분류

기본원칙은 고유성, 독립성, 확장성, 선택성, 반복성, 수정가능성이다.

〈기본원칙〉

2. 특징

1) 데이터의 목록화(Index)로 사용자에게 정보 검색의 효율성을 제공한다.
2) Data 목록을 표준화된 방식으로 제공함으로써 정보 공유를 극대화하고, 중복 생산을 방지한다.
3) 일관성 있는 Data를 사용자에게 제공한다.
4) 지적정보와 공간정보를 연결하는 "매개 역할"을 하며 사전 분석 · 예측이 가능하다.
5) Data를 창조하기 위한 보조 Data로 사용한다.
6) Data 구축에 시간 및 비용이 절감된다.
7) Big Data 구축과 공간 데이터의 지속적인 갱신 호환이 가능하다.

8) 분류

① 내부 메타데이터 : D/B 정보 관리

② 외부 메타데이터 : D/B 정보를 외부에 공개

3. 지적재조사사업과 Meta Data

1) 지적정보 품질관리 고도화에 활용 → 유통, U-지적

2) 지적재조사사업 성과 관리와 웹서비스를 위한 Meta Data 관리

3) 지적재조사사업 관련 정보 정의

① 웹서비스 유통에 필요한 정보

② 좌표체계, 측량방법, 정확도 등

4) 생산된 공간정보의 Meta Data는 관련시스템에 의하여 작성 및 관리한다.

4. 각 국의 Meta Data

1) 미국의 FGDC의 메타데이터 표준

2) 호주는 미국 메타데이터의 핵심사항만 사용한다.

3) 유럽공동체는 지리적 특성을 고려하여 메타데이터를 설계한다.

4) 우리나라의 NGIS Data 표준으로 SDTS를 채택하였다.

① 한국 전산원 : ISO/TC211을 기반으로 하고 있다.

② 국토지리정보원 : 표준안은 8개의 주요 장과 3개의 종속 장으로 구성하고 있다.

(1.2) Enterprise GIS

답)

Enterprise GIS는 기존 전문가, 부서 또는 프로젝트별 GIS 구축에서 탈피하여 조직 차원의 Database 구축과 운용으로 공간정보의 효율화를 극대화시키는 진화된 개념의 GIS이다.

1. GIS의 분류

1) Professional GIS : 특정 목적 분야에 적용하는 전문적인 GIS로 속성 데이터는 RDBMS와 연동된다.
2) 인터넷 GIS : 인터넷 기술을 GIS와 결합하여 운영체계의 제약 없이 네트워크 환경에서 서비스를 이용한다.
3) Mobile GIS : 시간과 장소에 구애받지 않고 이동환경에서 사용한다.
4) Enterprise GIS
5) Open GIS

2. Enterprise GIS의 특징

1) 기존 GIS가 가지고 있는 기술적 제약조건을 해결하고자 만들어졌다.
2) 개방형 데이터 구조를 확보하기 위해 상용 데이터베이스시스템(DBMS)에 데이터를 저장한다.
3) 통합된 시스템 개발이 가능하도록 개방형 인터페이스를 제공한다.
4) Data의 일관성 및 통일성 유지가 가능하다.

3. 구현전략

1) 핵심 요소는 효율적인 데이터의 공유, 활용을 가능하게 하는 기술 기반이다.
2) 국가 공간정보 인프라의 성공은 국가 정보의 통합 활용에 있다.
3) 정부와 민간 등이 상호 연계되는 협력체계가 중요하다.
4) 공간정보의 구축 · 활용 · 유통에 관한 표준환경 조성 → 개방형 표준개발, 표준 인프라 구축

4. 활용

1) 공간정보 오픈플랫폼
2) 부동산행정정보 일원화 사업
3) 한국토지정보시스템 사업
4) 측량정보관리센터(SIMC)

(1.3) 위상모형(구조)

답)

위상모형이란 점, 선, 면들의 공간관계(물리적 배치)를 의미하며 GIS의 필수요소는 아니지만 공간분석을 위해 필수적으로 존재해야 하며 노드, 체인, 영역으로 구성된다.

1. 위상모형의 자료구조 및 종류

1) 자료구조

① 공간관계를 명시하는 것으로 점과 점, 점과 선의 거리, 다각형 간의 위치관계 등을 정의한다. → 공간분석 가능

② 노드, 체인, 영역으로 구성된다.

ㄱ. 노드 : 체인의 시점, 종점

ㄴ. 체인 : 시작 노드와 끝 노드로 구성(선형 객체)한다.

ㄷ. 영역 : 면을 구성하는 선형 객체들로 구성한다.

2) 네트워크 위상의 종류

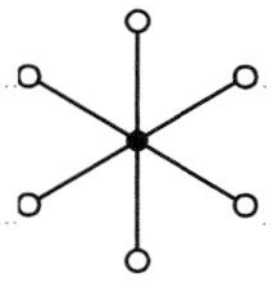

〈Star형〉 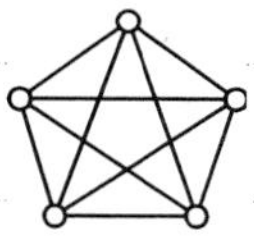 〈망형〉 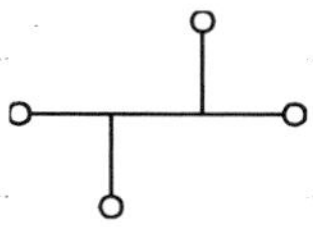 〈버스형〉

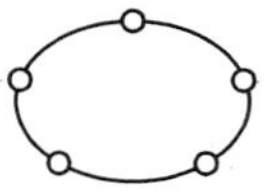

〈환형〉 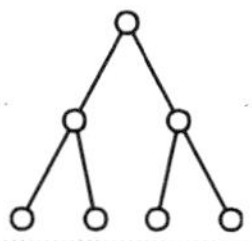 〈나무형〉

2. 위상모형의 장단점

1) 장점

① 좌표 데이터를 사용하지 않고도 인접성, 연결성 등 공간관계 분석이 가능하다.

② 공간검색과 공간분석을 신속하게 할 수 있다.

③ 복잡한 자료구조의 표현이 가능하다.

④ Data의 저장효율을 높인다.

⑤ 지도와 비슷하고 시각적 효과가 높다.

2) 단점

① 자료구조가 복잡하여 편집시간이 많이 소요된다.

② 장비의 구입비용이 고가이다.

③ 폴리곤 폐합 시 오류가 발생할 수 있다.

④ 컴퓨터 성능에 따라 위상정립의 시간 차가 발생한다.

3. 공간객체들 간의 위상관계(3가지 기본)

1) 인접성 : 공간객체들 간의 이웃정보

2) 연결성 : 공간객체들 간의 연결정보

3) 포함성 : 공간객체 속 다른 객체의 포함정보

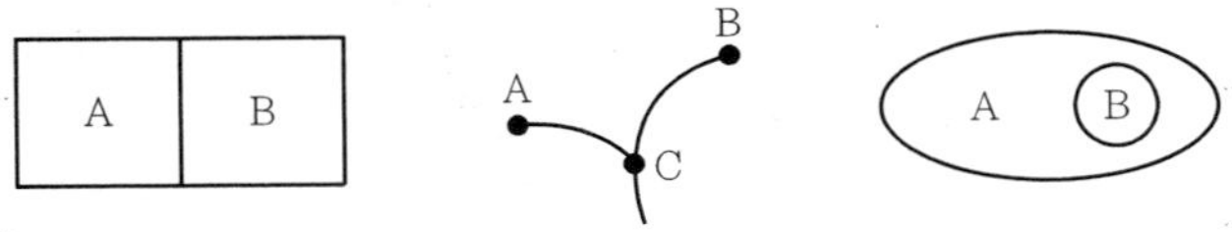

A B　　A B C　　A B

〈인접성〉　〈연결성〉　〈포함성〉

※ 단점 : 모든 노드를 확인하는 데 많은 시간이 소요된다.

(1.4) 스파게티 모형

답)

벡터 자료구조는 토폴로지의 유무에 따라 스파게티 모형과 위상 모형으로 구분하며 스파게티 모형은 객체들 간의 정보를 갖지 못하고 좌표들을 국수 가락처럼 길게 연결한 것으로 "구조화"되지 않는 그래픽 모형이다.

1. Vector 특징

1) 점, 선, 면으로 표현하며 축척과 밀접한 관계가 있다.

2) 객체들의 지리적 위치를 크기와 방향으로 나타낸다.

3) 저장방법 : 위상 모형, 스파게티 모형

2. 스파게티 모형의 자료구조

1) 객체들 간의 정보를 갖지 못하고 좌표들이 길게 연결되어 있다.

2) 자료구조는 하나의 점(X, Y)을 기본으로 한다.

3) 객체 좌표에 의한 그래픽 형태(점, 선, 면)로 저장한다.

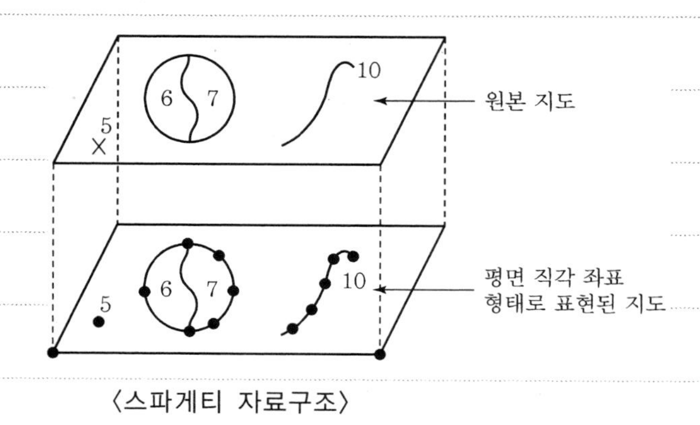

<스파게티 자료구조>

3. 스파게티 모형의 특징

1) 자료구조는 하나의 점을 기본으로 하고 있어서 단순하고 이해하기 쉽다.

2) 파일 용량이 적으며, 편집시간이 비교적 적게 소요된다.

3) 공간 분석에 비효율적이다.

4) 객체들 간의 인접성, 연결성 등을 파악하기 힘들다.

5) 다각형 구축 시 경계선이 중복되어 기록된다.

(1.5) DEM, DTM, DSM

답)

수치표고자료는 지형을 수치적으로 표현한 것으로 그 표현 대상에 따라 DEM, DTM, DSM으로 구분되며, 불규칙한 지형 기복을 3차원 좌표형태로 구축함으로써 각종 GIS 사업과 국토계획 등에 활용된다.

1. 수치표고자료의 종류

1) DEM(Digital Elevation Model)

수치표고모형은 지형의 표고를 일정한 간격으로 배열한 수치정보이다.

2) DTM(Digital Terrain Model)

수치지형모델은 표고뿐 아니라 지표의 다른 속성(등고선, 경사, 표면 거칠기 등)까지 포함하여 표현한다.

3) DSM(Digital Surface Model)

수치표면모델은 공간상 표면의 모든 형태(수목, 건물, 인공구조물)를 수치적으로 표현한다.

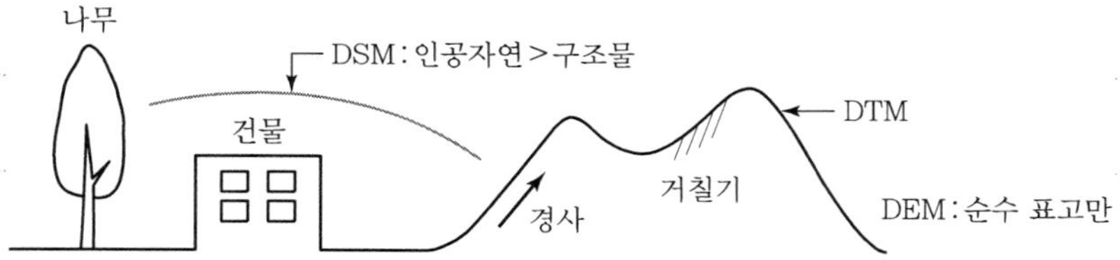

〈수치표고자료의 종류〉

2. DEM과 DTM 비교

구분	DEM	DTM
표현 대상	지표면의 표고	표고와 지형속성
자료 취득방법	• 항공측량 • 사진측량	• 일반적인 측량 • RS 측량
정보량	단순하고 적다.	복잡하고 많다.
활용	일반적인 성토, 토량계산, 지형기복도 등에 활용한다.	• 자연과학, 사회과학과 밀접하다. • 각종 Layer를 이용한다. • 여러 분야에 정보를 제공한다.

3. 원천자료 취득방법

1) 기존 지형도의 이용

2) 지상측량에 의한 방법

3) 사진측량 및 RS 측량

4) GNSS / INS에 의한 방법

5) 항공 레이저 측량(LiDAR)

4. 응용(활용) 또는 자료처리(보간법)

1) NGIS 사업 지원 및 각종 GIS 사업

2) 국토계획 및 관리

3) 토목, 환경, 자원, 군사 분야

4) 지형의 통계적 분석과 비교

5) 재해 감시를 위한 System 구축

6) 음영기복도, 가시권 분석, 침수흔적도 등

7) 3차원 지형도 제작 → 공간정보 오픈플랫폼(V－world)

(1.6) TIN(불규칙삼각망)

답)

불규칙삼각망은 DEM 자료 추출방법의 하나로서, 지형 기복을 표현하는 데 중요한 지점을 불규칙한 형태의 연속적인 삼각형으로 연결시킨 위상구조이며 경사가 급한 지역에 사용이 용이하다.

1. 불규칙삼각망 구성

1) 최단 격자점 연결법

① 가장 근접한 두 점을 서로 교차하지 않도록 직선으로 연결하는 방법이다.

② TIN에 적합하지 않은 삼각형을 생성하는 경향이 있다.

2) 들로네 삼각법

① 불규칙삼각망에 적합한 삼각형을 생성하는 방법이다.

② 여러 삼각형을 합하여 폴리곤 구성이 곤란하다.

2. 불규칙삼각망 저장방법

1) 삼각형 저장법

① 고유번호(ID)와 삼각형 꼭짓점의 좌표 그리고 이웃 삼각형의 고유번호 등을 저장한다.

② 꼭짓점 좌표의 반복저장을 피하기 위해 별도의 파일을 구성한다.

③ 경사 분석에 용이하다.

2) 격자점 저장법

① 모든 격자점의 고유번호(ID)와 그 격자점의 좌푯값 등을 저장한다.

② 시계 또는 반시계 방향으로 저장한다.

③ 등고선 작성이나 기타 작업에 유리하다.

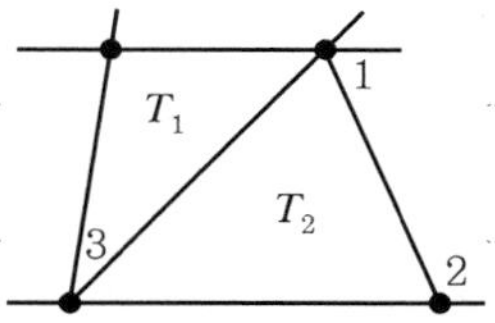

〈삼각형 및 격자점 저장법〉

3. 불규칙삼각망의 특징

1) 수동이며 복잡하다.

2) 기복 변화가 적은 지역에서 절점수를 적게 한다.

3) 기복 변화가 많은 지역에서 절점수를 증가시킨다.

4) Data의 전체적인 양 조절이 가능하다.

5) 수치 모형이 가지는 자료의 중복을 줄일 수 있다.

6) 경사가 급하고 하천지역 적용이 용이하다.

7) 격자형 자료의 단점인 해상력 저하, 해상력 조절, 중요정보 상실 가능성이 해소된다.

TIN	Grid
• 적은 Data 용량을 가진다. • 정확한 지형 모델링 작업이 가능하다. • 효율적인 압축기법이다. • 수동으로 망 조정이 가능하다. • 처리과정이 복잡하다.	• Raster Data와의 통합이 간편하다. • 부드럽고 사실적 표현이 가능하다. • 저장 및 관리가 쉽다. • 주요정보 상실 가능성이 존재한다. • 해상력이 저하된다. • 격자크기 조절이 불가능하다.

(1.7) BM 특허

답)

BM 특허란 컴퓨터 및 네트워크 등의 정보통신 기술과 사업 아이디어가 결합된 영업 방법에 대한 특허를 의미하며, 국토교통부는 부동산행정정보 일원화 사업을 최초로 BM 특허로 등록하였다.

1. BM 특허 개념

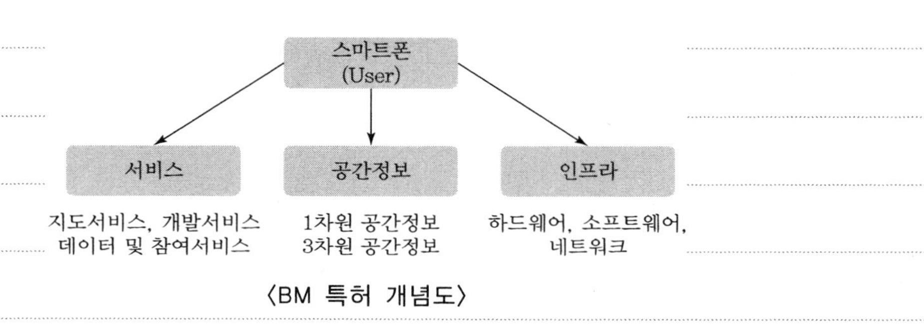

〈BM 특허 개념도〉

2. '일사편리' BM 특허의 의미

1) 단절된 업무절차를 통합한 것으로, 공간정보(GIS)와 설계도면(CAD) 작성기술을 접목한 행정 특허이다.

2) 실시간 건축물 갱신정보를 정확한 위치기반에서 구축하여 유통한다.

3) 지적 · 건축물 공간정보 융합방법

구분	과거(현행)	BM 특허
영업방법	지적과 건축은 단절된 업무 절차	지적도와 건축물 정보 간 "생성 절차"를 연계한다.
IT 기술	지적도(이미지) 파일을 활용한 설계도면 작성	지적전산파일에 건물 배치도를 작성하여 공간정보를 융합한다.

3. 기대효과

1) 공간정보 행정의 고도화·과학화가 실현된다.

2) 공간 빅데이터 인프라 구축을 통한 스마트한 정책 결정 지원이 가능해진다.

3) 국민 행복 맞춤형 공간정보로의 패러다임 전환에 부응할 수 있다.

4) 정확한 공간정보 생성(설계)이 가능하다.

5) 전산파일 기반 건축설계로 지적과 건축물의 “공간정보 축적”이 가능하다.

(1.8) 국가기초구역제도

답)

국가기초구역제도는 정부 및 공공기관에서 공통적으로 활용 가능한 기초구역(국토를 최소 단위로 나눈 기준 구역)을 설정하고 이를 범국가적으로 공통 사용하는 제도이다.

1. 추진배경

1) 구역번호 도입을 통한 위치 찾기 고도화 : 면 개념의 기초구역 설정으로 선 개념의 도로명 안내체계 보완·시너지 효과를 창출한다.

2) 공공·민간에서 각종 구역을 별개의 단위로 공표하여 행정효율 저하 문제를 해결한다.

3) 행정동의 잦은 변동으로 인한 비용 발생을 최소화한다.

4) 기초행정구역이 광범위하여 정보 유용성 제한 및 경계 조정이 빈번히 발생한다.

2. 설정·활용

1) 지형·지물 기준으로 기초구역을 설정한다.
   - 읍·면·동을 8~13개로 분할

2) 설정된 기초 구역에 5자리 구역번호를 부여한다.
   - 구성 : YY(시·도) – YYY(세부 부여)

3) 공동구역 설정·활용
   ① 공공기관의 대국민 행정서비스에서 통일된 구역번호로 활용한다.
   ② 우편·통계·통학구역, 경찰·소방 등 관할구역을 통일하여 고시한다.

③ 물류·상권 분석 등의 기준으로 활용한다.

3. 기대효과

1) 행정효율성 향상

① 공동 활용을 통한 대국민 행정서비스를 제공한다.

② 각 기관별 별도의 구역 설정이 불필요하다.

③ 긴급 상황에 신속한 대처(안전확보 강화)가 가능하다.

2) 국민 편의 제공(제고)

① 변화가 적은 지형·지물 기준으로 구역을 설정한다.

② 공공기관 간 관할구역 불일치 최소화시켜 국민혼란을 방지한다.

③ 일기예보·관광 등 세부 구역별 정보 안내로 행정 서비스 질을 향상시킬 수 있다.

3) 국가경쟁력 강화

① 정보 공유·연계를 통한 비용을 절감한다.

② 신산업 창출 및 통계 효율화가 가능하다.

③ 자료 변동 최소화를 통한 비용 절감 등으로 공간정보산업 경쟁력이 강화된다.

④ 선진국형 위치 찾기 방식을 채택하여 산업경쟁력이 향상된다.

(1.9) LiDAR(Light Detection And Ranging)

답)

라이다는 레이저 특성을 활용하여 공간상의 3D 정보를 취득하는 장비로서 공간상의 대상물에 무수한 레이저 빔을 발사한 후 레이저 펄스가 되돌아오는 시간을 측정하여 그 대상물의 위치나 형태를 파악하는 원리를 이용한다.

1. LiDAR의 종류

1) 지상 라이다 : 3D 레이저 스캐너

2) 항공 라이다 : 레이저 스캐너, GNSS, INS 등

3) 차량 탑재형 라이다 : MMS

2. LiDAR의 원리

1) 항공기에 레이저 스캐너, GNSS, INS를 동시에 탑재하여 비행방향에 따라 일정한 간격으로 지형의 기복을 관찰한다.

2) DGPS는 LiDAR 장비의 위치를 파악(결정)한다.

3) INS 장비는 LiDAR의 자세를 관측(수직거리 결정)한다.

4) 대상물의 표면에 발사한 레이저 빔이 반사되어 되돌아오는 시간을 측정하여 거리를 관측한다.

- 공식 : 거리=(레이저 속도×경과시간 / 2)

3. LiDAR의 특징

1) 기상조건에 영향을 받지 않는다.
2) 산림이나 수목 지대에도 투과율이 높다.
3) 자료취득 및 처리과정이 수치방식으로 이루어진다.
4) 측량의 경제성과 효율성이 높다.
5) 항공사진에 비해 작업속도가 빠르지만 저고도 비행에 의해서만 가능하다.
6) 경사가 심한 곳에는 정밀도가 저하된다.

4. LiDAR의 활용

1) 지형 및 일반 구조물 측량
2) 구조물의 변형량 계산
3) 문화재 3D 측량 및 가상공간 시뮬레이션(지적)
4) 건물의 외곽선 추출과 등고선 추출(지도)
5) 산불 피해지역 등 재해분야 이용
6) 설계시공의 정확한 토공량 산출에 활용
7) 실세계 재연 분야에 활용 → 차세대 신성장산업의 부가가치 창출

(1.10) Vector와 Raster

답)

토지정보시스템은 여러 형태의 Data가 다양한 방법으로 수집 · 저장되지만 공간 자료를 기록 · 표현하는 방법에 따라 벡터 자료구조와 래스터 자료구조의 형태로 Data가 생성된다.

1. Data의 자료구조

1) Vector 구조 : 점 · 선 · 면으로 표현하며 축척과 밀접한 관계가 있다.

2) Raster 구조 : 일정한 격자 모양의 셀이 Data의 위치와 값을 표현하는 구조이다.

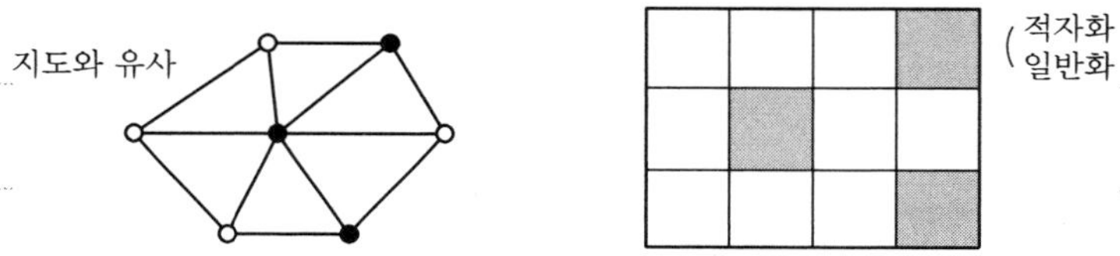

지도와 유사

(적자화
일반화

〈벡터와 래스터 자료의 위상구조 비교〉

2. Vector Data(선추적형)

1) 표현방법

① 객체의 형상을 이루는 점 · 선 · 면으로 위치를 표현한다.

② 지리적 객체는 2차원 형태이며 X, Y 좌표로 표현한다.

2) 저장방법

① 위상 모형 : 노드, 체인, 영역으로 구성된다.

② 스파게티 모형 : 하나의 점(X, Y)을 기본으로 구성한다.

3) 파일형식 : Shape 파일, Coverage, CAD 파일 등

3. Raster Dater

1) 표현방법

① 격자 모양의 셀이 Data 위치와 값을 표현한다.

② 각 픽셀의 형태와 크기는 파일 내에서 동일하며 행과 열의 위치에 의해 표시된다.

2) 압축방법

Run-length Code, Block Code, Chain Code, Quad tree 방법 등이 있다.

4. Vector와 Raster의 비교

구분	Vector	Raster
장점	• 복잡한 자료구조 표현이 용이하다. • Data 용량 축소가 용이하다. • 정확한 그래픽 표현이 가능하다. • 위상관계 정보가 제공되므로 공간분석이 가능하다.	• 자료구조가 단순하다. • 중첩 분석이 용이하다. • 수치 이미지 조작이 효율적이다. • 영상의 질 향상에 효과적이다. • 원격탐사 자료와 연계 처리한다.
단점	• 자료구조가 복잡하다. • 중첩 분석이 어렵다. • 편집시간이 오래 소요된다. • 이미지 조작이 비효율적이다. • 영상의 질을 향상시키는 데 비효율적이다. • 장비가 고가이다.	• 복잡한 자료 표현이 불가능하다. • Data 용량이 방대하다. • 격자의 크기를 늘리면 정보의 손실을 초래한다. • 위상관계를 표현하기 어렵다.

(1.11) 지적편집도

답)

연속지적도 DB와 수치지형도 DB를 중첩하여 도시계획, 국토계획, 지하시설물 등 특정한 주제에 맞게 주요 내용만을 간략하게 작성한 편집도를 말한다.

1. 지적편집도 제작순서

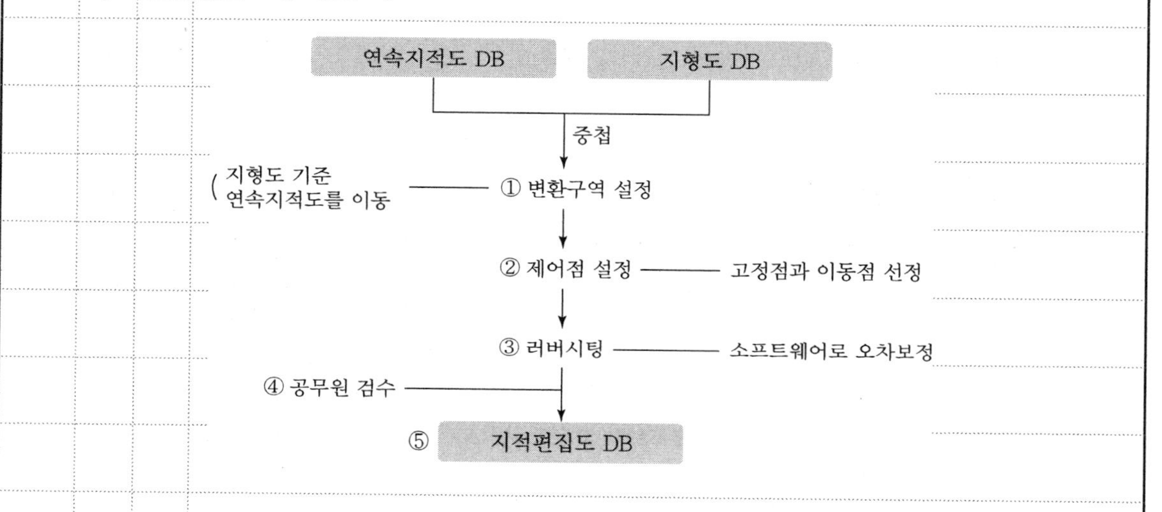

2. 지적편집도의 특징

1) 각각의 자료를 취득하여 오버랩하는 것으로 막대한 양의 파생정보를 생성한다.

2) Layer별로 자료를 제공한다.

3) 각종 주제도의 정확한 위치 파악이 용이하고 수치화될 때 더 큰 효과를 발휘한다.

4) 사용 목적에 따라 지적도를 편집하여 사용 → 종합시설물 관리에 유용하다.

5) 지적도를 스캐닝한 후 디지타이징하여 국가에서 제작한 수치지형도와 중첩하여 제작한다.

6) 수치지형도를 기준으로 연속지적도를 이동한다.

3. 지적편집도의 활용

1) 지목, 맹지 여부, 용도, 개발 여부 등 확인

2) 종합시설물 관리(상 · 하수도, 가스 등)

3) 건물의 위치 파악과 사용용도 파악 → 행정정보 일원화

4) 국토계획, 도시계획 등에 사용

5) 항공영상과 중첩 활용 → 네이버지도, 다음지도

6) 공간정보 오픈플랫폼

7) 국공유지 DB 관리

(1.12) 공간정보 오픈 플랫폼(브이월드)

답)

활용성이 높은 다양한 국가공간정보를 적극 개방하고 추가비용의 최소화를 통해 누구나 쉽게 활용하기 위한 우리나라 최초의 국가 공간정보 민간활용망으로 현재 공간정보산업진흥원에서 운영하며 지도서비스, 개발서비스, 데이터서비스, 참여서비스 등 다양한 서비스를 제공하고 있다.

1. 공간정보 오픈 플랫폼의 필요성

1) 활용성이 높은 다양한 국가공간정보를 적극 개방·공유하기 위함이다.

2) 가공 데이터 및 인프라(open, API)를 무료로 서비스하여 초기 투자비용을 경감한다.

3) 구글 지도 유료화에 따른 민간의 지도활용 한계 및 비용부담에 대응하기 위함이다.

4) 국내기업의 자생에 필요한 핵심 인프라를 안정적으로 제공하기 위함이다.

2. 공간정보 오픈 플랫폼의 구성 및 특징

1) 공간정보 오픈 플랫폼의 구성

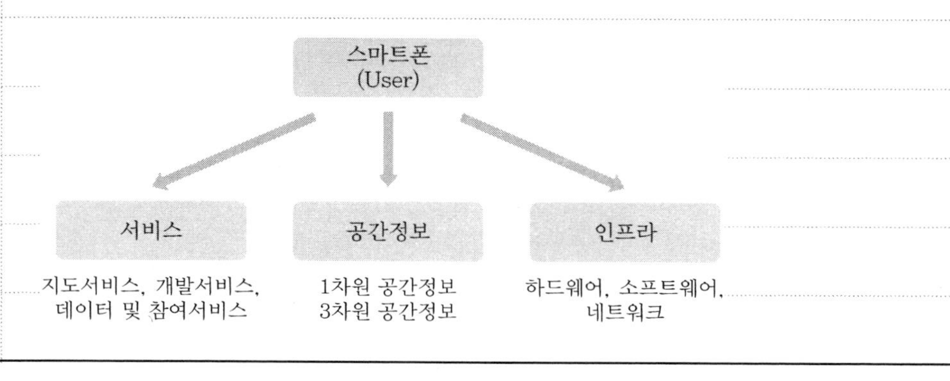

2) 오픈 플랫폼의 특징

① 3차원 공간정보 기반으로 구글보다 최대 5배 해상도가 뛰어나다.

② 방대한 국가공간정보를 보유하고 있다.

③ 공개 프로그램(open API)을 통한 경제적인 지도서비스 제작을 지원한다.

④ 네이버, 다음, KT 등 민간 전문운영기구 조직이 참여하고 있다.

3. 공간정보 오픈 플랫폼 서비스 및 활용 현황

1) 서비스 현황

① 데이터 : 3차원 지도, 1차원 지도, 행정정보, 시계열 영상지도, 북한 및 남극지역 영상지도 등

② 활용서비스 : 지도서비스, 데스크톱, 영문지도 서비스, 오픈 API 제공, 데이터서비스, 참여서비스, 모바일 앱 서비스

2) 활용 현황

① 공공의 경우 : 행정정보 인프라 구축을 위한 목적

② 민간의 경우 : 내부시스템 또는 고객 서비스 목적

③ 공간정보 제공 : 각종 통계자료, 항공사진, 3차원 공간정보, 1차원 지도 등

4. 기대효과

1) 수요자 및 참여자 중심의 맞춤형 서비스 제공

2) 국가공간정보산업 활성화 기대

3) 공간정보사업 분야의 전문인력 양성

4) 빅데이터 기반 위의 산업 활성화로 국가경쟁력 강화

Professional Engineer Cadastral Surveying

2. 표준화

(2.1) SDTS(데이터 교환 표준)

답)

SDTS(공간 데이터 교환 표준)란 광범위한 자료의 호환을 위한 "규약"으로서, 지리공간정보를 전달하기 위한 언어이다. 우리나라를 비롯해 호주, 뉴질랜드 등에서 국가표준으로 사용하고 있다.

1. 우리나라 SDTS 현황

1) 1995년 NGIS 추진위원회를 설립하여 NGIS 구축 기본계획을 심의 · 확정하였다.
2) SDTS를 NGIS의 데이터 교환 표준으로 확정하였다.
3) 국방 부분은 DIGEST, 해도 부분은 DX-90을 사용한다.

2. SDTS 특징

1) 모든 유형의 공간자료의 교환이 가능하도록 구성되어 있다.
2) 각 부분별 내용의 독립성을 인정하면서 상호 관련성을 최대화하였다.
3) 공간정보의 가치를 무한히 확대시키는 역할을 한다.
4) 일반적인 데이터 교환 표준으로 ISO/ANSI 8211을 사용한다.
5) SDTS는 34개 모듈로 정의되며 NGIS의 데이터 교환 표준화로 제정되었다.
6) 최상위 레벨의 개념적 모형화에서 최하위 레벨의 물리적 인코딩까지 표준화하였다.

3. SDTS 변환 및 구성

1) 실세계 → 개념적 수준 → 논리적 수준 → 물리적 수준으로 변환

Real World → Conceptual Level → Logical Level ← Physical Level

〈SDTS 변환과정〉

2) SDTS 구성 : 기본 명세(Part 1~3)와 다수 프로파일(Part 4~6)로 구성

Part 1 : 논리적 명세(기본명세)

Part 2 : 공간적 특징

Part 3 : ISO 8211 Encoding

Part 4 : 위상적 벡터 프로파일

Part 5 : 래스터 프로파일

Part 6 : 포인트 프로파일

(2.2) LADM (ISO19152, Land Administration Domain Model)

답)

LADM은 국가 간 지적정보의 접근성을 향상시키고 지적과 기타 등록정보 간의 관계를 강화시키기 위해 2012년 ISO/TC211에서 최종 국제표준안으로 승인한 토지행정 도메인 모델이다.

1. LADM의 구축배경

1) 지적과 관련된 행정, 법, 공간, 측량적인 구성요소들의 관계를 정의한다.

2) 표준화된 방법으로 전 세계 지적정보의 등록을 위해 구축하였다.

3) 국가 간 지적정보의 접근성을 향상시키기 위함이다.

2. LADM의 구성요소 및 종류

1) LADM의 구성요소

① Parties(참여자) : 개인과 조직

② Basic Administrative Units(기초 행정조직), Rights(권한), Responsibilities (책임), Restrictions(제한)

③ Spatial Units(공간요소) : Parcels(필지), The Legal Space of Buildings (건물), Utility Networks

2) LADM의 종류

① 이벤트 기반 모델링(Event-driven Modeling) : 시작 상태와 모든 이벤트 정보를 알 수 있다.

② 상태 기반 모델링(State-driven Modeling) : 날짜와 시간정보로 특정 시점 상태를 재구축한다.

3. LADM의 특징

1) 토지행정시스템 구축을 위한 UML 모델이다.
2) ISO/TC211의 2008년 표준작업 시행으로 2012년 승인된 국제표준화 모델이다.
3) 지적 도메인 모델(CCDM : Core Cadastral Domain Model)에서 발전된 토지행정 도메인 모델이다.
4) 한국의 지적재조사사업에 활용 : 지적정보의 다양한 활용을 지원하고 국제표준화에 부응할 수 있도록 ISO19152 LADM 기반 표준모델과 품질관리방안이 마련되어야 한다.
5) 국가별 특정화된 토지행정모델의 표준으로 모든 나라의 토지행정 공통사항을 포함하고자 하였다.

(2.3) UN-GGIM(United Nations Initiatives on Global Geospatial Information Management)

답)

UN-GGIM은 2011년 전 지구적으로 발생 빈도가 높아지고 있는 지진, 가뭄, 기아, 재해, 재난을 효과적으로 대응하기 위해 발족된 글로벌 협의체이다.

1. UN-GGIM 설립배경

1) 공간정보의 관리, 활용을 통해 지진, 해일, 기후 변화 등 글로벌 이슈에 공동 대응한다.

2) 글로벌 공간정보관리를 위한 국가 간 협력체계를 구축한다.

3) 지리정보 관련 국제기구를 중심으로 공동 비전 및 협력방안을 마련하고자 18차 UNRCC-AP 결의안에 의해 설립되었다.

2. UNSD(유엔통계국) 산하 공간정보 조직

1) UN-GGIM(United Nations Initiatives on Global Geospatial Information Management)
UN의 글로벌 공간정보관리 포럼 및 전문가위원회

2) UNGEGN(United Nations Group of Experts and Geospatial Names)
국가, 도시, 지역 등 국제적인 표준을 정하기 위해 발족된 UN의 지명 전문가 그룹

3. UN-GGIM 세부 과제

1) 전 세계 측지학의 기준 개발(Global Geodetic Reference Frame)

2) 지속 가능한 발전을 위해 전 세계 지도 제작

3) 공간정보 관련 법, 제도정책 개선을 위한 회원국 정부 간 협력

4) 공간정보 표준을 채택

5) 공간정보에 대한 기본지식 개발

6) 세계측지계 통합 등 글로벌 공간정보 데이터 셋과 플랫폼 구축

7) 공간정보통계 취합

4. GGIM-KOREA 포럼

1) 2011년 10월 서울 개최 총회에서 영국과 공동의장국으로 선출되었다.

2) 2012년 8월 GGIM-KOREA 설립 총회 후 매년 개최하고 있다.

3) 정부, 공공기관, 학계 등 민·관이 공동으로 협력하고 있다.

4) GGIM 역량강화, 공간정보 해외진출 등 다양한 분과활동을 하고 있다.

(2.4) OGC(Open Geospatial Consortium, 개방형 공간정보 컨소시엄)

답)

OGC는 1994년 설립된 공간정보 분야의 민간 국제표준화 기구로 비영리 민간 참여 단체이며, ISO/TC211과 연계하여 활용성이 높은 국제표준 개발을 하고 있다. 한국은 OGC의 실내공간 표준워킹그룹을 주도적으로 운영하고 있다.

1. 공간정보 표준화의 분류

1) 국제표준화

① ISO/TC211 표준 : ISO의 공간정보 분야 기술위원회

② OGC 표준 : 민간 국제표준기구가 정한 공간정보 표준

2) 국내표준화

① 국가표준 : 한국산업표준(KS), 한국정보통신표준(KICS)

② 민간단체표준 : 한국정보통신기술협회(TTA) 표준

③ 기관표준 : 각 기관별 기술기준

2. OGC의 설립목적 및 특징

1) OGC의 설립목적

① 전 세계 사람들이 공간정보기술을 사용할 수 있게 도움을 주는 것이 비전이며, 개방형 기술을 GIS 분야에 활용하는 것이다.

② 민간산업체 기반으로 비영리 국제표준을 작성하는 데 목적이 있다.

2) OGC의 특징

① 2018년 현재 518개의 기업, 대학 등이 회원인 비영리 민간 참여 GIS 관련 국제기구

② 공간정보 콘텐츠와 서비스, 데이터 처리와 교환을 위한 표준개발과 지원이 목적이다.

③ 북미 · 유럽연합과 대다수 정부기관에서 국가 공간정보 인프라 개발에 활용하고 있다.

④ 최근 ISO/TC211과 연계하여 활용성 높은 표준을 개발하고 있다.

⑤ 우리나라는 3차원 실내공간 표준화, 도시 공간정보 표준화에 주도적으로 참여하고 있다.

3. OGC의 표준화 활동

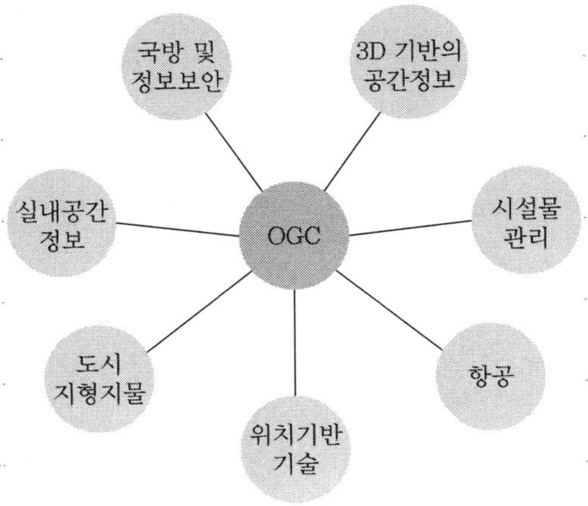

Professional Engineer Cadastral Surveying

3. 기타

(3.1) 위성영상 해상도

답)

위성사진에서 해상도란 기하학적 의미에서의 지상 샘플링 거리를 기준으로 하며 흔히 공간해상도를 의미한다. 즉, 이미지의 한 화소(Pixel)가 표현 가능한 지상면적(가로×세로)을 의미한다.

1. 공간해상도(Spatial Resolution)

1) 영상(이미지)의 한 픽셀이 표현 가능한 지상면적이다.
2) 1m 해상도란 이미지의 한 픽셀이 1m×1m의 가로, 세로 길이를 표현한다는 의미로 이론상으로 지상물체의 크기가 가로, 세로 1m 이상이면 무슨 물체인지 판독이 가능하다는 의미이다.
3) 숫자가 작아질수록 지형지물의 판독성이 향상된다.

2. 방사해상도(Radiometric Resolution)

1) 인공위성 관측 센서에서 수집한 영상이 얼마나 다양한 값을 표현할 수 있는가를 표현하는 해상도이다.
2) 방사해상도가 높다는 것은 위성영상의 분석 정밀도가 높다는 의미이다.

3. 주기해상도(Temporal Resolution)

1) 특정 지역을 얼마만큼 주기적으로 촬영 가능한지를 나타내는 해상도이다.
2) 주기해상도가 짧을수록 지형 변이 양상을 신속하게 파악할 수 있다.
3) 데이터베이스 축적을 통해 예측을 위한 모델링 자료를 제공할 수 있다.

4. 분광해상도(Spectral Resolution)

1) 인공위성에 탑재된 카메라나 영상 수집센서가 얼마나 다양한 분광파장영역을 수집할 수 있는가를 나타낸다.

2) 가시광선, 근적외, 열적외 등 다양한 분광영역을 수집한다.

(3.2) 공간정보 오차

답)

오차란 참값과 측정된 값 사이의 편차를 설명하는 것으로 공간정보를 구축하는 과정에서 오차(Error)가 발생하고 이는 실제 세계와 공간정보 산출물과의 물질적 차이를 발생시킨다. 공간정보 오차는 크게 Source 오차와 Processing 오차로 구분할 수 있다.

1. Source 오차

1) 기계 오차 : 위성영상, 항공사진, GNSS 등 장비 및 기술의 한계에서 발생하는 오차

2) 인위적 오차 : 공간(영상) 및 속성정보의 잘못된 해석, 스케일 변경, 정형화(Generalization), 분류 등에서 발생하는 오차

3) 실제적 변화 : 빙하 침식, 홍수 등 자연환경 변화, 계절적 변화 등에서 기인하는 속성정보 변화에서 발생하는 오차

2. Processing 오차

1) 입력(Input) 오차

① Undershoot : 폴리 라인들 사이에 차이가 발생하는 오차

② Overshoot : 폴리 라인이 과도하게 연장된 오차

③ Pseudo Node : 단지 2개의 아크만이 교차하거나 단일 아크가 자신과 교차하는 절점

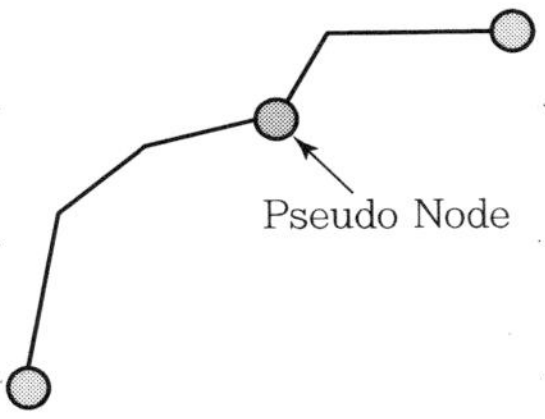

Pseudo Node

④ 폴리곤이 폐합되지 않는 오차 및 중복되거나 벌어지는 오차

⑤ 기호화(Symbolization)에서 발생하는 오차

⑥ 속성정보 입력 시 발생하는 인위적 오차

2) 조작(Manipulation) 오차

① 다양한 레이어를 중첩하는 데 발생하는 오차

② 관측값의 밀도를 조정해서 발생하는 오차

③ 부적합한 데이터, 알고리즘 등을 사용해서 발생하는 오차

④ 벡터 데이터를 래스터 데이터로 변환하는 과정에서 나타나는 위상관계 오차

3. 오차 제거 방안

1) 시각적 검수(Visual Inspection) 과정을 추가시켜서 오차를 반복하여 확인한다.

2) 공간정보 데이터 사용, 생산, 활용 등에 관한 표준화된 세부기준이 마련되어야 한다.

예) SDTS(Spatial Data Trasfer Standard), OGIS(Open Geo-data Interoperability Specification)

3) 데이터는 완전(신뢰성)하고 정확하며 이해하기 쉬운 데이터 모델로 표현한다.

4) 데이터는 어떻게 추출·작성되었는지 문서화(Meta data)해야 한다.

(3.3) 위성영상 처리

답)

위성영상 처리란 영상의 분석 및 판독을 위해 위성영상자료의 수집과정에서 발생하는 자료의 훼손, 왜곡 등을 검조정하는 일련의 영상조정작업을 말한다.

1. 법률적 정의(영상지도 제작에 관한 작업규정)

1) "영상"이라 함은 항공사진 측량용 카메라 및 인공위성에 탑재된 감지기로부터 취득된 지형지물 등 대상물에 대한 항공사진 및 위성영상

2) "영상처리"라 함은 영상의 분석 및 판독을 위한 일련의 영상조정작업이다.

2. 왜곡의 원인

1) 위성의 자세 : "섭동"이라고 부르며 섭동에 의한 위성체의 흔들림이 왜곡의 원인이다.

2) 지구의 곡률 및 자전

3) 관측기기 오차 및 위성의 속도변화

4) 태양의 고도각, 탐측기의 응답 특성, 대기의 상태 등

3. 영상처리 방법

1) 기하학적 보정

① 시스템 보정 : 시스템으로 왜곡된 영상을 원래의 상태로 변환시키는 역변환 체계를 구하여 왜곡을 보정한다.

② 지상기준점(GCP : Ground Control Point) 보정

2) 정사보정 : 위성영상 상에서 식별되는 GCP와 수치표고모델을 활용하여 보정 한다.

3) 방사보정 및 대기보정

(3.4) 지오코딩

답)

지오코딩(Geocoding)은 주소를 지리좌표인 경위도 또는 직각좌표로 변환하는 방법이며 구글맵 등에서 활용되고 있다.

1. 지오코딩의 개념

1) 주소를 공간정보시스템에서 활용 가능하도록 수치로 변환하는 것이다.
   예) 주소 : 서울특별시 종로구 사직로 161(경복궁)
   → X : 37.579821 Y : 126.977095
2) 지리 좌표를 사람이 읽을 수 있는 주소로 변환하는 프로세스는 역지오코딩(Reverse Geocoding)이라 한다.

2. 지오코딩의 요소

1) 입력자료(Input Dataset) : 지오코딩을 위해 입력하는 자료로서 대체적으로 주소가 된다.
2) 출력자료(Output Dataset) : 입력자료에 대한 지리참조 코드를 포함한다.
3) 처리 알고리즘(Processing Algorithm) : 공간 속성을 활용하여 입력자료의 공간적 위치를 결정한다.
4) 참고자료(Reference Dataset) : 지오코딩 참조 데이터베이스이며 도로명, 도로 시작점, 끝점의 주소 등 자료가 포함된다.

3. 지오코딩의 활용

1) 도로명 주소시스템 및 실내공간 좌표변환을 통한 다양한 활용

2) 소비자 위치분석을 통한 상권 분석에 활용

3) 범죄 패턴 분석 및 내비게이션

4) 야생동물 로드킬(Road Kill) 분석 및 질병확산 분석 등

(3.5) 공간정보 매시업

답)

매시업(Mashup)이란 인터넷에서 제공하고 있는 다양한 정보와 서비스를 융복합하여 기존에 없는 새로운 소프트웨어나 서비스 등을 만드는 것을 의미한다.

1. 매시업의 개념

1) 가수나 작곡가가 2가지 이상의 곡을 조합해 하나의 새로운 곡을 만들어 내는 음악계 용어이다.
2) 공간정보에서 매시업은 단순한 기존 서비스의 컨버전스가 아니라 부가가치(Added Value)를 재생산하는 것이다.
3) Open API(Application Programming Interface) 기반기술에 새로운 서비스를 창출하는 것이 대표적인 사례이다.

2. 매시업의 특징

1) 초기 자료 구축 비용이나 개발비가 적게 소요된다.
2) Open API를 활용하는 것이 매시업의 관건이다.
3) 창의적인 아이디어로 다양한 가치창출을 할 수 있다.
4) 사용자 니즈에 기반을 둔 기능 구현이 가능하다.
5) 생산자와 소비자가 모두 참여해서 이익을 얻을 수 있다.

3. 매시업의 활용

1) 국토부의 공간정보통합체계(NSDI)에서 매시업 만들기 기능을 제공하고 있다.

2) 구글 지도에 부동산 매물정보를 결합한 구글의 하우징스맵은 최초의 매시업 서비스이다.

3) 환경 분석을 실시한 결과를 지도 위에 표현하고 다양한 기관에 제공한다.

4) 분양공고, 정비사업 등록현황 지도 등 다양한 분야에 활용되고 있다.

4. 장단점

1) 장점

① 자료구축 및 개발비용이 거의 없다.

② 각종 서비스를 손쉽게 결합할 수 있다.

③ 정부 정책에 부응하는 국민 맞춤형 서비스 제공이 가능하다.

④ 언제, 어디서나, 누구든지 자신만의 독창적인 콘텐츠 개발이 가능하다.

⑤ 융·복합 서비스를 통한 공간정보산업 활성화에 기여할 수 있다.

2) 단점

① 콘텐츠가 1차 서비스에 종속적이다.

② 원천 소스를 가진 1차 자원이 소멸되는 순간 서비스들은 연쇄적으로 중단된다.

③ 원천 소스에 대한 API가 변경될 때마다 해당 서비스로 변환작업이 필요하다.

④ 조합하는 서비스로는 한계에 도달할 수 있다.

(3.6) OPEN API

답)

이용자가 웹을 통해 정보를 제공받는 데 그치지 않고 응용프로그램과 서비스 등을 활용하여 다양한 콘텐츠를 직접 개발할 수 있도록 정보를 공개하는 것을 말하며, 현재 우리나라 최초의 국가공간정보 민간 활용망인 공간정보 오픈 플랫폼(V-world)에서 제공하는 기능이다.

1. Open API 개발자 센터 목표

1) 알기 쉬운 개발 가이드 제공 : 지원 API, 개발지원
2) 다양한 활용예제 제공을 통한 사용자 요구 수준에 따른 오픈 API 제공
3) 활용중심의 Open API 구축 : 위치검색, 경관분석, 입지분석, 재난/재해 대응, 통계지도 등

2. Open API의 특징

1) 기존 서비스 활용도 상승으로 전체 서비스가 활성화되고 있다.
2) 서비스 지향적인 구조 형성으로 시스템 통폐합에 유리하다.
3) 누구나 쉽게 사용이 가능하여 다양한 서비스가 창출되고 있다.
4) 매뉴 앱 서비스를 통한 기관 간 제휴로 강력한 파트너십이 형성된다.

3. Open API의 서비스 활용사례

1) 공공부문 활용 : K-water, 수자원공사, 우체국 Open API(우편번호, 우편), 통계청(통계지리정보), 대한민국정보(뉴스, 법정) 등

2) 민간부문 활용

구분	Open API
네이버	지도 API
다음	지도 APII, 모바일 API, 로드뷰 API
SKT	Tmap, 교통
KT	지도 API
한국정보통신	인트라맵 API

(3.7) 도시계획 정보체계(UPIS)

답)

도시계획 정보관리시스템(UPIS)은 과거부터 현재까지 도시계획과 관련된 고시문, 결정조서, 도형, 이미지 등을 DB로 구축하여 도시계획 관련 각종 의사결정을 지원해주는 정보관리시스템을 말한다.

1. UPIS의 필요성

1) 도시의 장래 발전 수준을 예측하고 적정하게 관리하는 도구 필요
2) 국민의 재산권과 밀접한 도시계획 정보를 투명하게 관리하고 공개
3) 지속 가능한 국토개발의 필수조건
4) 난개발 방지를 위한 계획적 관리체계 구축 필요

2. UPIS의 기능 및 역할

1) 도시계획 고시정보 제공
2) 도시계획 입안·결정 관리
3) 주민의견 청취 및 도시계획 관련 통계자료 수집
4) 체비지, 토지형질 변경 등 개별업무 관리

3. UPIS의 발전방향

1) 지역 주택조합 업무 및 진행과정의 통합적인 관리가 가능해야 한다.
2) 난개발 방지를 위한 계획적 관리체계 구축이 필요하다.

3) KRAS(부동산종합공부시스템)와 연계한 대국민 맞춤 서비스를 구현한다.

4) 다양한 계층의 시민들의 참여를 위한 시스템 홍보가 필요하다.

(3.8) 국가공간정보 통합체계(NSDI)

답)

국가공간정보 통합체계는 25개 중앙부처의 76개 공간정보시스템과 246개의 지자체의 공간정보를 통합·연계하여 국토교통부장관이 구축 운용하는 공간정보체계(공공플랫폼)를 말한다.

1. 추진배경 및 현황

1) 중앙부처, 지자체 등에서 개별적으로 공간정보시스템을 구축함에 따른 문제점 발생
   ① 중복 투자로 인한 예산 낭비
   ② 시스템 간 연계체계 미비 → 공유의 어려움
   ③ 공간정보의 최신성 유지의 어려움
2) 유비쿼터스, 모바일, 가상공간 등 정보의 융·복합기술 발전에 따른 수요 증가
3) 공간정보의 범정부적 통합관리 및 공동활용의 필요성
4) GNSS, 내비게이션 등 실생활에 직접적으로 도움이 될 수 있는 행정서비스 요구 증가

2. 구축계획(추진방향)

1) 공동 활용기반 구축 : 공간정보 연계·통합
   ① 실시간 갱신 : 최신성 유지를 위한 공간정보의 실시간 갱신체계를 마련
   ② 공공 서비스 : 국가 단체 표준을 기반으로 개방형 인터페이스 제공+공간정보 목록작성

2) 통합 DB 구축 : 중앙부처와 지자체를 연계하여 800여 개의 공간정보(Layer)로 통합 DB 구축

① 기본공간정보 : 도로, 건물, 연속지적도, 항공영상, 해안선, 행정구역 등 22개 기본공간정보 통합

② 주제별 공간정보 : 수산, 해양, 산림, 환경, 통계, 교통, 도시 등 10개 분야로 분류하여 DB 구축

3) 공간정보 품질관리 : 국토지리정보원을 국가공간정보 통합 DB에 대한 품질관리 기관으로 지정 운영

3. 기대효과

1) 과학적 공간분석 모형을 제공하여 의사결정 지원

① 지적도, 건물, 새주소 등 각종 주제도 정보 활용(도시계획도)

② 25cm급 정밀 항공사진 서비스 제공

③ 업무의 효율성 · 생산성 향상

2) 다양한 융 · 복합 서비스를 통한 공간정보산업 활성화

① 국민 참여형 공간정보 서비스 제공

② 공간 카페 개설하여 다양한 정보교류 및 서비스

3) 공간정보와 SNS를 융합한 시민참여 확대

대민 서비스의 기반시스템 역할 수행

4) 공간정보와 행정정보를 융합한 공간빅데이터 구축

5) 정부정책 부응 및 신산업 활성화를 통한 일자리 창출

6) 국제표준에 부합하는 통일성 있는 공간정보 활용

(3.9) 국가기본공간정보

답)

국가기본공간정보는 국가공간정보체계의 효율적 구축과 종합적 활용 및 관리에 필요한 정보로 국가에서 구축·관리하는 기초 인프라이다.

1. 법적 근거

「국가공간정보기본법」 제24조 : 국토교통부 장관은 관리기관과 공동으로 국가공간정보 통합체계를 구축하거나 운영할 수 있다.

2. 기본공간정보

1) 기준점 및 지명

2) 정사영상(항공사진 또는 인공위성 영상을 지도와 같은 정사투영법으로 제작한 영상)

3) 수치표고지형(지표면의 표고를 일정 간격 격자마다 수치로 기록한 표고모형)

4) 공간정보 입체모형 : 지상에 존재하는 인공적인 객체의 외형에 관한 위치정보를 현실과 유사하게 입체적으로 표현한 정보

5) 실내공간정보 : 지상 또는 지하에 존재하는 건물 등 인공구조물 내부 정보

3. 국가공간정보 통합체계

1) 기본공간정보 데이터베이스를 기반으로 국가공간정보체계를 통합하여 국토교통부 장관이 구축·운용하는 공간정보체계이다.

2) 국가, 공공, 민간에서 생산한 공간정보를 통합관리 및 공동활용으로 공간정보 산업활성화에 기여한다.

3) 다양한 공간정보와 기술이 융합되어 새로운 부가가치 창출 및 신성장동력이 확보된다.

(3.10) LOD(Linked Open Data)

답)

공공데이터 품질에 대한 논의가 많아지면서 '링크드 오픈데이터'(LOD : Linked Open Data) 구축 사례가 늘어나고 있다. LOD는 웹을 거대한 DB로 활용하므로 데이터 중복을 줄이고 개방성을 높이는 기술이다.

1. 공공 데이터

1) 데이터베이스, 전자화된 파일 등 공공기관이 법령 등에서 정하는 목적을 위하여 생성 또는 취득하여 관리하고 있는 광(光) 또는 전자적 방식으로 처리된 자료 또는 정보

2) 2013년 10월 「공공데이터의 제공 및 이용 활성화에 관한 법률」이 시행되어 공공데이터를 체계적으로 관리

2. LOD의 특징

1) 개별 객체에 대한 고유 통합자원식별자(URI)를 부여한다.

2) 표준화를 위해 구조화된 데이터를 사용한다.

3) 웹을 공동 데이터 저장소로 활용하고 있다.

4) 국가, 기관, 민간 간의 데이터 공유를 통해 중복 데이터 생산을 방지하고 품질을 향상시킬 수 있다.

5) 기관 또는 개인 간의 협업을 증진시킬 수 있다.

3. LOD의 활용

1) 행자부 주소데이터 LOD

2) 국립중앙디지털 도서관 LOD

3) 공공시설물 안전정보 LOD

4) 서울 열린 데이터 광장 LOD

(3.11) 공간빅데이터시스템

답)

공간정보란 지상 · 지하 · 수상 · 수중 등 공간상에 존재하는 자연적 또는 인공적인 객체에 대한 위치정보 및 이와 관련된 공간적 인지 및 의사결정에 필요한 정보를 의미하며 이와 관련된 다양하고 복잡한 정보를 관리하는 시스템이 공간정보 빅데이터 시스템이다.

1. 공간빅데이터시스템의 필요성

1) 공간정보기술이 발전하면서 일정한 형태를 갖추거나, 갖추지 않은 데이터가 기하급수적으로 늘어나고 있다.

2) 규모, 다양성, 속도, 가치라는 빅데이터의 특성을 고려해 공간정보를 융 · 복합적으로 사용할 필요성이 증대되었다.

3) 연계체계를 통해 수집된 정형 · 비정형 대량 데이터의 본격적 공간빅데이터 분석을 위한 분석역량 및 인프라 확충이 필요하다.

2. 공간빅데이터시스템의 기능

1) 융합 DB 구축 : 부동산, 교통, 지역개발 분야 15종 융합 DB 구축

2) 공간빅데이터 플랫폼 구축 : 대용량 공간빅데이터의 연산 및 분석 플랫폼 구축

3) 공간빅데이터 활용 서비스 구축 : 교통, 부동산, 지역개발 분야의 의사결정 및 각종 분석 지원

4) 공공포털 구축 : 서비스 소개 및 지도기반의 시각화 서비스 제공

3. 기대효과

1) 지역별, 개인별 맞춤형 수요조사에 활용

2) 공간 기반의 빅데이터 수집·분석을 통해 선제적 토지정책 수립 지원

3) 공공·민간의 데이터 공동활용으로 중복업무 및 예산낭비 방지

저자 약력

김성엽 sungwon@lx.or.kr

- 영국 University College London(UCL), 도시계획과정 수료
- 영국 University of Glasgow, Adam Smith Business School, Development Studies(개발학) 석사
- 지적기술사
- 세계은행 연례회의(Land and Poverty Conference, World Bank) 논문 등 다수 발표
- 국토교통부 장관상, 한국국토정보공사 사장상, 기획재정부 장관상, 영등포구청장상 외 다수 수상
- 한국부동산원, KOICA 외 개발도상국 공무원 초청연수 등 전문 강사
- (前) 해외사업(에티오피아, 르완다, 미얀마) 수행
- (前) 한국국토정보공사 글로벌사업처 지적사업실 근무
- (前) 한국지적기술사회 · 국제지적학회 간사
- (現) 한국국토정보공사 국토도시사업부 근무

조현산 hscho@lx.or.kr

- 지적기술사
- 해양수산부 장관상, 한국국토정보공사 사장상, 전라남도지사상 외 다수 수상
- 해외개발도상국(탄자니아) 국가공무원 교육강사
- (前) 국토정보관리연구회 교육분과위원장
- (前) GPS 기준점 사업, 지적확정측량 등 지적측량 전문가
- (前) GPS, 공간정보 전문 사내강사
- (前) 한국국토정보공사 광주전남본부 근무
- (現) 한국국토정보공사 국토정보실 근무
- (現) 한국국토정보공사 국토정보교육원 교수

조정관 jgcho68@hojungs.kr

- 지적학 박사
- 지적기술사
- 한국산업관리공단 지적기사 감독 및 채점위원
- 한국산업관리공단 측량 및 지형공간(산업)기사 감독 및 채점위원
- 한국인물사 등재
- 국토교통부 장관상, 해양수산부 장관상, 미래창조과학부 장관상, 행정자치부 장관상 외 다수
- (前) 북한 개성공단 확정측량사업 수행, 도면전산화사업, 3D사업 담당
- (前) 해외사업(방글라데시, 튀니지, 탄자니아, 에티오피아) PM
- (前) 한국국토정보공사 사업개발부, 미래사업단, 글로벌사업처 기획조정실 근무
- (前) 한국지적기술사회 총무이사, LX지사 여수지사장
- (前) 한국국토정보공사 국토정보교육원 교수실장
- (現) HOJUNG SOLUTIONS CO., Ltd. Chief Consultant

| 저서 |

- 「포인트 지적기술사」 예문사
- 「포인트 측량 및 지형공간정보 기사 · 산업기사」 예문사
- 「필답형/작업형 지적실기 기사 · 산업기사」 예문사
- 「지적법규」 예문사
- 「지적전산학」 성안당
- 「지적측량학」 지적에듀
- 「지적전산학 문제풀이」 지적에듀
- 「필답형/작업형 지적기사 실기 과년도 문제풀이」 예문사
- 「필답형/작업형 지적산업기사 실기 과년도 문제풀이」 예문사

지적기술사 단답형

발행일 | 2019. 5. 10 초판 발행
2021. 3. 30 개정 1판1쇄
2023. 6. 30 개정 2판1쇄

저 자 | 김성엽 · 조현산 · 조정관
발행인 | 정용수
발행처 | 예문사

주 소 | 경기도 파주시 직지길 460(출판도시) 도서출판 예문사
TEL | 031) 955－0550
FAX | 031) 955－0660
등록번호 | 11－76호

• 예문사 홈페이지 http : //www.yeamoonsa.com

정가 : 40,000원

ISBN 978-89-274-5045-0 13530